敏捷开发技术丛书

Wild West to Agile

Adventures in Software Development Evolution and Revolution

从蛮荒到敏捷

软件开发方法启示录

Jim Highsmith
[美] 吉姆·海史密斯 ◎著

覃宇 姚琪琳 王瑞鹏 ◎译

图书在版编目（CIP）数据

从蛮荒到敏捷：软件开发方法启示录 /（美）吉姆·海史密斯（Jim Highsmith）著；覃宇，姚琪琳，王瑞鹏译．-- 北京：机械工业出版社，2024. 8. --（敏捷开发技术丛书）. -- ISBN 978-7-111-76279-9

Ⅰ. TP311.52

中国国家版本馆 CIP 数据核字第 2024NS5732 号

机械工业出版社（北京市百万庄大街 22 号　邮政编码 100037）

策划编辑：刘　锋　　　　责任编辑：刘　锋　章承林

责任校对：曹若菲　丁梦卓　　责任印制：任维东

北京瑞禾彩色印刷有限公司印刷

2024 年 8 月第 1 版第 1 次印刷

186mm × 240mm · 14.75 印张 · 254 千字

标准书号：ISBN 978-7-111-76279-9

定价：99.00 元

电话服务	网络服务
客服电话：010-88361066	机　工　官　网：www.cmpbook.com
010-88379833	机　工　官　博：weibo.com/cmp1952
010-68326294	金　　书　　网：www.golden-book.com
封底无防伪标均为盗版	机工教育服务网：www.cmpedu.com

感谢他们的激励、鼓励和支持：

孙辈：扎克（Zach）、艾莉（Ellie）和鲁比（Ruby）

女儿：尼基（Nikki）、黛比（Debbie）和艾米（Amy）

我的生活伴侣温迪（Wendie），她时不时把我从写字台前拽起来，让我保持清醒。

本书赞誉 *Praise*

吉姆·海史密斯的经历就是一部软件开发领域的“阿甘正传”。1994 年的同名电影之所以如此好看，是因为阿甘经常发现自己处在创造历史的风口浪尖。但与阿甘不同的是，吉姆的行为影响了历史。

吉姆向我们讲述了他早期参与双子座和阿波罗太空项目，以及后来作为领导者推动向结构化方法转变的故事。其中，他简要介绍了快速应用程序开发等方法如何播下了敏捷软件开发的种子。

吉姆从头至尾都参与了软件开发的变革，使软件开发走出蛮荒时代，进入了今天的敏捷时代。吉姆在这本书中讲述的故事寓教于乐，当我们迈向软件开发的未来时，记住这些故事非常重要。

——迈克·科恩（Mike Cohn）

敏捷联盟和 Scrum 联盟联合创始人，《Scrum 敏捷软件开发》作者

吉姆提供了独特的视角。如果你想了解当今软件开发的形式，这本书就是你的最佳选择。如果你想了解如何优雅而有风格地驾驭动荡的职业生涯，这本书同样适合你。如果你喜欢回忆录，这本书也同样适合你。自从我在 20 世纪 90 年代第一次见到吉姆以来，他一直是我心目中稳重、有想法的领导者的典范。享受他的故事吧！

——肯特·贝克（Kent Beck）

Mechanical Orchard 首席科学家，《解析极限编程：拥抱变化》作者

吉姆·海史密斯是一位讲故事的大师、冒险家、特立独行的人，也是适应性极强的敏捷大师。通过交织叙事，吉姆为个人和组织定义了真正的敏捷。这本书以第一人称的视角，对敏捷的过去、现在和未来提供了极其宝贵的洞见，是一本不可多得的好书。我已经很久没有

这么喜欢一本书了。

——桑吉夫·奥古斯丁（Sanjiv Augustine）

LitheSpeed 创始人兼首席执行官

“置身事内，躬身其中”，用这句话来形容吉姆·海史密斯和他漫长而丰富的软件职业生涯再贴切不过了。吉姆是一个很会讲故事的人，这本书讲述了许多行业领袖的精彩故事。请尽情享受吧！

——丽贝卡·帕森斯（Rebecca Parsons）

Thoughtworks 首席技术官

只有吉姆·海史密斯才能以这种方式捕捉到软件行业从起步之初的演变过程。他将软件行业的历史演变与自己的亲身经历结合起来，为读者解释了引发敏捷软件运动产生和发展的商业驱动因素，从而帮助读者获得更深刻的见解。这不仅仅是一次回忆之旅。作为行业领袖，吉姆清晰地展示了商业的下一步发展，以及软件行业如何引领变革。干得漂亮，吉姆！

——肯·德尔科尔（Ken Delcol）

Sciex 前产品开发总监，MDA 高级项目经理

这本书是一部令人兴奋的 IT 历史著作。吉姆·海史密斯通过个人经历和幽默轶事，分享了敏捷软件开发在他心中的好坏美丑。通过了解昔日的英雄和前人的经验，你可以为自己在技术行业的美好未来做好准备。

——尤尔根·阿佩罗（Jurgen Appelo）

unFIX 的创建者，*Management 3.0* 和 *Managing for Happiness* 的作者

超过 70% 的敏捷转型失败了，还有更多的转型没有达到预期目标。吉姆在书中反思了他数十年来在技术创新方面的经验，鼓励企业领导者踏上终极转型之旅：在全公司范围内采用敏捷思维，以实现持续的商业成功。

——马塞洛·德·桑蒂斯（Marcelo De Santis）

Thoughtworks 首席数字官

软件领域过去 60 年发生了什么？我们的方法、方法论和思维模式是如何演变的？谁在其中发挥了关键作用？现在的方向又是什么样的？只有吉姆·海史密斯这样的资深从业者、业

界传奇、故事大师和敏捷先锋才能如此详细、深入地讲述这个故事。

——乔舒亚·克里耶夫斯基（Joshua Kerievsky）

Industrial Logic 首席执行官，*Joy of Agility* 作者[㊀]

作为从 1966 年到 2023 年——近 60 年的历史见证者，你很少能读到关于爆炸性软件产业一线视角的观点！不仅见证历史，而且推动历史。这是一部由该领域权威人士撰写的极具可读性的叙事作品。

——阿利斯泰尔·科伯恩（Alistair Cockburn）

“敏捷宣言”合著者

每天都有越来越多的人加入数字劳动力队伍，享受敏捷的天堂，但他们从未真正经历过瀑布式项目，也没有体验过在阴暗的地下室里非人的设施中实施的强硬命令和控制管理。

他们今天所享有的一切，都是像吉姆这样的思想领袖与强大的执行者勇敢斗争的结果。吉姆在第 1 章至第 5 章中采用交织的方式揭示了这一过去，这将帮助新人们珍视他们今天所享有的一切。

本书的最后几章包含了开启未来挑战的宝贵钥匙，无论是数字从业者还是各种 CXO，只要他们愿意打破传统，就能在未来的市场上占有一席之地。

——里卡德·维拉（Ricard Vilà）

拉塔姆航空公司（智利）首席数字官

这是一本寓教于乐、富有洞察力的书，其中充满了怀旧之情，也有来自该领域真正领导者的建议。书中有成为适应性组织的第一手经验和真实的奋斗故事。对 EDGE 的实施等主题的涵盖是一个宝贵的补充。

——琳达·刘（Linda Luu）

IBM 企业战略副合伙人，《EDGE：价值驱动的数字化转型》合著者

我刚刚从 15 年前创建的公司退休，吉姆的回忆录对我来说“晚了一天”。这本书可以帮助我这位“无畏的高管”解决离职时所面临的最大挑战：如何向迂腐追求敏捷方法的下一代员工传播敏捷思维。

吉姆亲力亲为，在书中以寓教于乐的方式向我们讲述了他的过往和他对软件开发行业的

㊀ 乔舒亚另一本有名的著作是《重构与模式》。——译者注

诸多贡献。我很荣幸能在吉姆成为敏捷专家的过程中扮演一个小角色，也很感谢他在我走出实验室，进入本世纪最激动人心的商业机遇——为人类创造有价值的软件——的过程中所提供的指导。

——山姆·拜尔（Sam Bayer）

Corevist 创始人兼前首席执行官

这是一本很有价值的回顾性著作，从软件方法论的领导者和“敏捷宣言”的签署者的角度，回顾了从阿波罗到 SpaceX 的历程，以及从真空管到芯片上数十亿晶体管的技术演变。吉姆·海史密斯与其他专家一起研究商业和技术的适应性方法，将敏捷软件开发从一个伟大的想法变成了所有成功的技术公司在现代社会生存的基本工具。

——杰夫·萨瑟兰（Jeff Sutherland）

Scrum 和 Scale 的发明者与共同创建者，“敏捷宣言”签署者

我和吉姆是在 20 世纪 70 年代初共同加入埃克森公司并开始共事的。他和我在同一个系统小组。我接受的是商业教育，而吉姆是一名工程师，并且他已经在软件开发领域崭露头角。我最终成了会计部门的经理，而吉姆则是实现新的、复杂财务系统的关键人物，这在早期是一项艰巨的任务。在实现过程中，吉姆夜以继日地推动工作。作为一名出色的软件开发人员，他具有“把工作做完”的奉献精神和职业道德，并能高效地与相关人员（从会计到部门主管）保持合作。

——约翰·法尔伯格（John Fahlberg）

高管领导力教练，曾任早期成长型公司的首席财务官、首席运营官和首席执行官

吉姆·海史密斯是一位真正的先驱，他在过去的 60 年中激励并引领了软件开发的发展。本书是一次富有启发性和娱乐性的回忆之旅，其中所描述的故事和人都与吉姆有过合作。

——加里·沃克（Gary Walker）

MDS Sciex 前软件开发经理

我非常喜欢这本书，它记录了吉姆·海史密斯引人入胜的职业生涯。当我在 20 世纪 90 年代末遇到吉姆时，我感觉我终于遇到了一个以有意义的方式谈论软件管理的人。他成功和失败的故事不但引人入胜，还展示了他如何不断地追求更好的方法。强烈推荐。

——托德·利特尔（Todd Little）

看板大学主席

你喜欢听家族长辈讲述他们的历史吗？如果你是软件开发社区的一员，那么你有机会从一位影响了软件开发 60 年的领导者口中听到这段狂野而精彩的历史。

——吉尔·布罗扎（Gil Broza）

The Agile Mindset 作者

吉姆·海史密斯身处敏捷软件开发诞生和发展的漩涡之中。他的观点和故事引人入胜。对于那些希望以史为鉴而不是重蹈覆辙的人来说，这是一本必读书。

——大卫·罗宾逊（David Robinson）

Thoughtworks 数字化转型合伙人，《EDGE：价值驱动的数字化转型》合著者

我一直希望能有这样一本书：对软件开发世界提供准确的历史描述。吉姆确实做到了。任何严肃的敏捷专家或软件开发专业人士都需要阅读吉姆的著作。你一定不会失望的。

——斯科特·安布勒（Scott Ambler）

作家

Preface 中文版序

在着手撰写本书时，我的目标是描绘软件开发演变的丰富画卷。

本书有两个目的。首先，我希望为年轻的软件专业人士提供一座理解之桥，跨越时间的鸿沟，将他们与该行业的基础实践和先驱人物连接起来。尽管今天的开发人员能够熟练地驾驭现代方法论，但他们对历史往往知之甚少——了解肯·奥尔（Ken Orr）、汤姆·德马科（Tom DeMarco）和肯特·贝克（Kent Beck）等先驱人物对于充分理解我们当前的实践至关重要。

其次，本书突出了在过去几十年中，显著改变软件开发领域的关键技术里程碑和管理趋势。通过对比（如 iPhone 和 IBM 360 大型机的存储成本），鲜明地展示了技术的指数级进步。我们需要记住，各种方法、方法论和思维方式都是为解决每个时代的问题而演进的，既受到当时技术的推动，也受到当时技术的制约。

本书包含了几条故事线。第一条故事线包括软件开发在四个不同时代的演变和革命。第二条故事线描述了我个人和客户在每个时代的经历。第三条故事线是向勇于探索、敢于创新的先驱们致敬。第四条和第五条故事线是技术创新和管理趋势。

能与两代软件开发先驱合作，我感到既幸运又惭愧。在早期，我的同行者有肯·奥尔、汤姆·德马科、蒂姆·利斯特（Tim Lister）、埃德·尤尔登（Ed Yourdon）、拉里·康斯坦丁（Larry Constantine）和杰瑞·温伯格（Jerry Weinberg）。在1999年即将跨入21世纪之际，我又将阿利斯泰尔·科伯恩（Alistair Cockburn）、帕特·里德（Pat Reed）、肯特·贝克、迈克·科恩（Mike Cohn）、肯·施瓦布（Ken Schwaber）、杰夫·萨瑟兰（Jeff Sutherland）和马丁·福勒（Martin Fowler）等敏捷专家列入了这个名单。

我写这本书还有如下目的：

- 记录软件方法、方法论和思维方式的演变和革命。

- 记录并致敬软件开发先驱。
- 以史为鉴，面向未来。
- 给我们这一代人一个追忆似水年华的载体。
- 让年轻一代一瞥那些他们可能错过的事件。

最后，谈谈我对软件开发历史的看法。“视角是一个人看待历史事件的角度……每个资料来源都有其视角。”[1]我从我的视角来看待这段历史，这当然包括我的年龄、受教育的经历、工作经验和地理位置，还包括种族、性别、性取向和宗教信仰。我只能从我的视角来写作，但我也认同并支持围绕多样性、公平性和包容性而百花齐放的目标。

本书故事的展开，将带领读者穿越软件开发的历史。这些故事不只是要教育，还要激励当代和未来的年轻人，在数字化前沿先驱留下的不可磨灭的遗产基础上再接再厉。

---

[1] historyskills.com, https://www.historyskills.com/2019/03/22/what-s-the-difference-between-perspective-and-bias/.

Foreword 推荐序一

我还记得第一次见到吉姆是在20世纪90年代末，在遥远的新西兰惠灵顿举行的一次软件大会的讲台上。作为一个沉浸在极限编程中的人，我并没有对一个沉浸在当时传统软件工程过程中的人抱有多大期待。然而，我却在他的演讲中感受到了其令人耳目一新的思考，他那令人信服的理由和引述的经验都与我自己对现代软件管理的认识产生了共鸣。

吉姆在大会上的个人简介只是暗示了他彼时的经历——一个早期的程序员深入研究了结构化方法，但也让我们看到了他的缺点。在这次演讲之前的十年里，他一直在积极探索一条新的道路。我们虽然身处截然不同的社区，但所选道路却有很多相似之处。

在新西兰的那段时间之后，我们的交集更多了，不过虽然我们都生活在美国，但很少在美国见面，这成了一个流传甚广的笑话。吉姆的《自适应软件开发》一书影响了我身边的很多人。几年后，我们一起在雪鸟撰写了“敏捷宣言”。从那时起，我们一起走过了喜忧参半的几十年。我们所倡导的方法已经比我们想象的走得更远，但也不断遇到障碍，而这些障碍往往是由于人类普遍倾向于浅尝辄止而非刨根问底。吉姆帮助我们战胜了这一挑战，他重新思考了令人生畏的项目管理三角，教导管理者与模糊性共存，并指导新一代软件开发人员以这种新风格开展工作。

吉姆在软件行业的经历使他站在了变革浪潮的最前沿，在阅读本书草稿时，我很高兴了解到他的全部故事。这是一本个人专著，只有那些既重视冒险，又懂得需要正确的训练和装备才能安全下山的人才能写出这样的书。阅读这本回忆录，我了解到许多影响我们当今世界的事情，它的主人公曾经身处宏大方法论的核心，但认识到了它们的局限，并从中开辟了一条新路。我一直觉得了解历史很重要，因为如果不了解我们是如何走到今天的，就很难理解我们现在所处的位置。吉姆的回忆录是对这段历史的一次有趣而敏锐的探索。

——马丁·福勒（Martin Fowler）

Thoughtworks 首席科学家

推荐序二 Foreword

在我的职业生涯中，我担任过五个不同的C级角色，涵盖六种不同的业务模式。在其中大部分时间里，我都在领导并建议企业设计新的运营和参与模式，以推动数字化转型，并采用完全不同的工作、思维和生存方式来实现企业的敏捷性。和吉姆一样，我时快时慢地学会了“等待事情发生并努力去适应是一回事，但建立一个具有更强适应能力的可持续企业则更好。”我可以向你们保证，吉姆从不等待事情发生：在他的职业生涯中，他是一位真正的冒险家和开拓者。

本书是一次非凡的回忆之旅！吉姆细致地描述了在他长达60年的非凡职业生涯中，软件方法、方法论和思维方式在各个软件开发时代的演变。吉姆是一位多产的故事讲述者，他从自己的个人经历和一路上遇到的冒险先驱的经历，以及这些时期的技术创新和管理趋势的视角，引导我们走过这段旅程。

吉姆的上一本书《EDGE：价值驱动的数字化转型》是与大卫·罗宾逊和琳达·刘合著的，帮助领导者实现敏捷开发的承诺。该书还可帮助领导者构建转型的能力，并要求领导者培养拥抱和引领变革的能力。本书将帮助我们所有有兴趣了解敏捷实践如何演进到敏捷支柱（包括持续交付客户价值、提升企业效益，以及建立可持续发展的企业）的人。敏捷方法和方法论将继续适应和发展，但对企业敏捷性的需求不会减少。

本书最让我印象深刻的是，吉姆致力于通过向过去学习来为未来做好准备。他不仅向软件开发领域的先驱致敬，还让我们这一代和年轻一代对我们经历过的事件和可能错过的事件有了深刻的认识，从而让几十年前播种和发芽的敏捷种子在未来继续开花结果。

最后，如果我没有注意到交织在吉姆编织的叙述中的基本线索，那将是我的失职。从蛮荒的软件开发时代，到敏捷时代，再到今天的数字化转型时代，这整个历程完全是由人驱动的。谢谢你，吉姆！谢谢你分享这些美丽的故事，并向参与这段奇妙旅程的人们致敬。

——海蒂·J·穆瑟（Heidi J. Musser）

USAA前董事会成员、董事会顾问、执行顾问、副总裁兼CIO

Foreword 推荐序三

在Thoughtworks的岁月里，我有幸与吉姆·海史密斯先生共事，他的存在，如同一位智者，在当时由技术牛人构成的群体中显得格外独特。在初识时，我并未完全领悟到他所提倡的适应性领导力（adaptive leadership）的深远意义。然而，随着我逐渐从技术岗位走向管理咨询岗位，我开始深刻体会到，软件工程的精髓不仅在于代码的编写，更在于人和团队的管理。在此，我要向吉姆先生表达我最深切的感激之情，感谢他在我们成长道路上给予的一次次耐心指导。

软件工程是一个年轻的产业，吉姆·海史密斯老先生经历了从蛮荒到治理，再到反思和发展的整个过程。这本书正是他这段经历的浓缩，记录了他60年来的职业生涯，可以帮助读者深入理解软件工程的历史。从“蛮荒时代”到“结构化方法和宏大方法论”，再到“敏捷根柢”和“敏捷时代”，每个阶段都充满了变革与创新。海史密斯通过个人故事和深刻见解，生动地再现了软件开发方法的演变过程。

软件工程依然是一个充满挑战的领域，对于软件研发管理，仍存在许多未知因素。特别是随着数字化时代的到来，每个企业都在逐渐转变为软件企业，软件研发的治理成了每个组织的核心命题。吉姆先生的这本书为那些非软件背景的管理者提供了宝贵的指导，可以帮助他们理解并应对这一转变。

在人工智能时代即将到来之际，吉姆老先生所展现的持续求索、主动求变的精神，对我们每一个人都有着重要的启示。正是这样的精神，催生了“敏捷宣言”的诞生，并引领了软件行业的变革。这种精神，也是我们在不断变化的时代中，与时俱进、引领潮流的关键。

作为一位行业专家，我强烈推荐这本书。无论你是希望回顾过去的资深从业者，还是渴望了解软件工程历史的新一代从业者，这本书都将为你提供深刻的见解和启发。让我们一起跟随吉姆·海史密斯先生的脚步，探索软件工程的过去，迎接未来的挑战，共谱下一个60年。

肖然

Thoughtworks中国区总经理

译者序 *The Translator's Words*

对本书感兴趣的读者一定是软件行业的从业者，书名中的“敏捷”二字首先会吸引他们的注意力。

本书并没有介绍各种敏捷方法或者敏捷实践的具体内容，而是从作者的亲身经历和观察出发，介绍了软件开发从毫无章法，到结构化，再到敏捷的整个历程。吉姆·海史密斯的软件职业生涯开始于1960年代，终结于2021年退休，他见证了软件开发以及软件开发方法论整整60年的发展过程。他将这60年分成蛮荒、结构化方法和宏大方法论、敏捷根柢和敏捷四个时代。除了总结每个时代软件开发以及方法论本身的发展以外，他还结合自身的职业经历，把当时推动软件开发发展背后的动力展现给了读者，包括计算机技术的进步、管理方法和思维模式的转变，以及那些发挥了重要影响力的先驱。本书并未涉及过多软件开发方法和技术的细节，而是着墨于各个时代的鲜明特征，尤其是作者的经历和软件开发方法论的轶事，读起来轻松有趣。本书实际上提供了一份软件开发方法论的清单，而且引经据典，介绍了几乎每一种流行的或曾经流行过的软件开发方法的真正起源。想要了解软件开发方法细节的读者也可以把本书当作一份权威的软件开发方法索引。

吉姆·海史密斯这60年的经历和观察是全球软件开发历史的缩影，尤其是引领计算机技术和软件技术发展的美国，而中国软件开发方法论的发展要晚于美国。整个中国软件行业的起步和爆发不到30年，正好与吉姆·海史密斯划分的敏捷根柢和敏捷两个时代重叠。国内涌现出的第一批敏捷实践者几乎与世界同步，可以说中国软件行业从蛮荒开始一只脚就直接跟上了敏捷方法的节奏，而另一只脚仍在寻找结构化方法的步点。这种跨越式发展一方面让国内软件开发从业者少走了许多弯路，另一方面由于缺少过程的经验积累，产生了一种拔苗助长的效果。我们无法回到过去把软件开发从结构化发展到敏捷的过程再亲身经历一遍，但是我们可以通过本书看到美国软件开发方法的经验教训，以弥补这一段“记忆”。

国内软件开发的近30年历史说短也不短，我们也有和本书一样回顾软件开发方法发展历程的书籍——熊节的《敏捷中国史话》，其面市时间甚至比本书还要早三四年。同样，读者不要被“敏捷”二字误导，熊节的这部著作也记录了很多敏捷以外的中国软件开发方法发展轶事，文字风格和本书十分接近。再加上吉姆·海史密斯和熊节都曾经在Thoughtworks任职，他们的经历有着千丝万缕的联系。我相信两人在成书之前并没有事先沟通，但对照他们总结的美中两国软件开发方法发展的历程，我们仍然能够发现美中两国软件开发的遥相呼应。一内一外两个视角交织在一起，读完之后细细回味，能够帮助我们建立对软件开发方法更全面、客观的认知。

吉姆·海史密斯在整个软件行业拥有巨大的影响力，他竭尽全力地想把软件行业的全貌呈现给读者，但也坦言，他的经历和观察仍不能够覆盖整个软件行业（如互联网），更何况软件行业的方法正在被其他行业（如传统制造行业）借鉴学习。读者完全可以回顾自己所在行业领域的发展历程，和本书所划分的时代做一个对应，借鉴同样的时代背景下软件开发方法发展的经验，就如我们对照中国软件开发方法发展的历程一样。读者甚至可以学习吉姆·海史密斯的方法，把自己的职业生涯和时代做一个关联总结，回顾过去职业生涯当中的得失，给未来的职业发展指明方向。

软件开发60年，时间跨度远超我的职业生涯，其内容涵盖中国软件行业跨越式发展“失去”的经验“记忆”。考证未曾亲身经历过的历史，用更接近当代软件开发从业者的语言把这些内容表达出来，在我看来是挑战，也是动力。我们尽了最大的努力，但受限于自己的经历和学识，翻译难免存在一些瑕疵，还望读者海涵并斧正，谢谢大家。

最后，感谢辛勤劳动的编辑以及在背后默默支持我们的家人，本书的出版离不开你们的鼎力支持，谢谢你们。

覃宇

前　言 *Preface*

为什么写这本书？退休后，我开始为孙辈们撰写一本以家庭为中心的回忆录，我意识到自己正在以前所未有的方式进行一次全方位的时光回溯。这些遍及我的户外和职业冒险经历的回忆发人深省。每一次，当我问年轻的同事是否知道汤姆·德马科、杰瑞·温伯格或肯·奥尔时，他们都说不知道。他们知道 Azure、Ruby 和敏捷实践，但对软件开发历史却知之甚少。技术飞速发展，让人无暇顾及过去。

我想写一写软件开发的历史，用我的亲身经历加以点缀，来介绍那些人，那些通过构建更好的软件，努力让世界变得更美好的先驱们。无论是 1800 年代的毛皮捕猎者吉姆·布里杰（Jim Bridger）、阿波罗宇航员、结构化软件开发者肯·奥尔，还是敏捷方法论者肯特·贝克，这些先驱都表现出了冒险精神、适应能力和特立独行的个性。我希望重温早年间与同事分享的经验，为新进的同事提供一种视角。

新冠。封城。退休。构建项目完成。萎靡不振。下一步是什么？这些都是 2022 年开始时我脑海中闪过的念头。随着我开始回忆、研究、查找旧邮件和文件，把家庭回忆录写成一本书的想法开始成形。我的想法是围绕软件开发的不同时代来组织这本书，写下我在每个时代的工作、故事、经历和观察。就这样，一点一点地从几个模糊的叙事片段演变成书。我想探索软件行业如何以及为什么会从 1960 年代的临时代码涂鸦发展到 2022 年的各种方法、方法论和工具。

我的职业生涯和整个软件开发都受到信息技术（IT）变革的巨大影响。举个简单的例子：iPhone 的 64 GB 内存是 1970 年代初我用过的 IBM 360 大型计算机的 25 万倍。2021 年，1 GB 内存的价格约为 10 美元。然而在“蛮荒”时代，虽然技术上[㊀]不可能实现 1 GB 的内存，但加

㊀ 流行的 IBM 360/30 可用的最大内存是 64 KB。

起来的 1 GB 内存的成本将近 7.34 亿美元！[一]我们需要记住，方法、方法论和思维方式都是为了解决每个时代的问题而演变的，它们既受到当时技术的推动，也受到其制约。

在我探索这段历史的过程中，本书演变成了一部交织而成的创意非虚构作品。非虚构，顾名思义，是与虚构相对的。我一直不明白为什么这种体裁被命名为其他事物的“非”。关于技术和科学的书籍通常都是非虚构的，而且很遗憾，对于非研究者来说，有时会觉得乏味。而“创意”非虚构作品的出现，则是作家们利用人物、故事、结构、张力和情节等文学工艺元素，使非虚构作品具有可读性和趣味性。简而言之，它们是“真实的故事，精心的讲述”。

交织叙事是非虚构（或虚构）作品的一种类型。一条故事线讲述作者的个人故事，另一条故事线探讨环境、社会公正问题或历史事件。随着时间的推移，这两条故事线交织在一起，相互促进，形成一个具有黏着力的整体。

本书包含了几条故事线。第一条故事线包括软件开发在四个不同时代的演变和各种革命。第二条故事线描述了我个人和客户在每个时代的经历。第三条故事线是向勇于探索、敢于创新的先驱们致敬。第四条和第五条故事线是技术创新和管理趋势[二]。

用这种交织式的叙事体裁写作有两个好处，即范围和故事。如果要写一本关于软件开发“历史”的书，那将远远超出我的兴趣和能力。将范围限制在我所参与的事件上大大缩小了覆盖面。我的职业生涯完全与业务系统有关（除了早年作为电气工程师的经历）。我从未参与过科学或工程计算，从未编写过编译器或操作系统，从未编写过复杂的算法，也从未在 UNIX 系统上工作过。我所研究的是业务系统，如用于会计、财务、订单处理、库存管理和运输的系统。我研究的是改进软件开发的方法和方法论。我研究的是技术、项目管理、组织和领导问题。

这其中的一个挑战是术语。今天的流行术语在以前可能根本不存在。我应该使用软件开发、软件交付还是软件工程？关于术语的争论，过去和现在都很激烈。软件工程真的是工程吗？软件开发是软件工程的子集还是超集？等等，不一而足。我的第一反应是加入这场定义之争，但后来我重新考虑了这个决定：“这是一条疯狂之路！”因此，考虑到我个人的偏好，我将软件开发作为一个宽泛的术语，并在觉得合适的时候加入一些软件工程的标签。在本书中，我对软件开发的定义涵盖了从产品和项目管理到需求、设计、编程、测试和部署的所有活动。

另一个难题是主题时间。例如，“面向对象编程”一词最早出现在 1960 年代中期，但使用一直很有限，直到 1990 年代市场迅速扩大。技术债务也是类似的情况。我的指导方针是到

[一] https://ourworldindata.org/grapher/historical-cost-of-computer-memory-and-storage?country=~OWID_WRL。

[二] 这些故事线将在第 1 章进一步解释。

市场扩张期再深入研究这些主题。

能与两代软件开发先驱合作，我感到既幸运又惭愧。早期，我的同事有肯·奥尔、汤姆·德马科、蒂姆·利斯特、埃德·尤尔登、拉里·康斯坦丁和杰瑞·温伯格。在 1999 年即将跨入 21 世纪之际，我又将阿利斯泰尔·科伯恩、帕特·里德、肯特·贝克、迈克·科恩、肯·施瓦布、杰夫·萨瑟兰和马丁·福勒等敏捷专家列入了这个名单[一]。

我写这本书有如下目的：

- 记录软件方法、方法论和思维方式的演变和革命。
- 记录并致敬软件开发先驱。
- 以史为鉴，面向未来。
- 给我们这一代人一个追忆似水年华的载体。
- 让年轻一代一瞥那些他们可能错过的事件。

此外，我还希望我的孙辈们能更多地了解我，了解我的职业生涯并探索其意义。

最后，谈谈我对软件开发历史的看法。“视角是一个人看待历史事件的角度……每个资料来源都有其视角。”[二]我从我的视角来看待这段历史，这当然包括我的年龄、受教育经历、工作经验和地理位置，还包括种族、性别、性取向和宗教信仰。我只能从我的视角来写作，但我也认同并支持围绕多样性、公平性和包容性而百花齐放的目标。

本书的故事线交织在一起，讲述了一个故事。对于登山者来说，一根编织紧密的登山绳将他们捆绑在一起，形成一个协作、自组织的团队。而将人团结在一起的绳子，有很多种。

[一] 在后面的章节中会详细介绍这些人。

[二] historyskills.com, https://www.historyskills.com/2019/03/22/what-s-the-difference-between-perspective-and-bias/。

Acknowledgements 致 谢

如何在时间跨度长达 60 年的情况下撰写致谢部分？我的解决办法就是拼命地写，希望没有任何遗漏。我对很多人感到亏欠。

我要特别感谢我的咨询客户，多年来，他们勇敢地尝试新方法、新方法论和新思维。

最好的产品来自合作：Heidi Musser、Amy Irvine、Martin Fowler、Barton Friedland、Freddy Jandeleit、Pat Reed、Ken Collier 和 Mike Cohn。

感谢业界同人，其中一些人与我共事多年：Mac Lund、Ken Delcol、Larry Constantine、Israel Gat、Tom DeMarco、Tim Lister、Ken Orr、Martyn Jones、Michael Mah、Ricard Vilà、Todd Little、Dave Higgins、John Fahlberg、Karen Coburn、Gil Broza、Alistair Cockburn、Ed Yourdon、Jerry Weinberg 和 Wendy Eakin。

虽然我于 2021 年从 Thoughtworks 退休，但 Thoughtworks 的许多同事都为本书做出了贡献：Chad Wathington、Rebecca Parsons、Angela Ferguson、Mike Mason、Neal Ford、Roy Singham、David Robinson、Marcelo De Santis 和郭晓。

感谢图形设计师 Mustafa Hacalaki，他为本书的图形提供了我满意的风格和基调。

还要感谢培生的优秀员工，他们在编辑和制作过程中给予了我悉心的指导，包括执行编辑 Haze Humbert、开发编辑 Adriana Cloud 和 Sheri Replin、文字编辑 Jill Hobbs 等制作团队成员。

作者简介 About the Author

吉姆·海史密斯（Jim Highsmith）于2021年退休，不再担任Thoughtworks的执行顾问。在Thoughtworks任职之前，他是卡特联合咨询公司（Cutter Consortium）[⊖]敏捷项目管理实践的总监。他拥有近60年的IT经理、产品经理、项目经理、顾问、软件开发人员和故事讲述者的经验。过去30年来，吉姆一直是敏捷软件开发领域的引领者。

吉姆著有《EDGE：价值驱动的数字化转型》[⊜]（2020）、《敏捷性思维：构建快速更迭时代的适应性领导力》（2013）、《敏捷项目管理：快速交付创新产品》（2009）、《敏捷软件开发生态系统》（2002）和《自适应软件开发》（2000），荣获著名的Jolt大奖。吉姆还是2005年国际史蒂文斯奖（Stevens Award）的获得者。

吉姆是“敏捷宣言”的共同作者、敏捷联盟（Agile Alliance）的创始成员、敏捷领导力网络（Agile Leadership Network）的联合创始人和首任主席，以及项目领导者互助宣言（Declaration of Interdependence）的共同作者。吉姆曾为世界各地的信息技术组织和软件公司提供咨询服务。

⊖ 后文简称卡特咨询公司。——译者注

⊜ 由吉姆与琳达·刘、大卫·罗宾逊合著。

Contents 目　　录

第 1 章

冒险开始

在俄勒冈州喀斯喀特山脉杰弗逊山北岭 8 米高的冰槽顶部，我左脚冰爪的两个小前齿插在冰里，头顶的冰镐只嵌入冰面不到 1 厘米，右脚在凸起岩石上拼命蹬踩寻找着支点，整个下半身几乎悬在杰弗逊公园冰川 200 多米的高空——我不禁仰天长叹：是不是选错了山？[㊀]

故事发生在 1987 年 7 月。之前一天，我和两位同伴开了三小时车，从波特兰到达了登山口，然后徒步 6.5 千米，在林线处建了大本营。第二天凌晨四点，又困又冷的我们穿上结了冰的靴子，开始了 1000 多米的攀登。刚过中午，就到达了冰槽。然而在冰槽顶部，距山顶仅有 150 米之遥，我们放弃了攀登。一方面想要完成挑战，另一方面又怕太阳落山。就这样，在布满岩石的冰川上艰难地下行，我们在午夜时分回到了车上，收拾行囊，继续下山，在暮色中作别了白雪皑皑的小径。

后来，回忆这次旅行，我意识到冒险已经成为我生活的基石，无论是在工作中还是在生活中。冒险这个词的意思是“渴望探索未知之地，体验挑战与刺激之感”[㊁]，然而这并非一味蛮干，而是会深思熟虑，衡量风险。这表达了我对冒险的态度。我并不是一个不用绳子和保护措施的徒手攀岩爱好者[㊂]，我需要一个安全系数。当然，风险还是有的，比如保护

㊀ 这个故事也是我第一本书《自适应软件开发》(Highsmith，2000）的开篇。

㊁ 出自《朗文当代英语词典》(www.ldoceonline.com/dictionary/adventurous)，2014 年，Pearson 授权使用。

㊂ 徒手攀岩爱好者会一次又一次地挑战自己的极限。

装置弹出，或突然的落石。所以，我的冒险可以说是有风险，但并不鲁莽。

我的冒险精神并不仅仅是指悬挂在冰槽上，还包括在激动人心的软件开发荒原冒险。1980 年，肯 · 奥尔打电话给我提供了一份不可思议的工作，改变了我的生活。我以前只在大型传统公司工作过，环境安全而舒适，而肯说的是充满不确定性的初创公司；我当时只做过软件开发，而肯说的是销售和市场副总裁；我的家在佐治亚州的亚特兰大，而办公室位于堪萨斯州的托皮卡；我刚刚开始使用结构化的开发方法，而新的工作包括教授这方面的内容。这份工作让人兴奋得无法拒绝——有风险，但并不鲁莽。

虽然这些事情证明了冒险精神正在牵引着我的工作和娱乐，但直到多年以后我才体会到它的意义。一开始，工作和娱乐各行其路，然而终归合二为一，演变成一致的主题——探索。冒险精神是我对待生活最初的态度，但彼时还没有过多思考职业生涯的背后动机。这个问题也在随着时间的推移而演进。

1966 年，我从北卡罗来纳州立大学获得了电气工程学学士学位后，便开始了职业生涯。我的本科课程几乎没有提到“计算机”这个词，我们使用单个晶体管（大约小指尖大小）、电容器和电阻器设计电路。至于广泛使用的集成电路，在 2023 年能够容纳超过 50 亿个微小的晶体管，每个晶体管的宽度比人的头发还要细 10 000 倍，这种事在当时看来还很遥远。虽然曾听说过 Fortran 语言，但在大学期间，我从未上过编程课，甚至都没有上过计算机科学课程。

大学期间，我通过在建筑工地的暑假工和平时的兼职来支付学费。毕业后，我迫切地需要一份全职工作。我第一份工程师工作的年薪达到了惊人的 6800 美元。我在佛罗里达州的可可海滩租了一个带家具的两居室公寓，距大海仅一街之隔，每月仅需 135 美元。

现在，距我最初入行已近六十载。回顾整个职业生涯，我从事过软件开发，发明过软件方法论，做过管理，也写过书。我发现了四个主要的软件开发“时代”，还有在这些时代中交织在一起的五条线索（如图 1.1 所示）。有时候，我们会被当下的事物所迷惑，而忽略了与过去的联系。本书给了我一个机会，来反思过去和现在的连接，来探索历史，准备好迎接未来。

从蛮荒到敏捷的每个时代，第一条线索都探索了从软件开发方法、方法论到思维模式的演进。随着单一方法（如图表、实践）演变为方法论（定义软件交付过程的方法组合），表达思维模式（价值观、原则）的需求变得尤为重要。本书的第二条线索涵盖了我个人的经历和成长，从阿波罗计划到开发早期业务系统，从管理软件项目到助推和促进敏捷运动。我想说的不仅是我经历了什么，还包括为什么会发生这些经历。例如，千年虫问题引发了这样的拷问："为什么要用两位数字表示年份？"还有为什么数据流程图在1980年代应用得不错？为什么敏捷运动会在彼时发生？可以想象，理解这些为什么，将有助于为未来做好准备。

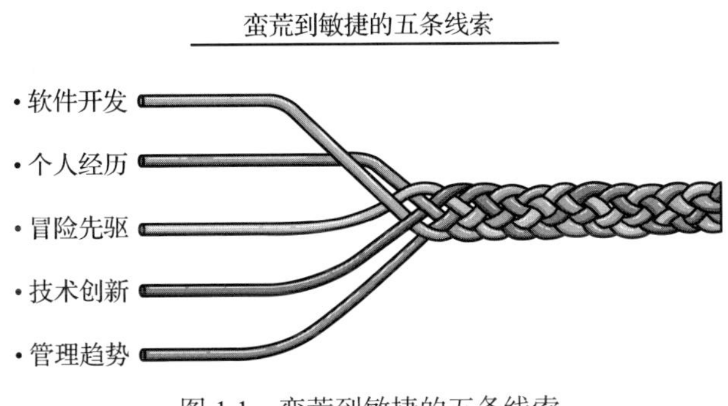

图 1.1　蛮荒到敏捷的五条线索

第三条线索介绍了在每个时代中推动未知领域发展的先驱。他们是谁？他们做出了哪些贡献？这些先驱者和创新者有哪些共同的特征？在这一条线索中，我还反思了我自己的成长和对未知领域的冒险历程。最后两条线索是爆炸式发展的计算机技术创新和渐进式发展的管理趋势，它们影响着软件开发方法、我的个人经历和那些先驱。

在这些时代当中，我很幸运地在正确的时间、正确的地点从事了很多前沿工作。根据复杂性理论（稍后将讨论），也许是由于之前的决策和行动，我被吸引[⊖]到了这些时间和地点。1980年代初，肯·奥尔的工作邀约把我从企业生涯带进了结构化方法时代，这对我的职业生涯产生了巨大的影响。投身软件开发的前沿工作实在太激动人心了，让人不忍拒绝。

1990年代，拉里·康斯坦丁（Larry Constantine）给我介绍了一份咨询工作，又把我推入了快速应用开发（Rapid Application Development，RAD）领域，在这里我和山姆·拜尔建立了30年的友谊。1990年代末，我在新西兰的软件教育大会遇到了同为演讲嘉宾的马丁·福勒。他后来把我介绍给了肯特·贝克，这最终让我参加了犹他州的雪鸟会议，见证了"敏捷宣言"的诞生。还有其他很多人都会在本书后面的章节中出现，因为他们对软件开发和我的职业生涯都产生了深远的影响。

⊖ 复杂性理论使用术语奇怪吸引子（strange attractor）来表示混沌系统的模糊目标。

1.1 职业生涯概述

像那个时代的很多孩子一样，下午骑车送报纸是我的第一份工作，然后就是在大学期间去工地打零工。从工程学院毕业后，我参与了阿波罗计划，为一家设备制造商设计计算机，然后在佛罗里达州坦帕市找到了一份系统分析师工作，同时继续攻读商学硕士学位。

这几份工程领域的工作之后，我决定拓展到管理领域，不再继续在工程领域深耕。于是1970年我在坦帕的南佛罗里达大学获得了管理学硕士学位。后来在1970年代初，我在德克萨斯州获得了注册会计师（CPA）证书[㊀]。那时候，搞IT的专业人士通常要向首席财务官汇报，注会证书有助于职业晋升。我从未参与过公共会计工作，但获得会计技能是十分有价值的。拥有工程背景，我可以与工程师和技术专家交流。而拥有商业和财务背景，我可以跟经理和高管沟通。这种双重能力影响了我的整个职业生涯。

新兴的特立独行者

1960年代出现了一条文化分歧线（就像今天一样），特立独行的嬉皮士和反战者与墨守成规的保守派之间剑拔弩张。1963年我还在工程学院就读时，曾去亚特兰大看望父母。我父亲是一名土木工程师，他带我到他市区的办公室近距离观察工程师的工作。我身着西装、皮鞋、衬衣、领带，看上去十分职业。但当父亲看到我的浅黄色衬衣时，还是被吓了一跳："你的白衬衫呢？"在那些日子里，想要特立独行是十分容易的事儿。

研究生毕业后，我前往休斯敦，在埃克森（Exxon）做了六年业务系统分析师和会计主管（职业生涯线索如图1.2所示）。然后去了亚特兰大，做了几份系统工作，最后成为一家电力公司的系统开发经理。这时，我的职业生涯转向了一个全新的方向，我加入了一家提供结构化开发方法咨询和培训的初创公司——肯·奥尔咨询公司（Ken Orr and Associates，以下简称KOA），成了销售和市场副总裁。由于从亚特兰大到托皮卡的通勤时间太长，我离开了KOA，开启了长达30年的独立顾问生涯，期间有两份短暂的全职工作。其中一份是跳槽到了Optima打磨CASE工具。我从产品经理做起，后来成了咨询副总裁。

虽然是独立顾问，但我大部分与敏捷相关的工作都和卡特咨询公司有关，这是一家IT研究和咨询公司，我在里面担任敏捷项目管理总监和研究员。在我职业生涯的最后十年，我加入了Thoughtworks，一家全球软件交付和IT咨询公司。我在这里度过了一个伟大的时期。

㊀ 当时，在德州获得注册会计师需要有会计和工业公司的工作经验。

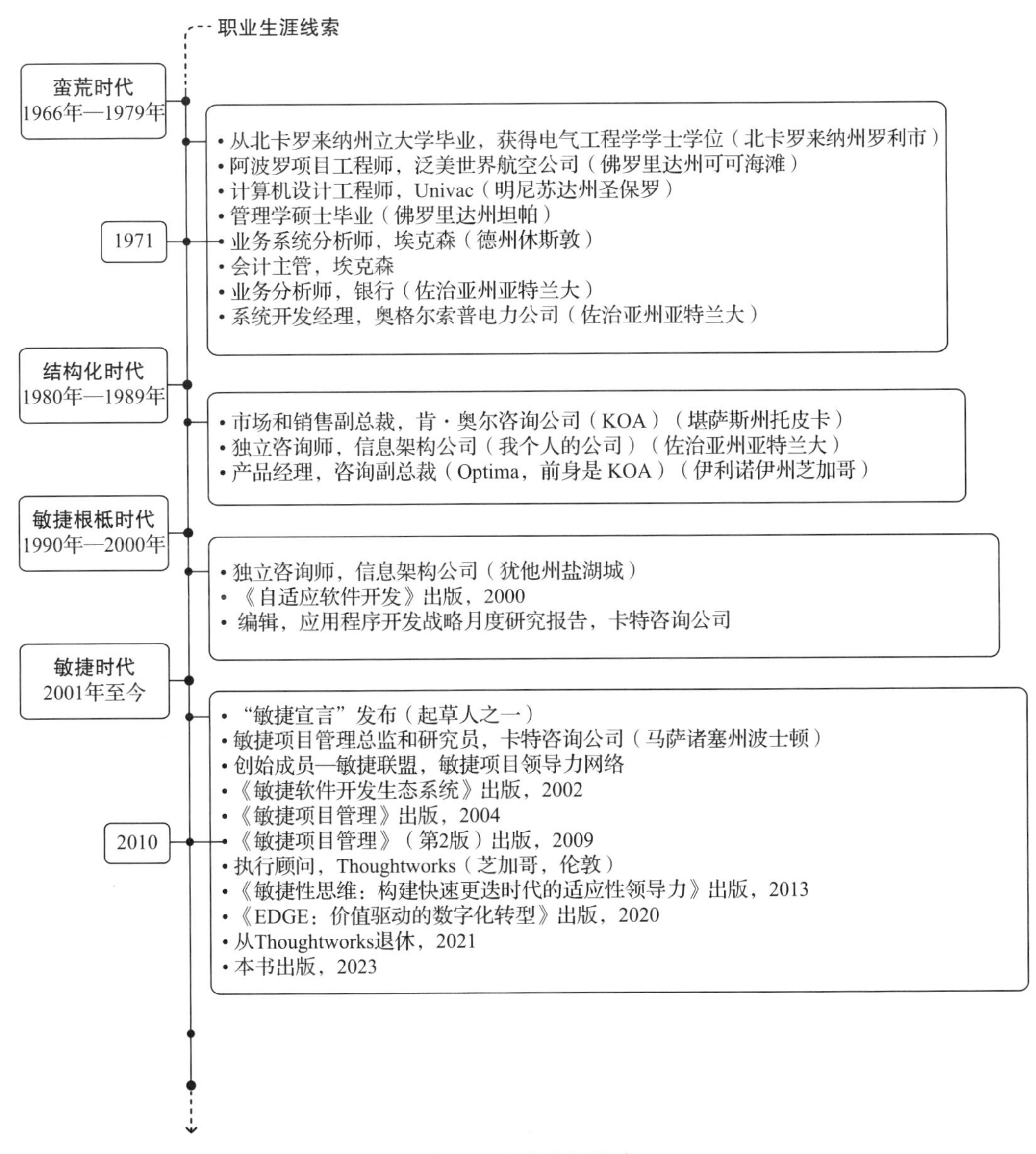

图 1.2 职业生涯线索

单词 metamorphosis 来自希腊语，意思是“变形”（transform），字面理解为“变成不同的形式”（form differently）。罗马诗人奥维德（Ovid）的史诗《变形记》记录了一系列基于希腊神话的故事，故事中的人物都经历了个人转变。1912 年，弗朗茨·卡夫卡（Franz Kafka）写了一部小说也叫《变形记》(*The Metamorphosis*)[㊀]，讲述了一个推销员变成了甲虫

㊀ 或者叫作 *The Transformation*，取决于如何翻译德语书名。

及其变身之后发生的事情。在过去的六十年中，软件行业——事实上，整个科技领域——被引领变革的个人推动着，不断地“改变形态”。通过介绍我个人对于变形的看法，我希望能够解释是什么推动着其他人迈向变革。我们都是毛毛虫，正在为变形成蝴蝶而苦苦挣扎。

在构思这本书时，我意识到寻求冒险是我的驱动力，无论是职业生涯还是个人生活都是如此。我的第一份职业历险是参与阿波罗登月计划。我的第一次登山历险是在北卡罗来纳州山区的一块 8 米高的微微倾斜的花岗岩上。我的“变形记”开始了。

1.2 软件

什么定义了软件？首先，是软，就像 1970 年代的“软件配重”这个故事所描述的那样。对软件的误解一直延续到今天。硬件能够摸得到，而软件甚至都看不到（能看到的只是软件最后产生的结果）。这种说不清道不明的“软”不仅让大众摸不着头脑，就连商业领袖们也无所适从，因为他们不了解一般意义上的技术，也不了解具体的软件开发。

软件配重

南方一所大学的软件小组正在为空军战斗机开发飞行航空电子软件。对于飞机来说，重量无疑是个关键指标，因此项目中必然有一个配重工程师。有一天，这位工程师问软件组的经理：“你们的软件有多重？”回答是，“没有任何重量。”工程师大吃一惊道：“花了 1500 万美元，却没有重量！”（1500 万美元在那时是个大数目）。他喃喃自语，愤愤离去。

几天后，配重工程师带着一叠打孔卡回来说：“这些卡代表了软件重量，所以我只需要称一下这些卡就可以得到软件的重量，对吗？”对此，软件经理回答说：“算是吧，但你要称的不是卡而是卡上的孔[㊀]。”

我一直在寻找一个恰当的比喻，来帮助人们消除对软件这种无形特征的误解。我们把书中的文字和软件代码做个类比。《指环王》三部曲一共包含约 575 000 个单词。一部《指环王》四舍五入约为 20 万个单词，假设每个单词对应 3 行代码[㊁]，这样算起来每本书就有 60

㊀ 打孔卡上的孔才是软件程序的编码，这些孔才是软件。——译者注

㊁ 这是一个关键的假设，取决于代码使用了哪种计算机语言。每个单词换算成 3 行代码是一种推测，但对于本例来说已经足够了。

万行代码。以一个中等规模的软件系统为例，代码在3000万行左右，这就相当于大约150本书。而自动驾驶汽车软件的代码行数甚至有好几亿。

想象一下，你负责的项目是写150部的系列小说。你会如何组织员工？需要多少员工？你有多长时间？需要哪些角色？作家、高级作家、情节策划人、角色开发者、一致性编辑、内容编辑、校对编辑、风格审阅人、平面设计师？如何将角色分配到团队中？如何协调不同的团队？使用什么样的组织结构——按角色分组（如编辑组），还是跨职能团队（包含一本书的所有角色）？谁做哪些决定？一次性出版还是分批出版？如何与潜在读者互动，来判断投入的方向是不是正确？这150本书需要何种程度的规划？第1本书和第150本书的规划是否相同？思考如何领导、组织和管理这个150本书的项目，可以让你对管理大型软件开发工作的规模和复杂度有一个大致的了解。此外，所有这些问题的答案，都会随着时间而改变。

1.3 软件开发

从我开始软件职业生涯的第一天起，我就一直在思考这个问题："我是做什么的？"今天，随着技术的普及，这个问题可能容易回答了，但我仍然感到尴尬。这就像人们问我平时喜欢做什么一样，要解释我为什么喜欢用两根手指悬挂在悬崖峭壁上，也是一种挑战。

从智能手机上的App到操作离地面100万千米的詹姆斯·韦伯太空望远镜，再到生物技术中的快速基因测序，软件主宰着这个世界。不过，你可以手握智能手机，可以看到韦伯太空望远镜的金色翅膀，也可以在显示器观察一排排滚动的基因序列（AGCT[⊖]组合）。但你看不到软件，软件是抽象的概念。

软件之于硬件，就像台词之于演员。台词的脚本告诉演员该怎么说、怎么动。代码的脚本告诉汽车工厂的计算机控制的机械臂在哪里安装下一个部件。你只看到演员在动，但看不到他为什么动。同理，你只看到机械臂在动，也看不到它为什么动。

"我们的业务不是棕色盒子里的东西，而是把棕色盒子送到目的地的软件。"

——亚马逊前CEO，杰夫·贝佐斯

软件指令告诉计算机该执行哪些任务。软件可以分为多种类型，从操作系统（UNIX、

⊖ 腺嘌呤（Adenine，A）、鸟嘌呤（Guanine，G）、胞嘧啶（Cytosine，C）、胸腺嘧啶（Thymine，T）。

Windows、Linux）到应用程序（Google Maps、Microsoft Word）。基于计算机的硬件设计逻辑，计算机特定的机器码将高级语言与硬件连接起来。在核心部分，“门”控制通过电路的电流。电流有两种状态：开和关。门由晶体管组成，这些晶体管通过与、或、异或、非等逻辑门的排列组合来改变电流，从而赋予计算机各种功能。机器语言（如二进制）是从门结构衍生出来的。还好现在需要了解机器语言的开发人员很少，因为一行代码可能会翻译成几百上千行机器语言代码。

软件开发就是编写脚本——但写的是计算机的脚本，不是演员的脚本。但是想想整部电影的脚本。电影有主题（善与恶、家庭剧、浪漫喜剧）、人物、情节、动作场面、冲突和情节转折。软件开发有期望的结果、特性需求、数据设计和特定语言（COBOL、Java、Python）的编码。电影需要合作，软件开发也是如此。软件开发的核心是人——是他们的创造力、组织、知识、动力和技能。

1.4 软件开发时代

为了整理软件开发的历史，我将这六十年划分为四个时代。虽然我是根据自己的经验命名了这些时代并划定了它们的时间线，但它们还是反映了行业的演进过程。其中有两个时代又进一步划分为不同的时期。软件开发的时代如图 1.3 所示，具体的方法和方法论产生的时间线如图 1.4 所示。

- 蛮荒时代（1966 年—1979 年）
- 结构化方法和宏大方法论时代[㊀][㊁]（简称“结构化时代”1980 年—1989 年）
- 敏捷根柢时代（1990 年—2000 年）
    - 快速应用开发（Rapid Application Development，RAD）时期
    - 极速应用开发（RADical Application Development）时期
    - 自适应软件开发时期

㊀ 我第一次使用术语宏大方法论（Monumental Methodologies）是在《自适应软件开发》（Highsmith，2000）一书中。

㊁ 《自适应软件开发》中 Monumental Methodologies 译为纪念碑式方法论，我们认为宏大方法论的译法更贴切。——译者注

- 敏捷时代（2001 年至今）
  - 叛逆团队时期（2001 年—2004 年）
  - 无畏的高管时期（2005 年—2010 年）
  - 数字化转型时期（2011 年至今）

顾名思义，蛮荒时代是野蛮的。软件工程[㊀]还处于起步阶段，关于如何“做”软件开发的知识少之又少，几乎可以忽略不计。1960 年代中后期，早期的商业应用还集中在会计领域——总账会计、工资单、固定资产和应付账款——所有内部应用的价值主张都是降本增效。软件使企业能够更快地完成必要的工作。在那个时代，软件是一门神秘的艺术。公司雇用“魔术师”来写代码。我在那时最有意义的项目是参与阿波罗登月任务，这是一段难忘的经历。在蛮荒时代，我个人的“开荒”经历是，14 年里为 7 家公司工作过，地点遍布佛罗里达州、明尼苏达州、德克萨斯州和佐治亚州。

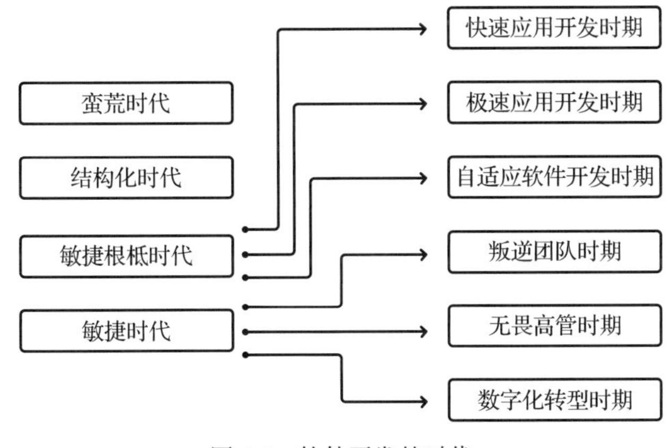

图 1.3　软件开发的时代

结构化方法和宏大方法论时代跨越了整个 1980 年代。1970 年代末，一些人开始不满足于“写完了再修”的临时性软件开发方法，于是结构化技术在这些人群中流行开来。使用数据流图、Warnier-Orr 图、实体关系模型和结构图等技术的结构化方法逐渐成为主流。所谓的瀑布式生命周期与这些结构化方法结合，形成了宏大方法论，加入了阶段、文档和流程。在这十年间，我大量参与了结构化方法和方法论的教学、咨询、学习、推广、写作和销售。

㊀ 在这一时代，我会使用软件工程（Software Engineering）这一术语。我对于软件开发（Software Development）和软件工程的用法，已在前言中解释过了。

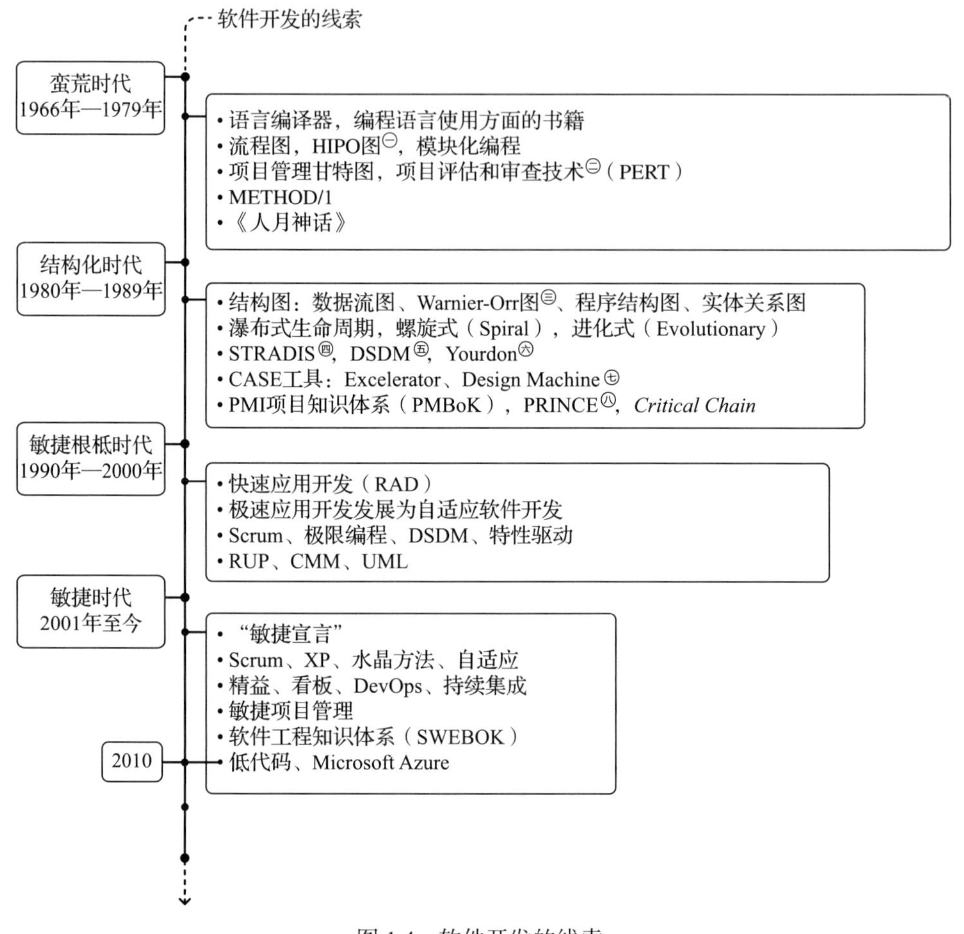

图 1.4　软件开发的线索

㊀ HIPO（Hierarchical Input Process Output，分层输入流程输出）图是分析系统和提供文档两种方法的组合，1970 年由 IBM 开发。——译者注

㊁ PERT（Program Evaluation and Review Technique，项目评估和审查技术）是一种分析完成给定项目所涉及的任务，特别是完成每项任务所需的时间，并确定完成整个项目所需的最短时间的方法。——译者注

㊂ Warnier-Orr 图（也称为程序 / 系统的逻辑结构）是一种分层流程图，由 Jean-Dominique Warnier 和 Kenneth Orr 基于布尔代数设计。该方法先识别输出和处理结果，然后倒推生成它们所需的步骤和输入组合，最终设计出程序结构。——译者注

㊃ STRADIS（STRuctured Analysis, Design and Implementation of Information Systems，信息系统结构化分析、设计和实施）提供了一套系统生命周期方法及一套用于开发和维护信息系统的流程和指南。——译者注

㊄ DSDM（Dynamic Systems Development Method，动态系统开发方法）的相关介绍见第 4 章。——译者注

㊅ Yourdon（尤尔登）是一种结构化设计方法。——译者注

㊆ CASE（Computer-Aided Software Engineering，计算机辅助软件工程）的相关介绍见第 3 章。——译者注

㊇ PRINCE（PRojects IN Controlled Environments）项目管理方法最早是 1989 年由英国政府计算机和电信中心（CCTA）开发的，作为英国政府 IT 项目管理的标准。——译者注

在敏捷根柢时代，由于规定性的方法论缺乏灵活性和速度，人们的反抗开始了。首先是快速应用开发（RAD），然后是欧洲的 Scrum、极限编程、动态系统开发方法（DSDM）等后来者，以及自适应软件开发——敏捷革命的种子已经播下。到这个时代结束时，互联网革命要求对软件开发进行新的思考。这个时代开始时，我还沉浸在结构化方法中，但到了这个时代的最后，我已经 180° 大转弯，拥抱了即将诞生的敏捷方法。

敏捷时代从 2001 年开始，到现在已经持续繁荣了 20 多年。那年 2 月，我和其他 16 位同行一起在犹他州的雪鸟滑雪胜地讨论了这种当时还被称为“轻量级方法论”的未来。剩下的，正如人们常说的，就是历史了。“敏捷宣言”是这次会议的产出，这份文件的价值观支撑着接下来 20 年的进步。

敏捷的影响力超出了软件领域。这些敏捷原则实际上已经渗透到每一个行业和市场。咨询公司和商学院将其作为治疗各种企业顽疾的良药。他们经常通过书籍、管理研讨会和在线论坛进行剖析。对于一个创始人只打算刺激软件行业的项目来说，这已经很不错了——有些人甚至不确定它能否成功。

时间似乎不断在证明反对者是错误的。许多管理流行语转瞬即逝，唯有敏捷历久弥新。Google Trends 数据显示，自 2004 年以来，全球对“敏捷”和“敏捷认证”等词条的兴趣一直在稳步上升。《福布斯》《首席信息官》《全球医疗保健》和《哈佛商业评论》等各种出版物近期文章的焦点也都是“敏捷”，探讨它在从市场营销到人力资源等各个职能部门中的适用性。（Thoughtworks，2018）。

1.5 变化的六十年

图 1.4 所示的软件开发线索已经佐证了六十年当中发生的变化。我将通过对以下问题的研究来说明我对这些变化的整体印象：

- 人机交互——从打孔卡到虚拟现实。
- 计算机性能——指数级增长的速度、内存容量、存储选项，以及单位成本的大幅下降。
- 组织结构——从静态的层级到灵活的团队网络。
- 软件开发生命周期——从注重文档的串行阶段到交付增量价值和快速学习的迭代阶段。

本节先大体介绍一下这些趋势，到后面介绍各个时代时再重新进行审视。

1960 年代末，在明尼苏达州的圣保罗，我开始涉足投资——当时科技股看涨——并一度考虑成为一名股票经纪人。从那时起直到 1990 年代中期，我会打电话给经纪人，根据对已发表的“纸制”信息的分析，口头下单。然后，经纪人用打孔卡录入单或字符终端（视年代而定）下订单，再通过固定电话告知我结果，最后用慢得像蜗牛一样的邮寄系统寄出纸制确认书。1990 年代中期，嘉信理财（Schwab）等互联网经纪公司创造了一种不同的模式。订单不再是经纪人而是我自己来录入。股票和市场信息都可以在网上即时获取。

图 1.5 和图 1.6 展示了六十年来人机界面的演变。图 1.5 显示的是 1960 年代的交互：输入是打孔卡，输出是 144 个字符的打印结果。对了，输入和输出之间还有一台巨大的采用磁带驱动器存储的计算机。从输入到输出需要很多个小时。

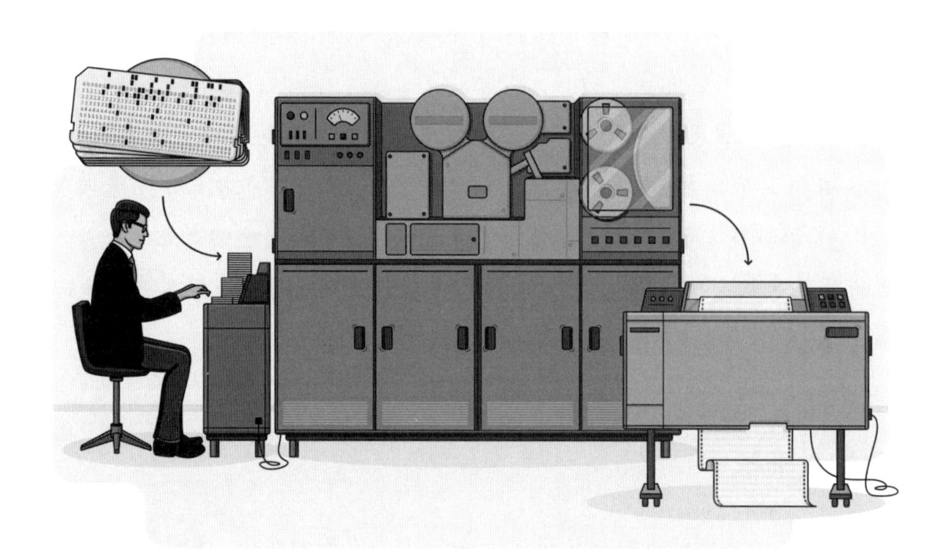

图 1.5　蛮荒时代的人机交互

图 1.6 快进到了六十年后的家庭客厅。我们看到了联网的笔记本计算机、正在播放 Netflix 电影的电视、平板计算机、游戏手柄、虚拟现实耳机和控制器、Wi-Fi 和数字机器猫（digital robot cat）——全都触手可得。负责运算和数据存储的不再是墙后的大型计算机，而是漂浮在网络空间的云端。计算机技术的个性化和连接性的体验越来越好，这对软件开发的演进产生了重大影响。

图 1.6　敏捷时代的人机交互

计算机硬件和软件技术的进步是相互推动的。要了解软件方法的演进，我们必须了解每个时代的技术，如表 1.1 所示。计算性能以指数速度增长。例如，从蛮荒时代到敏捷时代，处理速度从 1 MHz 飞速增长到 5 GHz。处理速度、存储和连接的性能提高，扩展了人机互联，这是那些早期的“拓荒者”们无法想象的。

表 1.1　各时代的计算性能

技术领域	处理速度	外部存储	连接	人机界面
蛮荒时代 1966 年—1979 年	从千赫兹到兆赫兹 英特尔 8080（1974）：3.125 MHz	从磁芯到随机存储 IBM“Minnow”软盘（1968）：80 KB	使用电话网络 ARPANET（1969）：56 Kbit/s	原始、狂野的概念 街机游戏 Pong（1972）
结构化时代 1980 年—1989 年	从 16 到 32 位 英特尔 80386（1985）：40 MHz	容量快速接近 GB 规模 CD-ROM（1982）：550 MB	提速 以太网 2.94 Mbit/s（1983）	提升便携性 Osborne 1（1981）①
敏捷根柢时代 1990 年—2000 年	从兆赫兹到千兆赫兹 英特尔奔腾 Pro（1995）：200 MHz	质量单位从千克降到了克 IBM 9345 硬盘（1990）：1 GB	无线网络出现 WWW（1993）：145 Mbit/s	苹果 iMac（1997）
敏捷时代 2001 年至今	从单机到分布式 英特尔酷睿 i7（2008）：2.67 GHz	迁移到云上 Amazon Web Services 推出云服务（2006）	从追求速度到追求数据压缩比 蓝牙 3.0（2009）：传输速度为 23 Mbit/s	触屏互动 苹果 iPod 和 iPhone（2007）：触屏手机出现

①世界上第一台商业上成功的便携式计算机于 1981 年发布。——译者注

1960 年代和 1970 年代，计算机还安置在专门的大房间里，与之互动一点也不人性化。今天，每个人可以在他们的设备上访问成千上万个应用程序。以人为本和客户至上的技术深刻影响着软件开发。表 1.1 展示了计算技术性能多年来的爆炸式增长（包括引用来源的更详细的表格参见附录）。

早期昂贵的计算性能导致我们倾向于优化机器自身的性能，而不是人和机器交互的性能。敏捷时代的情况发生了反转：驱动业务性能的是知识和创新，而不再是比特和字节。

在穿越这四个时代的过程中，我们将看到技术的进步如何影响软件开发，进而影响人们对计算机技术的体验。我们还将看到软件开发方法和方法论是如何发展来解决当时的业务问题的。

在这个演进的过程中，我们还可以看到组织结构和软件开发生命周期这两个方面额外的一些变化信号。

首先来看一下图 1.7 上半部分传统的组织结构图。这种组织结构极度强调职能、可预测性、精确性和层级。再来看一下图中下半部分尤尔根 · 阿佩罗[⊖]提出的 unFIX 组织模型[⊜]。这种组织结构像乐高一样，以机组（一种团队）为基础，灵活、连接成网络——这才是 2020 年代立于不败之地的关键。类似地，图 1.8 将线性、反馈不足、规定性的瀑布式生命周期和我提出的包含迭代、明确的学习循环和产品愿景的自适应生命周期做了对比。这些鲜明的对比表明了六十年来的转变。

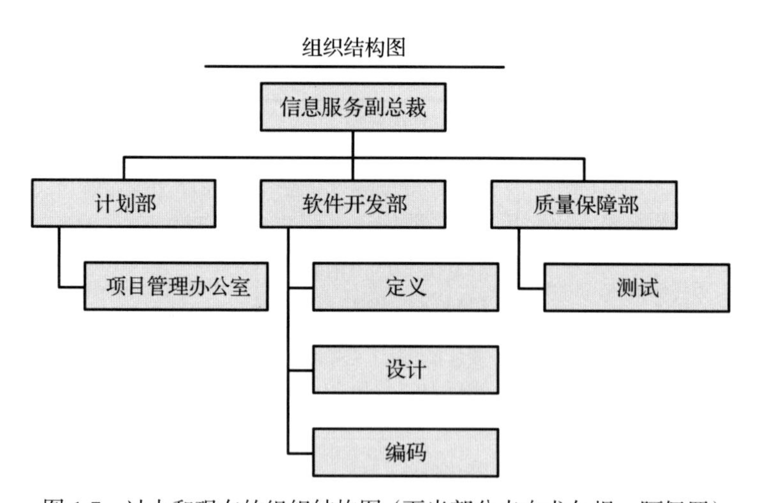

图 1.7　过去和现在的组织结构图（下半部分来自尤尔根 · 阿佩罗）

⊖ *Management 3.0* 一书的作者。——译者注

⊜ 第 8 章将介绍更多关于 unFIX 组织模型的内容。

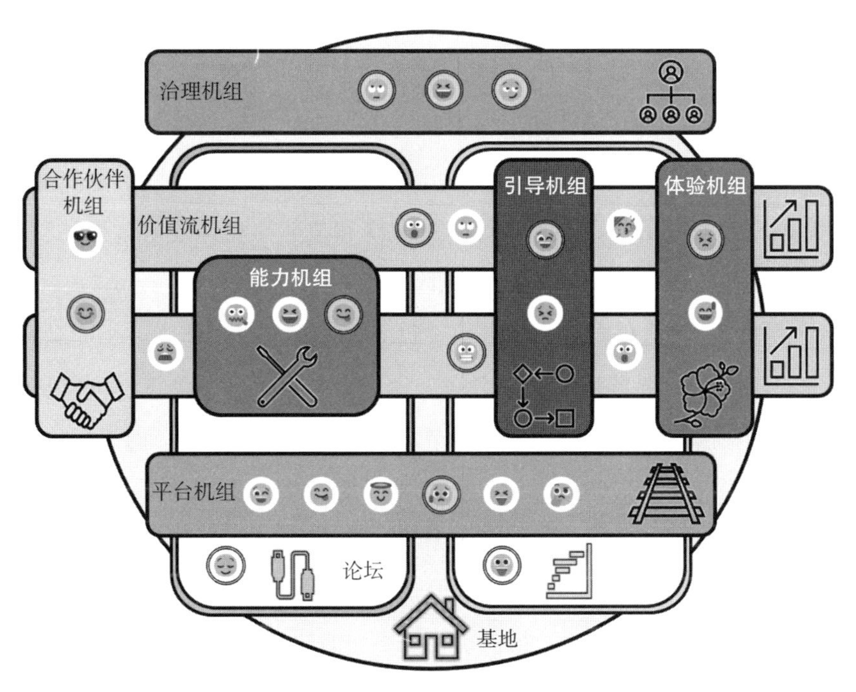

图 1.7　过去和现在的组织结构图（下半部分来自尤尔根·阿佩罗)(续)

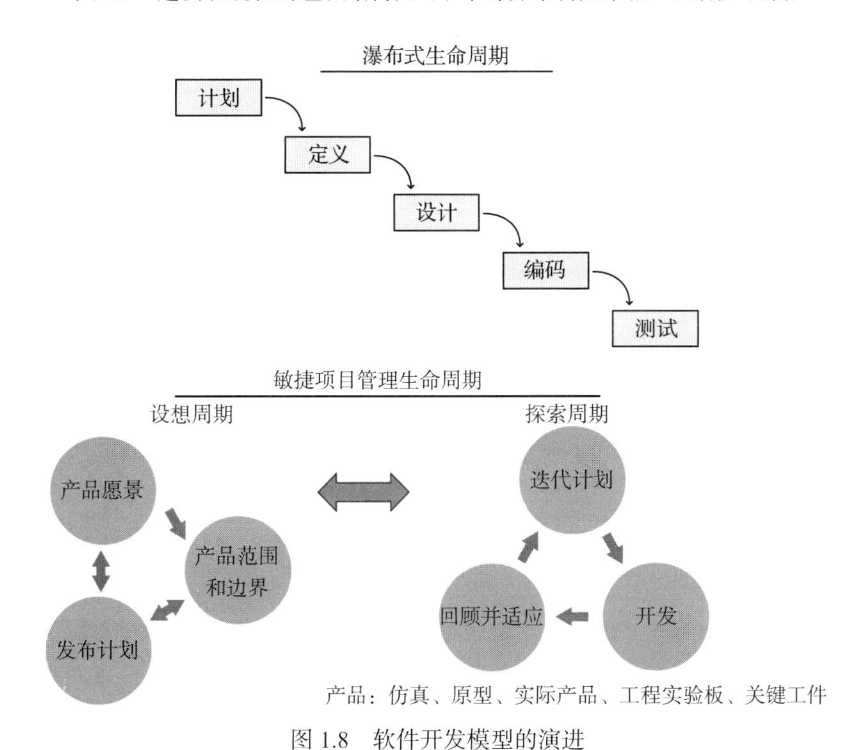

图 1.8　软件开发模型的演进

1.6 观察

编写本书使我打开了脑海深处的记忆，我意识到我的工作和爱好始终贯穿着一条共同的主线：我从骨子里就是一个爱冒险的人。我的职业生涯充满了冒险，从安逸的大公司到动荡的初创公司。我登过山，参加过自行车世纪赛和帆船比赛，还滑过黑钻雪道。推动诸如 RAD 和敏捷运动这样的新概念也同样有风险。

风险和特立独行是相辅相成的，大多数冒险家都特立独行。作为一个充满好奇心的人，即使登山生涯业已结束，每当开车经过山间，我仍会仰望山巅，盘算着可以从哪条路线登顶。我也是一个特立独行的人，但并不是为了与众不同而与众不同，而是哪怕不符合常规，依然要忠于自我。我喜欢打破常规，尝试意想不到的事物。我曾经在一位朋友的工作坊上客串老师。课堂上讲的是团队协作，但在工作中，如果一个团队的成员想要跟另一个团队的成员沟通，他们必须先和各自的主管沟通。男性员工去厕所或吃午饭时，必须穿上外套。在这种极端墨守成规的文化背景下，他们为什么会对我讲的 RAD 和协作方法感兴趣呢？这永远是个谜。我恨不得赶紧逃离那里。杰瑞·温伯格（本书后面我们还会讲到他）讲过一句话，适用于包括特立独行在内的任何情况：“那时候在 IBM，留胡子都不会被解雇就是技术天才无可争议的标志。”（Weinberg，1985）。

冒险精神、特立独行、随机应变，软件开发每一个时代不断深入探索的核心思想都体现在这些行动当中。

2

第 2 章 蛮荒时代

（1966 年—1979 年）

“个人的一小步，人类的一大步。”首次登月的尼尔·阿姆斯特朗（Neil Armstrong）如是说。1966 年大学毕业时，我接到了几份电气工程方面的工作邀请：加入宾夕法尼亚州匹兹堡的西屋电气公司或纽约波基普西的 IBM 公司，还有机会加入佛罗里达州可可海滩的泛美世界航空公司，参与阿波罗登月计划。我的选择过程并不困难。泛美世界航空与美国空军签订了一份合同，负责管理卡纳维拉尔角 [Cape Canaveral，不是在美国国家航空航天局（NASA）的肯尼迪航天中心] 的导弹飞行操作，因此我抓住这个机会，成了阿波罗计划的一分子。

2.1 阿波罗计划

我的第一个任务是查看工程图纸，计算组件和系统的平均故障时间（Mean-Time-To-Failure，MTTF）与平均修复时间（Mean-Time-To-Repair，MTTR）。有一次，我飞往大西洋中部阿森松岛（Ascension Island）的初级顺向导弹跟踪站，监督计算机内存的升级和测试。我对这次旅行印象最深刻的是乘坐空军 C-130 飞机的种种身体不适、飞行途中一个发动机熄火、在安提瓜过夜，还有阿森松岛军官俱乐部的快乐时光（10 美分就能喝上一杯）。

20 世纪 60 年代初设计阿波罗号时，全球通信还很不可靠，需要五艘观测船来保障飞行器的通信。这五艘观测船加装了雷达、遥测设备、惯性导航系统，还一个功能齐全的小型任务控制中心，复刻了休斯敦的控制中心。这些观测船游弋在太平洋中，当指令舱返回地球时对其进行捕获和跟踪。我在其中两艘观测船上工作过。

我做的事情说是“工作”有点言过其词。实际上，我只用审查和批准其他人的工作。参与阿波罗任务的实体多到令人咋舌，让我这样的新手大开眼界。正如你所料，这些观测船本身就有多个承包商，从锚链到计算机，无所不包。我没有想到的是合同管理团队都快赶上一支舰队了：NASA、承担构建工作的 NASA 主承包商、监督主承包商的其他承包商，还有空军，其中就包括泛美航空。拿计算机测试来说，运行测试的可能是一家承包商，同时还有几个观察员，他们都要在各自的体系里层层上报测试是成功还是失败。

帕特里克空军基地（Air Force Base，AFB）位于可可海滩附近，是水星和双子星座载人航天计划（以及泰坦等军用运载火箭）的主要发射场，而阿波罗的发射场当时正在帕特里克空军基地北面的梅里特岛上建设。我的办公室就在帕特里克。一天早上，我和一位朋友去上班时，看到一群游客站在大楼前真人大小的导弹陈列架周围。我们穿着那个年代特有的白衬衫，系着黑细领带，衬衫口袋里塞满了笔，看上去就是工程师的模样。我们走到一枚导弹前，煞有介事地打量了一番后，一边大喊：“10, 9, 8, ……”，一边朝另一个方向跑去。哇，游客们如鸟兽散！我们一路大笑着进了办公室。

我到达基地时，水星计划已经完成，双子星座计划正在进行，而阿波罗计划正在准备土星火箭的早期试射。我隔壁的邻居是一名空军摄像师，他邀请我一起近距离观看发射——近到热浪都可以把头发点燃。我们距离火箭比新闻媒体的摄像机还要近大约 1 英里[㊀]。我登上了发射台上土星火箭的顶端，还看到了阿波罗指挥舱的内部（但遗憾的是没有进去）。在土星火箭第一次（在帕特里克发射基地）试飞期间，地面的剧烈震动导致主计算机设备的三个独立电源关闭，在飞行过程的前两到三分钟都是关闭的状态。

这些观测船配备了 C 波段和 S 波段雷达、下载数据的遥测和惯性导航（当时还是用于核潜艇的机密技术，比全球定位系统出现得还早）设备。计算机是海军舰艇上使用的缩小版加固军用计算机。它有一个红色的“战斗”按钮，战斗中的运行温度可以超过极限（真的是到了烧毁的地步）。这台 8 位计算机的字长为 32 位，内存容量达到了惊人的 36 KB（36 KB

㊀ 1 英里 = 1.609 千米。——编辑注

是当时内存的最大容量）。我们的编程界面在海上是打孔纸带（在陆地上是打孔卡）。计算机控制面板上的按钮排成一个 3 ～ 4 列、10 ～ 12 行的阵列，按下按钮就能把当前不需要的程序清理出内存，让其他程序读入。

想象一下，我们要利用有限的内存和处理速度来编程进行复杂的轨道力学计算，捕获出现在遥远地平线上小小的指令舱。计算的输入除了雷达和导航数据还包括飞船挠度数据。[⊖]捕获指令舱的计算非常灵敏，需要用到飞船的挠度数据——全部计算都要在 36 KB 的内存里编程完成。

我在新奥尔良的一家造船厂短暂工作了六个月，那里正在建造两艘观测船。我们在密西西比河到墨西哥湾的海面上进行试验，寻找飞机来测试系统。在实际任务中，指令舱将以每小时 24000 英里的速度进入大气层，然后通过逆燃发动机将速度降至每小时 350 英里以下。飞机以每小时几百英里的速度从观测船上空飞过。前几次测试我们都没有找飞机的影子。

整个阿波罗计划是非常庞大的，它的成功是对宏大愿景、创造力、协作、从失败中学习、工程专业知识和管理才能的证明。那是一段快乐而忙碌的时光，能够参与其中对我来说是莫大的荣幸，哪怕我在其中发挥的作用微不足道。回想起来，这是我职业生涯一个激动人心的开始。然而，在第一次载人阿波罗飞行之前，由于通信技术的进步，这些观测船就已经有了新的用途。

接下来，我首先要介绍这个蛮荒时代的技术舞台，再来继续介绍我的职业生涯、一些前沿项目、软件方法当时的状况，并建立整个六十年的管理背景。

2.2 技术和世界

蛮荒时代早期发生了一系列事件，甲壳虫乐队、越南战争、嬉皮士、反战抗议、尼克松总统和水门事件，还有愈演愈烈的通货膨胀，而阿波罗计划是其中少有的令人振奋的事件。尽管全球地缘政治和社会发生了重大变革，但商界领袖们的表现一如既往。1973 年—1974 年以及 1979 年的石油危机对经济造成了冲击，导致了通货膨胀，减缓了经济增长。这些条件结合在一起催生了滞胀（stagflation）一词。销售额下滑，企业利润率受到影响。

一些大企业深受其害。特别是像通用汽车和福特这样的制造业巨头，在里程更高价格

⊖ 在雷达之间的狭窄通道中测量获得，激光穿过该通道来测量舰船的弯曲挠度。

更低的欧洲和日本汽车制造商面前败下阵来。但另一种新兴趋势出现了。苹果（1976年）、星巴克（1971年）、微软（1975年）和耐克（1964年）等新公司的出现表明，灵活的小公司可能更有前景。

1950年代奠定了企业未来50年内都缺乏远见的基调。经济蓬勃发展，人们不愁工作，繁荣似乎是必然的，未来似乎是光明的。企业高管们对未来的规划，也都是线性的、可预测的。有些事情确实发生了变化，企业不得不进行调整，但都在可接受的范围内。可预测的假设贯穿了商业规划到项目管理的方方面面。“计划工作，并按计划工作”（plan the work and work the plan）被众多企业奉为圭臬。这种可预测性和内部关注的重点导致了一些趋势，比如目标管理（Management By Object，MBO），以及将控制成本和进度作为主要目标的项目管理。甚至到了1980年代中期，还有大公司保留了庞大的规划部门。

在1960年代末和整个1970年代，IBM统治了大型商用计算机市场。在那之前，IBM根据客户需要的处理能力提供不同的计算机系列。可惜，这些代号为1620和7064的计算机互不兼容，因此从一种规模升级到另一种规模既困难又昂贵。1964年发布的IBM 360/30是360系列计算机中的第一款，它的多项创新中就包括了通用操作系统。磁带驱动器为这些早期的系统提供了外部存储空间。

1970年代开始，IBM为360计算机提供了随机存取磁盘驱动器。一套146 MB存储空间的2314磁盘驱动器小配置售价高达17.5万美元[⊖]（今天这么大的存储空间只花费0.5美分，这还没有考虑通货膨胀的因素）。随着磁盘驱动器的发展，IBM推出了早期的数据库管理系统，称为信息管理系统（Information Management System，IMS）。随机访问驱动器和IMS增加了软件的复杂性，同时也带来了新的机会。

小型计算机的崛起始于1970年代，一直延续到1980年代，数字设备公司（Digital Equipment Corporation，DEC）是其中的领军者，他们在1960年代末就发布了PDP-8。DEC开发出的小型计算机越来越强大，促使另一家主要制造商Data General在1980年发布了Eclipse超级小型计算机。特雷西·基德（Tracy Kidder）在他获得普利策奖的《新机器的灵魂》（1981）一书中记录了Eclipse紧张的开发工作。尽管如此，IBM大型机仍然在整个时代主导着商业计算。

这段时间人与计算机之间的交互还很原始，也很冰冷（如图1.5所示）。大型机放置在专

⊖ 2314磁盘1970年的性能和成本，IBM档案馆，www.ibm.com/ibm/history/exhibit /storage/storage_2314.html。

门建造的房间里，房间里有架高的地板，架空的线箱，还有强力的空调[㊀]。计算机操作员输入一沓沓卡片，磁带和磁盘驱动器装了又卸，收集打印的输出分发出去。由于磁盘存储非常昂贵，大多数系统使用混合的存储形式——磁带存储大容量数据，磁盘存储小容量数据。使用UNIX系统的小型机和一些大型机上采用了在线分时系统，但主要用于学术和工程应用。

业务侧的高管对软件知之甚少。他们可以看到庞大的计算机，却看不到软件。此外，这一时期供应商提供的大多数软件价格都包含在硬件中——软件似乎是免费的！

审批不是我想做的工作，我更想做的是设计和构建，于是我离开泛美航空，搬到了明尼苏达州的圣保罗，加入了为海军和阿波罗飞船制造计算机的Univac联邦系统部门。我参与设计了计算机中的门和寄存器以及早期的通信调制解调器。在这两份工程工作后，我开始觉得自己更像是多面手而不是专家，于是决定攻读工商管理硕士学位，在明尼苏达大学夜校开始了会计和经济学的先修课程学习。我对明尼苏达的寒冷天气早有心理准备，但是清晨冒着-25℃的凛冽寒风刮掉车窗上结的冰再开车上班，实在超出了我的承受能力。只忍受了一个冬天的严寒，我便决定离开。

1970年，我回到了南方温暖的坦帕，获得了南佛罗里达大学（University of South Florida）的管理学硕士学位。我在硕士项目中开发了一个模拟应用程序，来分析坦帕到密西西比河沿岸港口的驳船交通。当时我在当地一家公司实习，这个模型被证明是有用的，经理们对结果很满意。这个模拟程序使用了一个称为通用仿真系统（General-Purpose Simulation System，GPSS）的软件包。这个软件包是全新的，教授们都帮不上忙。我通过残缺的操作手册和在错误中反复尝试了解了它的工作原理。当时从打孔卡到打印结果的来回还非常耗时，许多夜晚我都是在学校的计算机中心度过的。然而，我的分析程序中有一个缺陷，一位经理在我最后的演示中发现了它。一张数据表中的数据有错误，导致最终结果有些偏离。错误数据最后发给了我，我本应该更认真地审查。在后续项目中，我会侧重全局，也会确保团队中有人侧重细节——我会努力确保团队具备完成工作和提升绩效所需的各种技能。

2.3 埃索业务系统

1970年，刚从商学院毕业，我就搬到了德克萨斯州休斯敦以东的贝墩（Baytown），在

㊀ 那些年没人担心能源成本或环境影响。

埃索（Esso）[一]炼油厂担任业务系统分析师。但我的工作不仅仅是分析，还包括设计、编程、测试、编写文档，关键时刻还要担任大型机操作员。

我参与了一个前沿项目，类似项目后来称为管理信息系统（Management Information System，MIS）。一群斗志满满的年轻人（大多都有MBA背景）成立了研究小组，来做些确定管理层需求的分析工作。2022年我和当时的一位同事约翰·法尔伯格[二]通了电话，他也参加了这个小组，帮我回忆了一些细节。约翰最先想起来的是我们每周五晚上都会去当时Galleria酒店顶楼新开的酒吧，一起吐槽工作时间太长和公司的管理，一点也不意外。到报告呈现并通过验收时，编写软件系统的只有我一个人。这个系统从各种操作系统中提取数据并生成新的报告，采用COBOL[三]和Mark IV（一种高级报表语言）代码编写。这个系统很笨重，但聊胜于无，高管们也能从数据中受益。这些数据信息包括炼油产品的产量、员工人数、维护活动、成本和其他财务分析。这是第一次（至少在贝墩地区）有系统可以做到从多个操作系统中提取数据并进行整合管理。以前，管理人员可以从操作系统获得事务数据，但无法整合跨系统的数据。

我那时还是个编程新手，没有接受过正规培训，我写的COBOL程序肯定是维护者的噩梦。我们确实总结了一些类似模式的模型，比如用事务文件更新主文件——这些文件的串行数据全都存储在磁带上。在那个时代，文件中的最后一条记录必须全都是9，这是文件结束的标志[四]。当时仅有的交互工具是输入的打孔卡和输出的打印报告。程序运行和测试一个来回一般需要一个晚上。要得到一次干净的编译通常需要反复尝试（尝试一次就是12小时）。除了程序本身，还要了解IBM晦涩的作业控制语言（Job Control Language，JCL），才能把一系列程序与所需的数据文件和磁带驱动器连接起来。

“JCL是一个笨拙且烦琐的系统，很难学习，很多地方都不一致，稍微有点常识能找到替代方案的人都唯恐避之不及。”

——Mainframes.com

那个年代的测试过程充满艰辛。测试工具是不存在的。有了干净的编译，才可以开发

[一] 我在埃索工作的时候，它变成了埃克森（Exxon）。

[二] 约翰后来成了塔吉特（Target）的首席财务官和几家硅谷初创企业的首席执行官。

[三] COBOL：Comman Business-Oriented Language

[四] 如果没有全都是9的这条记录，文件处理程序读取最后一条记录后，还会尝试读取下一条记录，这会导致程序终止。

测试数据并录入打孔卡，修改JCL，最后运行测试。当然，如果文件超过了80个字符，则首先要运行程序，将多张打孔卡组合成一种扩展文件格式。许多事务文件都超过了80个字符，一点也不意外。如果走运，测试结果就能打印出来并进行分析。如果不走运（刚开始的时候基本都是如此），执行就会终止，内存状态会被记录为核心转储（core dump）。这种十六进制的计算机内存打印出来是一些“01 A9 34 5A D2 88 88”这样的字符，144个字符一行，一页又一页。从这堆字符里找出程序的起始位置，跟踪执行路径，真是其乐无穷！

在那些日子里，我们清楚管理层的愿景，但技术却严重受限。

蛮荒故事

在埃索时，我的同事也是我早期的导师埃德（Ed）已经60多岁了。他的桌子、架子和地板上堆满了打孔卡。他的办公室不像大学教授那样堆满了书，架子上每一层都铺满了计算机打印的结果。埃德负责维护会计系统。他有一盒“秘密的”一次性“卡片”，他每年都会调整这些卡片来完成年终财务报表。埃德没有后备人员，如果他不在场，账目就无法结清！在那些日子里，我们都没有后备。这真是IT的蛮荒时代。

我管理了一个新会计系统的实现工作，新系统计划取代软件应用程序和整个账户编码系统（由另一个团队开发）。由于采用了新的编码系统，当月的工资单等业务系统将开始使用新的编码。因此，当我们关掉旧的月末系统，打开新的系统时，就没有回头路了。这个项目涉及修改和集成许多子系统，花了整整九个月的时间来实现。

我作为项目经理提出了一项创新，构建一个测试程序来比较现有子系统（工资、应付账款、成本分配）的输出与新系统或修改后系统的输出。我的这个比较程序很复杂，因为它要将业务系统中的所有数据映射到会计应用中。当不同的子系统（如成本维护系统）准备就绪并开始生成新的编码时，测试程序将把新编码映射回旧编码，再和正确的映射进行比较，这让我们发现了大量错误。这是我第一次认识到测试是多么重要，也是第一次体会到测试有多么困难。

让人提心吊胆的切换期限即将到来，我们不分昼夜地工作，经常帮助计算机中心的运维人员安装磁带驱动器，一边运行一边直接修正打孔卡，然后重启系统。随后几年，由于审计需要“职责分离”，开发人员被禁止参与运维工作。

在项目即将结束的一个晚上，团队吃完饭回来，我把车停在了主管的固定车位上。我又继续工作了一整夜，完全忘了停车的事。第二天早上，一位同事告诉我出错了，赶快去见主管。这位主管脾气不好，还很传统，我走进办公室忙不迭向他道歉，告诉他我工作了一个通宵。他客气得让我感到意外："连续工作 24 小时的人想怎么停就怎么停。把车停在原处就行了。"他还对我和团队的辛勤工作表示了感谢。

即使采用了新系统，结清当月账目也花了三个晚上[一]。第二天的早上还出了状况：复杂到可怕的成本会计系统 BUPS（Burden、Utilities、Plant Services）[二]无法正常工作了。了解这个系统并可以排除故障的人就那么两三个，于是我们就在一个小会议室里讨论解决方案。我当时的经理是一位老派的管理者，喜欢微管理，他闯进会议室开始"解决"问题。当时我已经连续两天没合眼了，几乎无法容忍他的干扰。不过我的理智还是占了上风，没有直接反击。我去找了我的朋友约翰・法尔伯格，他跟我的经理平级。"赶紧把他弄走，要不我就发飙了！"我还在克制自己，没有说脏话。约翰是个温文尔雅的人，他把我的经理领出房间，并说服他让团队来解决这个问题——然后我们很快就解决了。

这个项目取得了巨大的成功，每周工作 60 ～ 80 小时，连续工作九个月后，每个人都松了一口气。约翰为团队和他们的家人安排了一场聚会。他不顾老板控制聚会预算的忠告，办了一场奢华的海陆大餐宴会。项目团队投入了大量加班时间，这点补偿算不上什么。

虽然在这个项目中我的头衔是项目经理，但除了甘特图以外，我对项目管理一无所知。我也没有接受过正规的编程教育，相关资料也很少。但我知道其他团队成员有编程经验，了解他们的系统，不需要我的微管理。我们设定好了最后期限，实现这个目标要做很多事情，而团队需要的只是一份整体计划。这是项目管理的蛮荒时代，但我开始对管理风格有了初步的了解。

这个时期大多数系统用户都对计算机一无所知，我们这些计算机先驱也只是稍好一点而已。炼油厂维护部门的一个项目就是这样。维护部门的经理想要一个基本的系统来记录维护单。我像一个优秀的分析师那样，先访谈了几位目前手工执行记录工作的维修人员，编写了一些业务规格，然后花了三个月用 Mark IV 开发出了系统并进行了测试。我先向经理

[一] 计算资源十分昂贵，必须在 24 小时内平衡负载。因此，许多业务系统（如会计系统）的作业都是在夜间进行的。

[二] 这是一种先进的成本分配系统，根据人员数量、仓库面积等各种因素，将管理成本分配给生产单位，最终体现到产品（如汽油、取暖油）成本里。然而，在分配给生产单位之前，管理成本要在管理部门之间来回分配——例如，会计成本分配给 IT 部门，IT 成本又分配给会计部门，来来回回！这一个系统在我们的 IBM 360 计算机上要运行三到四个小时。

们展示了各种报表，他们很喜欢；然后展示了需要填写和输入计算机的表格，他们的回答是“打住！你是说我们必须填写这些表格?”我向他们解释制作报表需要数据输入。他们还是不满意，最终放弃了这个项目。双方关于计算机以及如何有效使用计算机的知识都很匮乏。

会计系统的成功让我获得了第一份管理工作——晋升为一个会计团队的主管，负责工资、应付账款和物料会计等方面的工作。我当时才28岁，团队里第二年轻的人都已经45岁了，他们全都加入了工会。我在这个角色中了解了IT部门和IT系统对面的业务方之间的区别。IT部门总是要求业务用户花时间澄清他们的工作，我们才能构建系统来支持他们的工作。IT项目的时间很长，每天分担的工作压力并不大。当然，项目结束前就另说了。而业务用户每天都要赶在最后期限前完成工资单、账目结算和发票付款，压力很大。我现在还对这些交互过程中的各种拉扯记忆犹新。

有一次，一位员工抱怨一位粗鲁无礼的供应商要求立即付款（并没有逾期），我就打电话给供应商的副总裁。我说，如果他的员工再这么无礼，以后就别想再和埃克森做生意了！当然，他并不知道我没有这个权力，而我的员工喜欢我这么做。这个小插曲为我还没成熟的管理风格又增添了一笔——要平等地尊重每一个人。

1970年代初，埃克森有四家大型炼油厂和三家小型炼油厂，一共七家。大型炼油厂的业务系统团队各自开发系统，前面提到的会计系统是建立通用性的第一步。这些差异很难统一，因为每家炼油厂都有自己的经营方式，不愿意改变。

为了协助整个炼油部门的IT系统合理化，休斯敦的炼油会计总监办公室设立了业务系统协调员的职位[㊀]。与当时许多公司一样，IT部门向会计总监汇报。后来，随着IT成为企业不可分割的一部分，IT部门开始向首席信息官（CIO）汇报，首席信息官再向首席执行官（CEO）汇报。我接受了协调员的工作，负责整合业务系统，会计系统是一个很好的开始。软件系统的整合最终带来了炼油厂计算机设备的整合，这在当时是一项重大成就。

我们身在会计总监的组织里，每个季度的炼油厂财务报告整合工作也交给了我。一天，我接到了公司层面的一位接口人打来的电话，他负责进一步整合炼油、勘探、生产等各个部门的报告：“恭喜，你算出来的数字只差了10亿美元。”“哦，”我说，“只差了一位数。”[㊁]

㊀ 因为当时最重要的应用程序是面向会计和财务的，所以大多数IT部门向财务总监[现在叫首席财务官（CFO）]汇报。

㊁ 因为在英文中1亿为1 billion，所以说“只差了一位数”。——译者注

这是一份有影响力的工作，而不是管理工作，因为每家炼油厂的业务系统主管都不向我汇报。但我还是需要他们的支持来规划如何使炼油厂的 IT 系统具有一定的通用性。

2.4 从埃克森到奥格尔索普

1976 年，我结束了埃克森公司近 6 年的工作，搬到了亚特兰大，在那里做了几份短期工作后，最后加入了奥格尔索普电力公司（Oglethorpe Power）担任软件开发经理。

在亚特兰大一家银行短暂的工作期间，我参与了他们第一个国际银行系统的开发。那里的计算机操作人员每天都会把成堆的打印结果放在行长的办公桌上。在这个项目里，我还到纽约的花旗银行考察了运行在 DEC 超小型计算机上最先进的国际银行系统。结合我在花旗银行所学和与公司国际银行职员的讨论中收集到的知识，我写了一份推进新国际银行系统的提案，包括处理外汇、信用证以及其他国际银行事务。我喜欢与国际银行职员一起工作，因为他们就像银行家一样悠闲自在。

但当我在这家保守的银行被问及是否遵守了标准和程序时，我才明白哪能事事都悠闲自在。我的差旅和提案费用似乎超出了预算，还超过了 10% 的限额。当我收到了会计部门一位老兄的催款信时，我甚至不知道我还有预算。要不是信中附有从会计账簿上复印的五六页纸，建议我加强成本核算，我可能都不会注意。我把这位老兄请到了我的办公室，和他聊了聊。

“墙上挂的是什么？”我指着一份装裱好的文件问道。

“看起来像注册会计师证书。”他回答说。

“你有吗？”我接着问。

“没有。”

“好，在你拿到证书之前，别再给我寄账簿了！”

尽管建立国际银行体系的提案备受好评，但那时我特立独行的一面与银行业的职业生涯发生了冲突，所以我很快转向了一种不那么死板的文化。

奥格尔索普电力公司是一家新成立的发电、输电和配电的合作性电力服务公司（我本科专业主修的就是电力系统工程），为佐治亚州乡村地区服务。我在那里任职软件开发经理，这就像一个初创公司的职位，因为我必须组建团队，还要想办法实施。

我的部门经理曾在安达信咨询公司（Andersen Consulting）[1]工作，所以我们采用了该公司的 METHOD/1 方法论，这是当时先进的方法论。但 METHOD/1 是软件项目的项目管理工具，并不包括具体的开发方法。例如，方法论中包含了“定义文件格式”和“完成文件布局表单”这样的任务，但并没有包含实际定义的方法。

我参加了尤尔登公司（Yourdon，Inc）的几门结构化技术课程，希望这些结构化技术纳入我们公司的开发流程。一次在讨论结构化技术时，有位安达信的顾问建议我们在尤尔登方法的基础上再加入 Warnier-Orr 方法。随后，我邀请肯・奥尔（Ken Orr）来给我们讲授他的方法论和方法。这些方法最初是由法国人让–多米尼克・沃尼尔（Jean-Dominique Warnier）提出的，但肯・奥尔对最初的想法进行了扩充，并在美国推广开来。Warnier-Orr 图显示了层次、序列、重复和交替等结构。该方法论侧重于从输出入手，找出产生这些输出的流程。这种强调输出（output）而非输入（input）的理念深深地印在我的脑海中，最终延伸为敏捷时代的成果（outcome）概念。

我的团队接受了 Warnier-Orr 方法，我们使用这种方法交付了多个应用程序。我们还购买并使用了肯的软件包 Structure(s)，它是计算机辅助软件工程工具的前身。我团队里的一位员工非常兴奋。这位经验丰富的程序员说：“我还是第一次写出一次编译就能成功的 COBOL 程序。”这个系统是我们首次在整个生命周期内使用 Warnier-Orr 技术。这套方法论获得了成功，也设计得很好。然而，我的脑海中却埋下了一颗小小的疑虑种子：“开发时间肯定比我预期的要长。”

1978 年，我开启了写作生涯，“Solving Design Problems More Effectively”一文在 *Management Information Systems Quarterly* 上发表了。有趣的是，这篇文章讲的是团队解决问题的过程，和软件开发没什么关系。1970 年代和 1980 年代，我陆续在 *Management Information Systems Quarterly Auerbach Reports*、*Datamation*（Highsmith，1981）和 *Business Software Review*（Highsmith，1987）上发表了多篇文章。

2.5 软件开发

蛮荒时代早期，软件流程、工具、参考书和培训都还十分匮乏。我只有 IBM COBOL

[1] 安达信最初是一家会计事务所。后来安达信咨询集团不断壮大，最终拆分出来了埃森哲（Accenture）。

手册可读，还经常跑到埃德（我在埃索公司的导师）的办公室去请教他。我的大部分知识都来自经验，有好有坏。埃德沉默寡言，很难沟通，但他的经验使他成为我职业生涯早期难能可贵的导师。

埃克森公司的业务部门有一位从技术系统转来的程序员。他之前一直使用 Fortran 语言㊀做技术编程，虽然他用 COBOL 写出了第一个业务应用程序——工资单系统，却仍然使用了 Fortran 的数据名。由于语言的限制，Fortran 程序员习惯了使用“ EMPRT2”这样的数据名㊁，而不是 COBOL 里面“ Employee-Pay-Rate2”这样的数据名。他留下的这些采用 Fortran 数据名的 COBOL 程序带来了无尽的维护麻烦。多么蛮荒的时代啊。

ALTER，这条狡诈甚至是危险的 COBOL 语句代表了这个时代的特征。假设有这么一条程序语句：Go To CALC-Pay-Status。只看这一条语句没啥问题。有趣的部分来了。在程序打印输出的第三页纸上（当时输出只能打印到纸上），一条 ALTER 语句根据某个变量将前面这条 GO TO 语句改成了 Go To ALT-CALC-PAY-STATUS。现在假设有一个 1000 条语句的 COBOL 程序，其中这样的 ALTER-GOTO 结构有 50 个，要搞清楚跳转的逻辑，难度可想而知。你至少需要 25 根手指才能算清楚。这些程序简直就是维护噩梦——通常会交接给下一个倒霉蛋。

在随机存取数据库出现之前的串行磁带文件时代，我们使用类似记录类型（record type）变量的技术，让多个数据类型共享一个数据字段。如果记录类型是“ commercial”，字段 4 就代表“ color”，如果记录类型是“ retail”，字段 4 就代表“ size”。日期字段通常是两位数字，这导致了 30 年后的千年虫问题。为什么？为什么程序员要制造这些维护噩梦呢？

今天，一部手机就有 128 GB 内存，还可以访问 TB 级的云数据，价格便宜量又足。1971 年推出的第一款英特尔芯片时钟速度差一点才到 1MHz(Hertz) ㊂。如今，芯片的时钟速度已经超过了 5GHz㊃。在蛮荒时代，计算机速度慢得像乌龟，内存贵得离谱。在那个时代当

㊀ Fortran（FORMula TRANslator）是一种早期用于科学和工程应用的计算机语言。

㊁ Fortran 的变量名只有六个字符，只能使用 a ～ z 和 0 ～ 9 这些字符。在大型系统中，这个限制导致了奇怪的变量名。此外，COBOL 是一种面向文件的语言，是为业务系统设计的。Fortran 是一种面向变量的语言，专为科学和工程计算而设计。IBM 设计了单一语言的解决方案 PL/1 来取代 Fortran 和 COBOL，但并没有流行开来。

㊂ 这里的 Hertz 指的不是赫兹汽车租赁公司，而是一种计算每秒周期数量的频率单位。1 MHz=1000 kHz；1 GHz=1000 MHz。

㊃ 2022 年，美国橡树岭国家实验室（Oakridge National Labs）的超级计算机超过了 1 PHz（petahertz，1×10^{15} Hz）。

程序员，我们需要一个字节、一个赫兹地抠性能。我们必须知道哪些 COBOL 语句跑得快，哪些跑得慢。就是因为 ALTER 语句跑得快，才被过度使用了。

这段时间的开发工具有流程图和分层输入输出图。1970 年代中后期又出现了数据流图和其他结构化方法[一]。

1978 年，我读了汤姆·德马科的 *Structured Analysis and System Specification*，还参加了史蒂夫·麦克梅纳明（Steve McMenamin）的结构化分析课程[二]。这种“工程”方法激发了我的热情。当我接受奥尔格索普提供的软件开发经理职位时，我就知道引进这些方法就是我的使命之一。

2.6 管理趋势

我攻读管理学位一方面是出于好奇，另一方面是希望更深入地理解软件开发过程中的管理和领导力，而且这种感觉越来越强烈。通用管理和项目管理趋势塑造了早年的软件开发，这种影响一直延续到之后的时代。

在蛮荒时代，僵化的文化是常态——等级森严、命令控制、专注于计划及其执行。工程学取得了巨大的进步，其对可预测性的假设逐渐渗透进了管理思维之中。业务普遍以财务指标为衡量标准——华尔街还是那只看不见的手。衡量软件项目的成功看的是完成情况和成本。软件只要交付就可以算成功，但进度是重要的考量。成本固然重要，但把系统安装好跑起来更重要。

世界在名义上是可预测的，无论正确与否，这个假设是业务运营的前提，如果计划没有达成，那么问题一定出在执行上，计划本身不会出问题。优秀的经理和高管就能把事情做好——就这么简单。新生的 IT 世界可没那么容易预测，这让 IT 高管们焦头烂额，因为通用管理层几乎不会考虑计算机和软件仍处于实验阶段的本质。

在研究管理演变如何影响软件开发时，四个因素显得非常重要：行业演变、工作类型、管理风格和劳动者类别。

20 世纪初的工业时代蓬勃发展，弗雷德里克·温斯洛·泰勒（Frederick Winslow Taylor）

[一] 第 3 章会介绍这些图。

[二] 关于这些主题的更多内容见第 3 章。

等研究人员提出了科学管理（Scientific Management）一词，宣扬精确的度量和严格规范的工作职责的优点。将组织视为机器的观点已经深入管理文化中，优化这些机器成为一个关键的管理目标。

后来，在道格拉斯·麦格雷戈（Douglas McGregor）和彼得·德鲁克（Peter Drucker）等人的工作基础上，管理理论开始发生变化。我们听说过好多GOAT（Greatest Of All Time，史上最佳），但谁又是文学领域的GOAT呢？虽然这可能取决于你相信哪个排名，但大家公认的是马塞尔·普鲁斯特（Marcel Proust）的《追忆似水年华》[一]。如果要选出管理理论的GOAT，彼得·德鲁克当仁不让。德鲁克一生完成了39部著作，并在1959年创造了知识工作（Knowledge Work）一词。他被称为现代管理之父，他对管理层（management）做了如下定义："管理层是一种有着多重目的的机构，它既管理企业，又管理管理者，也管理员工和工作。"（Drucker，1954）。这个简洁的定义可以帮助我们评估随着时间推移而产生的各种变化，工作会变化，员工会变化，管理者会变化，管理者的管理者会变化。德鲁克创造的知识工作一词就标志着工作的本质正在发生变化。

"组织即机器"——这个来自工业时代的比喻仍然给管理蒙上了一层厚厚的阴影。丽塔·麦格拉思（Rita McGrath）在2014年《哈佛商业评论》（*Harvard Business Review*）的一篇文章中写道，管理者们认为稳定是常态，而变化是"异常状态"。麦格拉思将管理分为三个时代：执行（execution）时代、专业（expertise）时代和同理心（empathy）时代。"如果说执行时代组织创造的是规模，专业时代组织提供的是先进的服务，那么今天人们期待的是组织创造完整而有意义的体验。"（McGrath，2014）这些不同的管理风格提供了另一种讨论软件开发时代的维度[二]。

遗憾的是，除了《哈佛商业评论》上的那篇文章外，我没有找到麦格拉思的其他资料。而且同理心管理风格还存在争议[三]。即便如此，我还是喜欢麦格拉思用来区分不同管理时期的这几个词。传统管理往往会打上命令–控制的标签，但新近的管理风格名称当中没有一个能脱颖而出。过去的二十年里，先后出现了领导–协作（leadership-collaboration）、适应性领导力（adaptive leadership）、敏捷领导力（agile leadership）、管理3.0（management 3.0）、

[一] 这取决于你相信哪个谷歌排名了。

[二] 第8章将还会讨论麦格拉思提出的管理风格。

[三] "领导力越来越看重同理心是目前最具争议的话题之一，正反两方都固执己见。"（www.business.com）

学者型领导力（savant leadership）等名词。而我认为现代管理最适合用麦格拉思的"同理心"来命名。

世界经济论坛CEO克劳斯·施瓦布（Klaus Schwab）提出了一种看待工作演变的方式。他提出的四个时代以科学技术的进步为中心。

- 机械生产时代
- 科学和规模化生产时代
- 数字革命
- 想象力时代

随着科学和规模化生产时代[⊖]的到来，组织规模越来越庞大，需要一种方法来管理从基层主管到高管领导的多层组织。标准化过程、质量控制和劳动专业化分工等实践得到了广泛应用。优化是目标，包括效率、延续、可测量、可预测。这种命令–控制的管理方法定义了"执行时代"。这是一个产业工人从事体力劳动的时代。

随着数字革命的到来，计算机技术从大型主机发展到小型计算机，再到个人计算机，扩大了计算能力的使用范围。心理学和社会学等其他学科的概念开始潜移默化地影响着管理理论，但这个时代专业的管理知识发挥了主要作用，表现为工程再造、六西格玛和目标管理等概念的出现。

在这一时期，软件开发有了自己的术语：瀑布（waterfall）和宏大方法论（Monumental Methodology）。随着软件、医药、计算机、材料和计算设备等技术应用的爆炸式增长，对知识工作者的需求也开始增加。知识工作的井喷，现有的上下级关系又受到了这类新型员工的抵触，这促使早期的敏捷专家专注于建立以人为本的工作场所。《自适应软件开发》（Highsmith，2000）认识到了这种变化，并使用"领导–协作"管理这一术语来描述这个时代的实践特点，和早期的"命令–控制"形成了鲜明的对比。

施瓦布没有为第四个产业时代设定时间线，也没有明确将其命名为"想象力时代"，尽管他在著作中提到了想象力和创新。他将这个时代定义为变化的速度、技术快速发展和整合所导致的变化的广度和深度，以及涉及国际社会体系的系统性影响。为了在这个时代取得成功，我们需要重新定义"工作"，需要理解知识工作者和创新工作者之间的区别，还需

⊖ 我跳过了与软件开发无关的第一个时代（机械生产时代）。

要学会如何以同理心来领导、组织和管理他们，鼓励想象力和创造力。

想象力时代是数字革命之后的时代，随着人工智能、生物技术、机器人技术和量子计算等技术融入我们的世界，创造力和想象力将成为经济价值的主要创造者。

“我们正站在一场技术革命的边缘，它将从根本上改变我们的生活、工作和人际关系。这场变革的规模、范围和复杂性将是人类历史上前所未有的。”

——克劳斯·施瓦布，2016年1月14日

最终，劳动者被划分为三种类型：产业工人、知识工作者和创新工作者。随着工作性质的变化，所需的劳动者类型也发生了变化，这反过来又改变了管理者和高级管理者看待劳动力和与劳动力互动的方式。

回忆一下新冠疫情发生之前，你对未来确定性的感受，而现在又是什么感受？疫情的连锁反应是未知的，在其完全显现之前基本上是不可知的。许多变化在2020年之前就已经出现了，疫情只是加速了这些变化。随着不确定性的增加，人们开始研究不确定性建模的方法理论，设计出管理不确定性的工具和方法。

曾在IBM高级商业研究所任职的斯蒂芬·H.海克尔（Stephan H. Haeckel）1993年在《哈佛商业评论》发表了一篇文章[一]，后来又在1999年出版的*Adaptive Enterprise*一书中进一步阐述了他的观点（Haeckel，1999）。他传达的信息是未来组织需要从计划–执行（plan-and-execute）转变为感知–响应（sense-and-respond）。感知–响应使组织能够感知外部世界的变化并迅速反应，再利用反馈进入下一个感知–响应循环。信奉计划–执行的组织会对计划过于痴迷，只会把偏离计划当成错误而不是机遇。

为什么柯达没有对数码相机的威胁做出回应？是因为数码相机一夜出现？还是柯达错过了市场信号？为什么网飞（Netflix）淘汰了百视达（Blockbuster）？百视达没有看到网飞增长的电影租赁市场份额吗？在瞬息万变的商业和技术环境中，感知是极其困难的。什么是噪声？噪声积累到什么时候可以上升到警报？丽塔·麦格拉思在她的新书《拐点：如何预见未来商业变革创造竞争优势》[二]（2019）中对这个难题做了深入的剖析。整理和分析数据流需要上下文，你要知道当前究竟是在哪个领域竞争。

[一] https://hbr.org/1993/09/managing-by-wire。——译者注

[二] *Seeing Around Corners: How to Spot Inflection Points in Business Before They Happen*，中信出版社2021年4月出版了中文版。——译者注

戴夫·斯诺登（Dave Snowden）设计了一种思考当前上下文中不确定性的方法来帮助我们做出决策。1999年，斯诺登把他对复杂性理论的研究进行了总结，提出了Cynefin模型[㊀]。这个模型已经被敏捷社区所接受并广泛使用。对于每一种变化，斯诺登都提出了一种实践类型。他的模型定义了五种变化类型。

- 清晰（Obvoius），最佳实践（best practice）就足够了。
- 繁杂（Complicated），使用优秀实践（good practice）。
- 复杂（Complex），浮现出来的实践（emergent practice）是最合适的。
- 混乱（Chaotic），需要创新实践（novel practice）。
- 无序（Disorder），还没有找到实践。

1980年代，经济、商业和技术从繁杂发展到了复杂，21世纪初又进入了混乱，斯诺登的框架帮助我们理解了从结构化开发到敏捷开发的过渡中，消除不确定性的作用。本书将使用Cynefin模型，作为商业和技术领域战略层面宏观变化的指示器。而在战术、项目和产品层面，我将在第6章中介绍探索因子（Exploration Factor，EF）。这两种"方法"（Cynefin和EF）为我们提供了管理不确定性的工具。

软件开发四个时代中的这些因素的变化如表2.1所示，有助于我们理解方法和方法论演变的原因。我在结构化方法发展到敏捷方法的过程中，使用这些框架来理解工作的上下文。

表2.1　管理和工作的演进

关键因素和思想家				
软件时代	管理风格（麦格拉思）	工作类型（施瓦布）	工作者分类（德鲁克）	变化的类型（斯诺登）
蛮荒时代	执行	科学和规模化生产	产业工人	清晰 / 繁杂
结构化时代	执行 / 专业	数字革命	知识工作者	繁杂
敏捷根柢时代	专业	数字革命	知识工作者	复杂
敏捷时代	同理心	想象力	创新工作者	混乱 / 无序

在蛮荒时代的后半段，我开始钻研项目管理实践。虽然项目管理有很长的历史，但是与软件开发相关的实践直到1950年代和1960年代才出现。甘特图（任务和进度表）在1930年代早期就被成功地应用于胡佛大坝等项目中。其他早期的大型项目还有1940年代的

㊀ 在最新版的Cynefin模型中，五个限域分别为：清晰（Clear）、繁杂（Complicated）、复杂（Complex）、混乱（Chaotic）和问难 / 困惑（Aporetic/Confused）。——译者注

曼哈顿计划。“现在普遍认为项目管理（project management）一词是1954年由在美国空军服役的伯纳德·施莱弗（Bernard Shriever）提出的。

现代项目管理技术的基石是项目评估和审查技术（Program Evaluation and Review Technique，PERT），这项技术因为在海军北极星潜艇建造中的成功应用而得到推广。1958年杜邦公司发明了PERT和关键路径法（Critical Path Method，CPM）[一]，开始在美国的航空航天、建筑和国防工业中使用。1960年代初，工作分解结构（Work Breakdown Structure，WBS）[二]开始广泛使用。项目管理协会（Project Management Institute,PMI）于1969年成立，后来一直致力于研究和推广项目管理实践。1960年代最著名的项目是阿波罗计划（1963—1972），NASA成功地领导了六次月球探测任务。尽管我在阿波罗任务中的贡献微不足道，但这段经历够我吹一辈子：“我的第一个项目就取得了成功。”

2.7 时代观察

1960年代和1970年代为后来的软件开发时代奠定了基础。计算机性能开始指数级地提升。随机存取设备的容量不断翻倍。核心存储器也开始演进，一开始还需要工人手动将电线穿过一组微小的环形“甜甜圈”。人机交互也开始稳步发展。

在这一时代早期，我们可以把软件开发看成一种“临时”的过程，但软件先驱们已经开始早期的方法研究，期望将软件工程转化为一门工程学科。到了时代末期，在交付可运行软件的过程中，结构化方法和项目管理方法论带来了更好的组织和控制，这时我们可以把软件研发看成一种“先进的临时”过程。这是下一个时代软件开发继续发展的基础。

在蛮荒时代，优化计算机资源比优化人力资源更重要[三]。计算机处理周期、核心内存和

[一] 关键路径法用于对化工工厂的维护项目进行日程安排，适用于有很多作业而且必须按时完成的项目。这种方法的核心和关键在于找出项目活动组成的每条路径以及其中的关键路径。关键路径的工期决定了整个项目的工期，任何在关键路径上的影响都会直接影响项目最终的预计完成时间。——译者注

[二] 工作分解结构（Work Breakdown Structure）就是把一个项目按一定的原则分解，项目分解成任务，任务再分解成一项项工作，再把一项项工作分配到个人，直到分解不下去为止。——译者注

[三] 感谢大卫·罗宾逊提出了这个概念，他和我一起合著了《EDGE：价值驱动的数字化转型》。

外部内存的成本要比现在高出太多太多。摩尔定律[㊀]刚开始支配硬件性能的提升。早期计算能力比人员成本昂贵，这导致了一些妥协，其中一些造成了多年后的问题（如千年虫问题）。而在当前数字革命如火如荼的世界中，情况发生了反转：人力成本比计算机资源更宝贵。

尽管蛮荒时代的软件开发还在蹒跚学步，但已经交付了很多有价值的解决方案。其中一些系统在反复地修改之后，至今仍然在发挥作用。虽然这些系统以今天的标准来衡量很原始，但还能正常工作。

㊀ 1965年，英特尔公司的联合创始人戈登·摩尔（Gordon Moore）发现："集成电路中的晶体管数量大约每两年翻一番"。后来，人们将这一规律称为摩尔定律。

3

第 3 章

结构化方法和宏大方法论

（1980 年—1989 年）

想不想飞快地开发软件？快到只要一分钟怎么样？ 1980 年代初，肯·奥尔提出了一些激动人心的概念：数据完全独立（输出与输入无关）；管理就是让人叫好，不在乎信息；一分钟生命周期就能让人叫好。这些概念给当时的软件方法带来了巨大的冲击。1984 年他自掏腰包出版了中篇讽刺小说 *One Minute Methodology*[⊖]。这本书既幽默又有前瞻性，淋漓尽致地体现出了肯的风格：用轻松的方式讨论严肃的问题。

回顾我的职业生涯，最大的一次蜕变就发生在 1980 年代初，正好是我和肯·奥尔建立起深厚友谊的时期。肯是著名的软件开发大师，也是我的朋友、同事和导师。1980 年代我们在一起工作，尝试了各种不同的角色；1990 年代我们保持着信件和电话往来；21 世纪第一个十年我们同时在卡特咨询公司的业务技术委员会担任研究员，期间有着密切合作。遗憾的是，肯于 2016 年与世长辞。

肯拥有数学和物理学本科学位以及哲学硕士学位。他曾经担任过堪萨斯州的信息系统主管，之后创建了肯·奥尔咨询公司。肯为人随和，却在推动软件工程发展这件事上殚精竭虑。每次和他交谈，我都可以感受到他深厚的哲学修养。

肯富有远见。他非常擅长创造清晰的愿景，让周围的人为之振奋。肯也是非常敏锐的

⊖ 1984 年肯自行出版了本书，1990 年由 Dorset House 重新出版。

行业观察家，他能够清晰地阐述行业的现状和未来的方向。虽然我们的意见有时相左，但各种话题的讨论过程总是充满了乐趣。

肯可以对着四张幻灯片滔滔不绝地讲上一个小时，但听众们会被他牢牢抓住，完全不会走神。如果和他一起演讲，还是不要在他后面登台为好。他是一位哲学家，一位敏锐的观察家，一位批判性的思想家，只要是和软件有关的话题，无论是编程还是架构，他都可以讲上好几个小时。

他是结构化方法的核心倡导者之一。在讨论汤姆·德马科和埃德·尤尔登这样的“对手”时，肯总是提醒我们：“他们不是我们的竞争对手。我们真正的对手是对方法论的漠视，是那些什么方法论都不用的人。”我也把这种想法带到了敏捷运动当中。在敏捷运动的早期，Scrum、极限编程和水晶方法并不是竞争对手，真正的对手是什么敏捷方法都不用的漠视。

1980 年初，肯打电话问我愿不愿来托皮卡担任 KOA 的市场和销售副总裁，当时 KOA 还是一家年收入只有 100 多万美元的小公司。我和妻子不是很想搬到堪萨斯，而且我当时的工作还不错，这让我很纠结。

但这个决定最后成了我职业生涯的转折点。我只问了自己一个问题就做出了决定：“不接受肯的邀请我会不会后悔？”我斩钉截铁地回答“会”。接受这份工作也给我的生活带来了五个重大变化：

- 角色的变化：我从软件开发经理变成了市场和销售副总裁。这也意味着我要跳出技能的舒适区，重新捡起十年前在硕士课程上学到的技能。这些技能毕业后我几乎没怎么用过。
- 公司风格的变化：从一家传统命令 – 控制型管理的“稳定”大公司，变成了一家非传统的、管理风格灵活的小型创业公司。
- 通勤方式的变化：从坐在办公桌前不怎么出差，变成了每周都在旅途上奔波。我的妻子那时刚加入达美航空不久，空姐也没有周末。有一个星期五的晚上，我飞到孟菲斯和她共进晚餐，因为她的航班要在那里停留。之后我继续飞回家，她继续她的航班。
- 工作地点的变化：从亚特兰大变成了托皮卡。我还住在亚特兰大，从出亚特兰大的家门到进托皮卡的办公室大门需要整整 5 个小时（交通工具包括飞机和汽车）。这意味着我每周有四天不在家。

❑ 从学习结构化方法到培训结构化方法的变化。

现在回想起来，这次转折太冒险了，从此我的职业生涯更加不那么循规蹈矩了。

KOA 的办公室在托皮卡市中心，对面就是铁路。这幢独立的小楼被草坪环绕，周围没有其他建筑。我们亲切地称它为“草原小屋”[⊖]。

> 肯有很多好点子。他的创意真是源源不断。只要有了新想法，他就会冲进我的办公室，我则会如实记录他的想法，有时他一天要冲进来好几次。很快我就招架不住了，我得“想法”来应付他的“想法”。几天后，当他再次冲进我的办公室时，我对他说：“肯，如果你这样突然冲进来讲你的新想法，我会记下来。但我不会继续跟进，除非同样的想法你讲三遍。”这个“想法”果然奏效。

和许多小型创业公司一样，我一个人至少顶着三个头衔。首先，我要管理市场和销售这个“大”部门，连我在内一共三个人。陌生电访、营销手册设计、展台布置都是我的工作。我手下有两个销售人员，每人负责半个美国。作为对比，肯有个在 IBM 做销售代表的朋友就轻松多了，他在芝加哥只用负责西尔斯大厦的 15 层楼。

其次，我还要主持工作坊、做咨询、开发新的工作坊。我不想完全脱离技术，肯也不希望我脱离技术。我们销售的是技术产品，我得保持技术本色。

最后，我要和肯还有其他同伴紧密协作，开发一套我们自己的宏大方法论（Monumental Methodology，MM）。我们给这套方法论起了个名字，叫作数据结构化系统开发（Data Structured Systems Development，DSSD）。这里面有大量必要的文档工作，但我们还是想方设法把内容压缩到 4 本 10 厘米大小的活页夹里。有了这项工作之后，我的一周基本上是这样安排的。

❑ 星期一早上 9 点（从亚特兰大）赶到托皮卡的办公室，我到得一般比员工还要早。

❑ 打几个销售电话和客户电话。

❑ 当裁判，不知道为什么，我手下的两个销售总喜欢越界，争吵不断。

❑ 飞到旧金山待一天，和我们最大的客户沟通，我们有 6 ～ 10 名顾问在那里全职工作。我会和顾问们一起工作，了解项目状况，但主要是倾听，拉近他们和总部的距离。

⊖《草原小屋》（*Little House on the Prairie*）是作家劳拉·英格尔斯·怀尔德（Laura Ingalls Wilder）的作品，由这部作品改编而成的面向家庭的同名电视剧于 1974 年—1983 年播出，主演是迈克尔·兰登（Michael Landon）。

- 打磨我构想的结构化规划课程。
- 为我们的月度简报起草一篇文章。
- 理想情况下星期四就可以飞回家，但往往会拖到星期五下午。

这样的生活是多么丰富多彩!（除了那个寒冷的星期天午夜，堪萨斯城飘着大雪，我坐在机场停车场的车里却打不着火！）

我顶着市场和销售的头衔，领教了销售工作的压力。一家西海岸的大公司表现出了采购 DSSD 方法、培训和咨询的强烈意愿，我和几位 IT 经理、一位采购代理和一位律师坐在会议桌旁商讨合作。我的脑子里只有一个想法：“我必须搞定销售合同，不然下个月就开不出工资了。”我以前也感受过时间的压力，但这是我第一次面临严重的销售压力。

戴夫·希金斯（Dave Higgins）职业生涯的大部分时间都待在 KOA，他实际上是肯的首席合伙人。他们有很多相似之处，对待软件开发的态度一样认真，虽然有时他们的意见相左。戴夫有时会离开一段时间，但总会回来。2022 年我和戴夫还聊过一次，话题是结构化时代的方法论之争。

下面是他的回忆：

“首先，我们和尤尔登还有其他一些实践者在一起研讨的时候，很快就发现大家做的事情大同小异。我们都在努力寻找和记录那个时代的最佳实践。当时我们正从无纪律的状态走向有纪律的软件工程。在从纪律向工程的转换中，软件的可塑性带来了挑战。”

我们还聊到了计算机交互的进步：

那个时代链接了人和“绿屏”[1]终端。那个时代键盘上是换行（Return），还不是回车（Enter）。手动打字机还不能按单词自动换行，必须自己按换行键切换到下一行。技术让很多问题不再是问题，但同时也带来了新的问题。”

3.1　时代概述

结构化时代有三个阶段，这些阶段之间存在明显的交集。方法阶段为结构化演进带来了新玩家。在宏大方法论阶段，结构化方法与项目管理实践结合，形成了包含开发阶段、详细任务和文档需求在内的软件生命周期管理方法论。当方法论变成宏大方法论之后，下

[1] “绿屏”是指黑底绿字的 IBM 终端。

一步的演进当然是将图表和必要的文档自动化。最后这个阶段被称为CASE（Computer-Aided Software Engineering，计算机辅助软件工程）工具阶段。

本章将介绍这三个阶段，还有几个结构化方法的例子和一些客户的故事，以及技术和管理上取得的进步。本章还会深入剖析瀑布式生命周期这个概念，后面几十年里瀑布将统治软件开发思维。

1980年代初，共和党的好莱坞演员罗纳德·里根接替自由派的花生农场主吉米·卡特成为美国总统，高通胀、经济衰退、伊朗人质危机还有政治的保守转变让世界动荡不止。电影《夺宝奇兵》（Raiders of The Lost Ark）惊艳了观众，却没有打动奥斯卡评委。1980年代后期，柏林墙倒了，麦当娜成了流行巨星。新的计算机技术出现了，大制作影片和MTV重塑了流行文化。这是一个变化的时代，但是变化的速度仍然是可以承受的，在Cynefin框架里，这个时代处在繁杂（Complicated）阶段（这个阶段的问题主要依靠良好的实践来解决），正在进入复杂（Complex）阶段（问题需要另一套不同的实践）。

1980年代初，我在俄勒冈州波特兰工作时结识了杰里·戈登（Jerry Gordon），他带着我登上了华盛顿的亚当斯山。此后，每年夏天工作之余，我都会花几周时间去华盛顿的喀斯喀特山脉登山攀岩。

我的第一次登山探险

华盛顿州南部的亚当斯山是我们（我说服了妻子）开始户外运动的第一站。这条路线很艰苦，但没什么技术含量。第一天我们到达了“午餐柜台”，用帆布袋露营，没有搭帐篷。第二天，我们还没有到达山顶就已经精疲力竭了，但这是一次美妙的登山入门。

我们和杰里一起攀登的第二座山是俄勒冈州的胡德山。我们凌晨2点起床，气温只有-15℃，顶着凛冽的寒风和纷飞的大雪摸黑跋涉上山，抵达了废弃的西尔科克斯小屋。短暂休整过后，我们继续上山。没走多远，我的妻子就转过身来对我说：“一点都不好玩！”于是她跟着一支刚结束山顶婚礼的队伍下了山。她喜欢户外运动，却不太喜欢技巧性的攀登。第二天杰里和我再次冲锋，我终于第一次登顶成功。壮丽的画卷在眼前徐徐展开，低海拔地区茂盛的植被一直绵延到林木线，再往上是豁然开朗的岩峰和冰川，攀登海拔上千米所需的体力，绳索、登山杖和冰斧的使用技巧，我后面二十年的想象力全都来自这里。

3.2　软件方法

2011 年，网景公司的联合创始人马克·安德森（Marc Andreessen）在《华尔街日报》上发表了一篇题为“Why Software Is Eating the World”（为什么软件正在吞噬世界）的文章。软件可能正在吞噬世界，而吞噬的方式也许会失控。

> 1980 年代末 Therac-25 医疗设备出现故障，导致病人接受了致命的过量辐射。调查发现，这台设备的操作系统是由一名缺乏训练的程序员拼凑出来的，容易导致操作失误。
>
> 1960 年代和 1970 年代埋下的千年虫问题（Y2K）在 1990 年代末爆发，世界各地的组织为了修复这个软件问题投入了数十亿美元。

软件开发人员和软件开发都要不断进步，才能在这个快速发展的复杂世界中立足。我们既要让软件产生更多的价值，也要让软件更加安全。软件工程师们努力把软件质量提升到可接受的程度，而消除故障就是结构化时代的目标之一。

1970 年代的热情形成了需求、设计和编码的结构化方法。进入 1980 年代以后，尤尔登公司在结构化开发的咨询和培训领域独占鳌头。尤尔登成立于 1974 年，埃德·尤尔登、史蒂夫·麦克梅纳明、汤姆·德马科和蒂姆·利斯特等软件开发先驱都曾在尤尔登工作过，我很庆幸与他们保持了多年的友谊。

结构化方法由一系列图表和具体的方法组成，给软件开发注入了纪律和技术。图表是一种用图形来描述发生在组织里的流程的方式，包括订单处理、库存控制、会计等。图表也可以用来记录人们对能够自动化的工作的思考。结构化方法囊括了一系列分析图表和文档，目的是把业务功能自动化的需求引导为真实实现的系统。

德马科的需求分析方法[㊀]（1978）总结了使用数据流图（Data Flow Diagram，DFD）的四个步骤，如图 3.1 所示：

（1）分析当前真实世界里的业务流程。

（2）将当前真实世界里的流程转换为当前的逻辑流程。

（3）审视当前的逻辑流程，提出改进后的业务流程，并建立未来的逻辑流程。

㊀ 我通过德马科的书和尤尔登的工作坊入门了结构化方法和方法论。至今我还保留着这本书 1978 年的原版。

（4）创建未来真实世界里的模型。

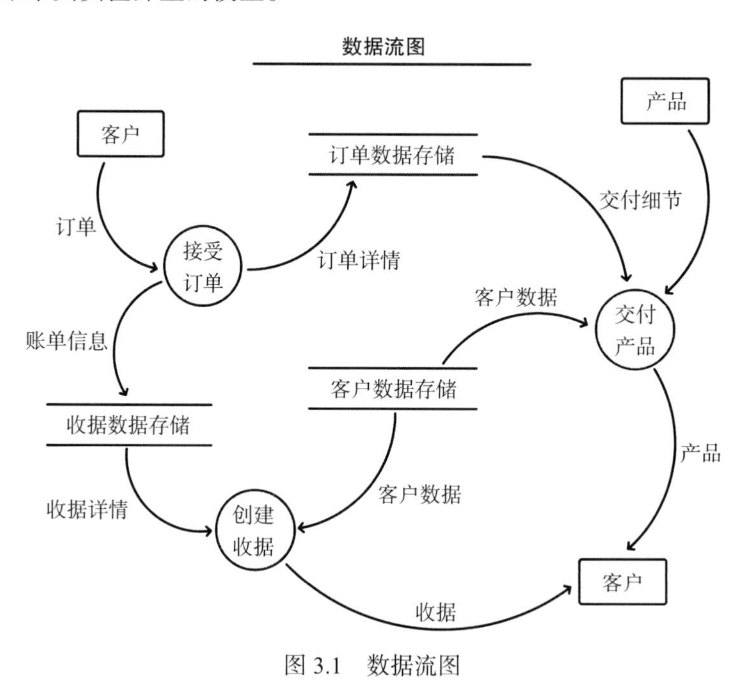

图 3.1　数据流图

结构化分析的第一步是采访系统用户，用数据流图记录“原有”（as is）的业务过程。分析师可能会这样记录：“负责应付账款的约翰收到发票后，确定供应商有账户并分配账户编号，把发票复印一份，然后将原件发送到支付团队。”分析师画出流程，然后尝试简化过程，进行适当的修改。类似计算支付金额这样的逻辑和运算使用逻辑图、决策树或流程图来记录。数据流图由气泡框、连接气泡框的箭头线（表示过程流转）和数据存储组成。

数据存储用两头没有封口的扁方框表示。分析师看过发票后，会记下数据字段并分配到数据存储中。真实世界的数据流图经过分析转化为逻辑数据流图后，分析师会建立一个新的逻辑数据流图，其中可能会增加一些新的过程或数据，目的是改善原来人工操作的系统。整个过程的最后一步是找出新的逻辑数据流图中可以自动化的部分。当时所有企业都在加大对内部业务功能自动化的投入，包括会计、订单处理和库存控制等。

所有这些信息最后都被收集到一起，打包成一份规格说明书。虽然从真实世界到逻辑再到真实世界的转换有些烦琐，但这个思考过程确实是必要的。我通常只会做一个数据流图，每个步骤都会适当地调整。有些人则不太把这个过程当回事，最后会搞出一大堆数据流图。有一次肯·奥尔拜访客户项目组的时候，大家把他领进一间会议室，会议室的墙上贴满了数据流图。大家问肯："你觉得怎么样？"肯回答道："我觉得你们走偏了。"

德马科这本 1978 年的结构化分析著作，有一段关于"敏捷天性"的文字给我留下了深刻的印象：

人类的头脑就是一个迭代的处理器。任何事情都没有办法一次做到完美。面对一个特定任务，人类的头脑特别善于先给出一个不怎么完美的实现，再进行改进。改进可以一次又一次地反复进行，而每一次改进都会得到更好的结果。（第 79 页）

德马科的这段话很早就表明，迭代开发可能比规范、串行的开发更可取。

这些早期工作开始时，数据库管理系统（Database Management System，DBMS）和随机访问磁盘存储还没有广泛的使用。随着这两项技术的普及，最初由陈品山（Peter Chen）发明的实体关系（Entity-Relationship，ER）图被用来建模数据库需求（如图 3.2 所示）。请记住，在这个时期，所有企业都在加大对内部业务功能自动化的投入，包括会计、订单处理和库存控制等。

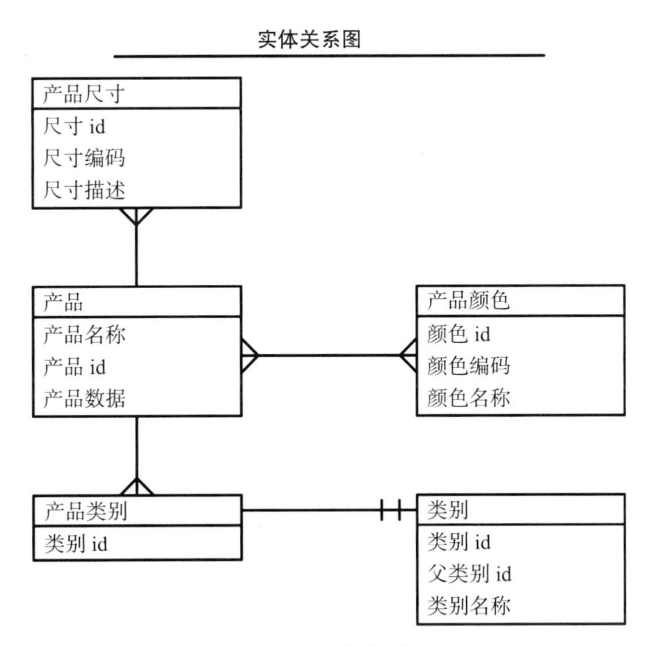

图 3.2　实体关系图

在结构化方法的发展过程中，有些争论十分可笑。比如，分析师在数据流图中使用的气泡框应该是圆的还是方的？各种结构化方法的观点也存在差异。从名字中就可以看出来，数据流图首先关注的是业务过程流转。数据流图中有圆形的流程步骤和长方形的数据存储，但流程更重要。这和肯·奥尔的DSSD分析思路不太一样。DSSD优先关注系统期望的输出是什么，然后才是产生输出的过程。

系统图和程序图都和图3.3类似。用来表示逻辑的图有很多，包括图3.4中的Warnier-Orr图。

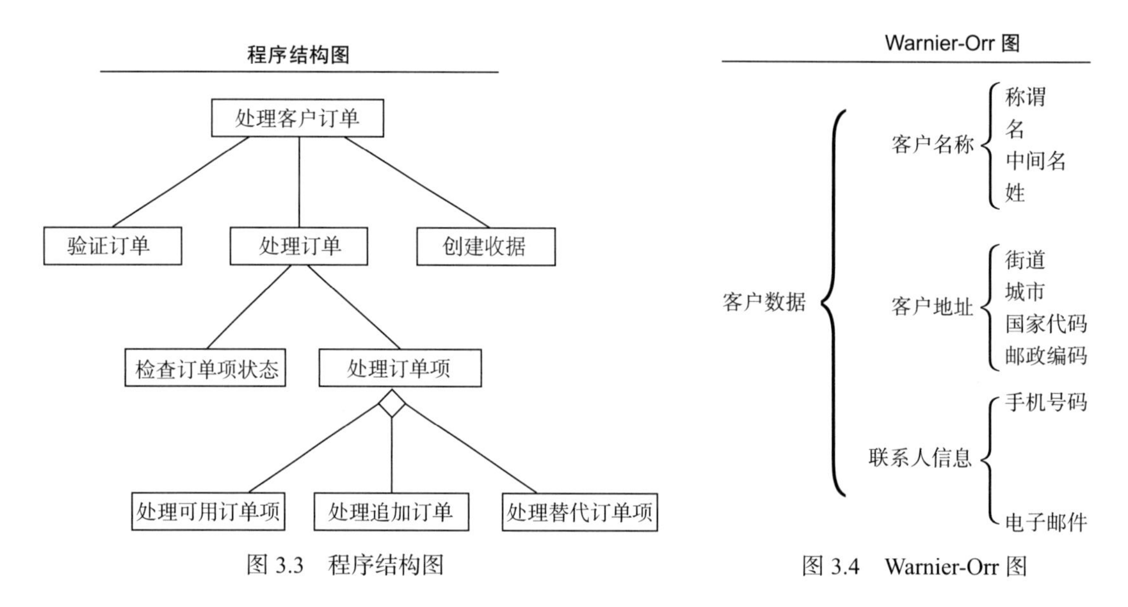

图3.3 程序结构图

图3.4 Warnier-Orr图

是像奥尔那样先考虑输出，还是像尤尔登那样先考虑过程？尽管我倾向于由输出驱动分析，但最后输出和过程都是必需的。1980年代，我主持过各种结构化方法论的工作坊，也提供过各种结构化方法论的咨询。各种结构化方法论大同小异，现在的敏捷方法论也是一样。

结构化的方式仍然需要费力地先把需求转换成设计，再把设计转换成代码。这些图表程序员用得并不熟练。而分析师和设计师通常认为这些转换理所当然。这个问题早期并没有引起很大的对立，因为不同的角色都还只是单个个体。随着瀑布式生命周期、大型项目和筒仓式开发团队的出现，人们才发现角色之间的观点差异会造成大问题。

那时，软件开发人员要处理新的用户交互方式（通过终端），也要学习随机访问磁盘的事务处理方式。之前串行磁带文件需要批量更新，而一笔事务更新几乎可以在一瞬间执行完成。我合作过的一个组织针对这个新的事务环境重新设计了系统，他们的会计系统备份程序使用的是前一夜的主文件，因此工作人员必须重新输入从那时起创建的所有事务数据。会计人员显然不太喜欢这个程序。

3.3 方法、方法论和思维模式

你是不是有点分不清方法（Method）和方法论（Methodology）？坦白讲，我可能难辞其咎。在科学研究中，研究人员的方法论（策略）和方法（收集数据的步骤），往往早在研究过程和发表的论文中就已经明确了。

软件方法定义了详细步骤，来交付方法论中所要求的制品。重构是一种提高代码质量的技术。方法论中可能定义了一个叫作“审查并改进代码”的高度抽象的过程，而重构可能就是实现这一过程的技术或方法。

软件方法论定义了策略。方法论把软件开发工作分成了若干活动或步骤，每个活动或步骤都可能定义了特定交付件（如需求文档）和制品（如数据流图）。系统开发生命周期（Software Development Life Cycle，SDLC）定义了最高阶的过程序列，包括瀑布、螺旋、迭代等我们熟知的名字。

例如，极限编程包含十二项实践，包括简单设计、测试和重构。但重构的方式何止一种，那么重构是方法还是方法论呢？这里我也像科学家一样，在研究前就定义好术语：在本书中，讲到的内容涵盖多个开发阶段时，将使用术语方法论。传统的 METHOD/1、STRADIS 和 DSSD 都是方法论；敏捷的 Scrum、极限编程和水晶方法也是方法论[⊖]。而数据流图、重构和数据建模都是方法。

思维模式（mindset）是一种态度，是我们认识世界时秉持的一套信念。思维模式让我们从特定角度思考问题，感受发生的事件并采取相应的行动。在软件开发中，谨慎思维模式的人和冒险思维模式的人对事件的看法是不一样的。

当回顾软件开发的演变和革命时，我们要记住，方法、方法论和思维模式的演化都是为了解决每个时代的问题，而这些演化既受到当时技术的支持，同时也受到当时技术的制约。就我的经历而言，我可以说每种方法论都成功过，也失败过。

3.4 CSE/Telco

我用合作过的两家客户来说明结构化时代面临的软件开发问题，一家是芝加哥证券交

⊖ 这些方法论接下来都会详细说明。

易所（Chicago Stock Exchange，CSE），另一家是佛罗里达的电信公司 Telco。

20 世纪 80 年代中期，我经常出差去芝加哥证券交易所做咨询，提供 DSSD 方面的建议。大部分时间我都和软件开发团队待在一起，偶尔也会去企业数据库团队转一转。数据团队经理抱怨开发团队不支持他们的想法。他想建立企业数据模型，开发团队觉得太过天马行空，而 IT 副总通常会站在开发团队经理一边。数据团队没有购买现成的应用程序，而是花了很多时间建立了一个定制化的数据字典，但没有得到开发团队的支持让数据团队的经理和成员备受打击。好几次，我和数据团队经理坐下来，给他分享我的一些发现。

“你的团队没有赢得开发团队经理的信赖。你一直在推动这个精心设计的企业数据模型，而开发经理眼下正面临着交付系统的压力。我建议你给开发团队当前的项目提供数据设计支持，获得他们的信赖。除此之外，你的团队还可以建立对系统级数据的理解，这些数据在你们的高阶数据模型中可能用得上。”

当然了，这位骄傲、自负、固执的数据团队经理没有接受我的建议。最终，他心灰意冷地离开了公司。开发组织和数据组织之间的分裂还将持续很多年，表现方式也五花八门。

和交易所的合作还有个小插曲，我们建立逻辑模型时没有使用更流行的结构图或流程图，而是使用了 Warnier-Orr 图。收到经纪人订单后的分配算法异常复杂，一共用了 17 页 Warnier-Orr 图。这些图高效直观，和用户合作的效果非常好。

还有一次，我在佛罗里达州坦帕的一家电信公司举办了一场工作坊。来自多个地区的代表要设计一套共用的设备维护系统。所有地区都将使用这套统一的系统，但也需要生成本地报告的能力。在设计系统时，他们先问自己：“我们需要哪些数据实体和属性？”然后用实体关系图进行了建模。

我问大家：“你们觉得这个数据模型结构可以生成所有报告吗？”

“当然。”他们回答。

于是，我把他们按地区分成小组，让每个小组列出他们各自优先级最高的几份报告。他们列出了大概十八份报告，然后判断这些报告能不能用数据模型生成。最终，他们确定没有一份报告可以生成。我料到会有报告无法生成，没有料到一份也不行，他们就更不用说了。从输出到数据库再到输入，这样反过来设计确实有好处。

3.5 结构化先驱

搜索“软件先驱”（Software Pioneer）这个关键词，得到的结果一定更偏向算法、语言、操作系统和实时控制系统等领域，我把这些领域归为工程应用。艾兹赫尔·韦伯·戴克斯特拉（E. W. Dijkstra）、尼克劳斯·维尔特（Niklaus Wirth）和格蕾丝·霍珀上将（Admiral Grace Hopper）这些如雷贯耳的名字经常出现在搜索结果中。在业务系统和工程系统领域，我认为具有开拓性的人（以及他们的作品）有：埃德·尤尔登和他的 *Design of On-Line Computer Systems*（1972）、汤姆·德马科和他的 *Structured Analysis and System Specification*（1978）、克里斯·盖恩（Chris Gane）和翠西·萨森（Trish Sarson）以及他们的 *Structured Systems Analysis: Tools and Techniques*（1980）、肯·奥尔和他的 *Structured Requirements Definition*（1981）、拉里·康斯坦丁和他的 *Structured Design*（Constantine 和 Yourdon，1975），还有史蒂夫·麦克梅纳明[⊖]和约翰·帕尔默（John Palmer）以及他们的 *Essential Systems Analysis*（1984）。业务系统和工程系统的领域划分可能有些笼统，但这些工具是由技术或工程领域的先驱们发明，再由商业领域的先驱们运用到商业系统的分析、设计、编写和测试中。

汤姆·德马科是结构化方法时代的主要贡献者，是提倡关注软件开发中人的因素的先行者之一，他在信息技术的演进中留下了自己的真知灼见。后来 1990 年代我和汤姆成了朋友，像这样能和自己的偶像成为朋友的机会并不多。汤姆先是改变了软件开发的技术（1978 年的 *Structured Analysis and System Specification*），然后改变了软件开发中的人（1987 年 *Peopleware*）。他还是一位魅力四射的演讲者和富有洞察力的会议主持人。我和汤姆就本书的内容进行了几次邮件交流，向他提出了一系列问题。

在加入尤尔登公司并出版 ***Structured Analysis and System Specification*** **这本书之前，你在做什么？**

管理大型线上银行系统。SofTech 向我们展示了他们的数据流技术，他们使用的图形让我大开眼界，这样的技术我之前从没见过。

你的结构化思想是如何萌生并发展的？

我的职业生涯从贝尔实验室的分布式实时系统开始，这意味着用数据流来理解系统要完成的任务要比用控制流理解得更清楚。我很早就想通了，但当时还没有想到用图形化的

⊖ 我正式接触“结构化”就是在史蒂夫·麦克梅纳明主讲的一堂尤尔登分析课上。

方式让这种思想更方便地传播。

当时的软件开发是什么状况，又是什么促进了结构化开发的发展？

当时软件开发只关注代码和调试，这样说虽然有点吹毛求疵。当时还没有真正的设计概念，尽管我们都知道有些人写的代码就是比别人漂亮得多，也更容易理解。还有一些人写的代码完全不可理解，于是我们很多人都在倒推：怎样才能让代码不可理解？我们确实想到了一些做法，并据此建立一份“不要这样”的清单。

注释是我还在贝尔实验室[㊀]时关注的一个话题。我曾提议不要在代码中写注释，这样人们就会主动写出更好的代码[㊁]。比如下面这段代码：

```
ADT turnip, 1 * increment the relay matrix index
```

（只要头脑清醒）自然就会这样写：

```
ADT RelayMatrixIndex,1
```

现在这种做法没什么好说的，但去掉注释后代码好了很多。“turnip”（萝卜）这个例子是我遇到的真实代码，代码中的数据全都用蔬菜来命名。

这顺其自然地打开了使用函数的全新思路。程序中间大段需要解释的代码片段可以定义成一个函数，用非常概括的名字来命名，然后在主线代码中调用这个函数。这意味着主线代码不需要注释也很容易理解。之前，函数只是被用来描述那些需要重复使用的代码；现在，我们却能通过函数让最高层的例程更容易理解。

你受到了哪些人的影响？

对我影响最大的人是埃德·尤尔登。在他成立公司之前，我们就在 Mandate Systems 共事多年。我的“图片规格说明”想法正是受到了他的启发，因为他喜欢把任何能保持静止的东西都画出来。为什么不把规格说明也画出来呢？

你认为结构化开发的主要优势是什么？

从左脑思维转变为右脑思维。当时，我们都沉浸在朱利安·杰恩斯（Julian Jaynes）的 *The Origin of Consciousness in the Breakdown of the Bicameral Mind* 不能自拔（又是埃德·尤

㊀ 贝尔实验室（1925—1984）是计算机早期发展的创新摇篮。贝尔实验室的研究人员在晶体管和激光的开发方面功不可没。在计算机领域，他们开发了 UNIX 操作系统和 C、C++、SNOBOL 等编程语言。贝尔实验室的研究成果曾获得九次诺贝尔奖。

㊁ 几十年后，肯特·贝克在他的《解析极限编程》一书中提倡编写容易读懂的代码，并消除大部分注释。在软件开发领域，好的思想总是代代相传。可惜坏的思想更是如此。

尔登第一个把这本书推荐给我）。我们从这本书学到了一个重要的观点：当时软件开发方法最大的问题在于，用左脑方法来解决一个天然就是多维度的问题。

人们 / 组织有哪些结构化技术用得不对的地方？

有的系统是数据流密集型的，有的系统则是数据结构密集型的。我的意思是，有些系统最适合通过突出数据项本身的视图来描述，而有些系统最适合通过关注数据项之间的关系来描述。典型的数据库系统都存在进出存储库的数据流，但这并不能说明什么问题。而分布式和实时系统的数据结构很少，数据流却很多。我认为把数据流方法用在数据库系统上就是一种错误。结构化方法的时代到来的同时，数据库设计也取得了长足的进步。要么是数据流方法，要么是数据库方法，很多人都做出了选择，却很少思考所选的方法用在特定系统上效果如何。

你对结构化时代（大约是 1980 年代）的总体看法是什么？

说来也怪，当时技术写作又复兴了。软件行业每年的收入已经突破了 100 亿美元大关，但软件工作是如何开展的却几乎没有文字记录。1960 年代的编程书籍大多只是对语言指令集的解释，丹尼尔·麦克莱肯（Daniel McCracken）就是代表。充满洞见的书籍突然之间就多了起来。埃德·尤尔登又是技术写作复兴的先行者。他打字速度飞快，是我见过打字速度最快的人。我们有时共用一间办公室，他一开始打字，那感觉就像坐在机枪旁边一样。他的文章读起来津津有味，常常让人捧腹，还充满了洞见。他的作品是我们的标杆。

你是受到了哪些影响，在 *Peopleware*（DeMarco 和 Lister，1987）和 *Slack*（DeMarco，2001）中把关注的重点从技术实践转向了和人有关的实践？

我和蒂姆·利斯特一起在飞往澳大利亚悉尼的航班上第一次讨论了 *Peopleware*。我们当时正在座位上绘制幻灯机（Overhead Projector，OHP）胶片。我们当中有个人（我们都不记得是谁先讲的）发现软件开发的主要问题是社会问题而不是技术问题。这句话成了我们的口号，后面几年我们一起高唱这首“Battle Hymn of the Republic”（共和国战歌）。我认为这句话放到今天仍然正确，只是我现在认为这句话的适用范围更广，不仅限于软件。

Slack 一书也是源于类似的发现，组织的规则是演进出来的而不是设计出来的，而规则的演进往往会进入吸引人但却具有破坏性的死胡同，如加班、职业倦怠、不可能完成的最后期限、死亡行军项目和规范的方法论。

这两本书有一个共同的主题：摆脱人们的束缚是取得巨大进步的秘诀。

拉里·康斯坦丁提出了耦合和内聚这两个基本的设计概念，这些概念一直沿用至今。但这一成就只是他长长履历中的一笔。从麻省理工学院（MIT）管理专业毕业后，拉里留在MIT核研究所担任程序员。1980年代中期，他成为塔夫茨大学精神病学临床助理教授，并撰写了一本关于家庭治疗的书。他用笔名利奥尔·萨姆森（Lior Samson）出版了16部小说。我对他的了解不如我对其他同时代的先行者那样多，但我的职业生涯也受到了他的影响，这一段故事我会在后面的章节中介绍。我通过邮件向拉里提出了一系列问题。

你早年做过什么工作，对你产生结构化想法有什么影响？

1963年，我的第一份全职编程工作是在麻省理工学院核科学实验室（MIT Laboratory for Nuclear Science），那时我就开始有这些想法了。当时我在哈里·鲁德洛（Harry Rudloe）手下工作，他采用了一种不那么正规但很严谨的方法：在预先计划好的子程序中进行编程。1963年晚些时候，我开始为华盛顿特区的C-E-I-R，Inc.工作，在这里一些真正的核心思路开始形成。我和肯·麦肯齐（Ken MacKenzie）、戴夫·贾斯珀（Dave Jasper）、巴德·维托夫（Bud Vitoff）等人经常在午餐时讨论，慢慢形成了耦合和内聚的概念。1965年回到麻省理工学院后，我开始使用图形建模；1966年我成立了自己的第一家公司（Information & Systems Institute），之后这种方法迅速地发展起来。

1968年，我的公司发起了全国模块化编程研讨会（National Symposium on Modular Programming），现在大家都认为这次研讨会奠定了模块化编程的基石。当时，结构化设计的核心思想已经差不多完整了（但品牌还没有建立起来）。我对结构化设计的核心概念和理论的完整概述是该领域第一篇公开发表的论文，但其实早在几年前我就已经开始撰写相关文章了。当然，这场“运动”的真正起点是1974年*IBM Systems Journal*上的那篇文章[⊖]，并在IBM的坚持下形成了自己的品牌。

当时的软件开发状况如何，为什么结构化开发会因此被推崇？

人们分解代码。差不多是这样。有些人会把棘手的算法画成流程图，有些人会把系统级的流程画成某种形式的图，但大多数人认为这是在浪费时间。当时还没有CASE工具，只有IBM的模板图形塑料尺。先把系统结构画出来再编程的想法已经出现，但却很少付诸实践。

哪些人影响了你的想法？

除了C-E-I-R的三驾马车，我还必须要谢谢詹姆斯·埃默里（James Emory），我还没

⊖ 这篇文章是“Structure Design”，https://ieeexplore.ieee.org/abstract/document/5388187。——译者注

从麻省理工学院毕业，他就已经让我在沃顿商学院任教了。在麻省理工学院，我一直沉浸在系统思考的氛围中，接触到了这个领域的所有经典作家，包括后来加入的杰瑞·温伯格。埃德·尤尔登在这些思想的传播过程中发挥了巨大作用，如果没有他的开创思想和我们的合作，这些思想恐怕就被埋没了。他才华横溢，是我的好朋友。

结构化开发的优势是什么？

这些都已经讨论过很多次了。如果不知道代码是怎么组织的，怎么能分解代码呢？结构化方法最大的贡献实际上是其背后的理论，而这一理论在之后的数百项研究中得到了验证。图表、流程或实践都不是关键，耦合和内聚才是关键。保持组件紧密、简练、独立，找出组件间正确的连接方法，构建组件。敏捷、RAD、面向对象（OO）、函数式编程等背后都是这个理论。

人们/组织有哪些结构化技术用得不对的地方？

关于“瀑布”的争论全都是胡搅蛮缠。埃德·尤尔登和我认为这种模型是某种形式的“辅助轮”，然而管理层却对这种模型钟爱有加，随着面向对象和敏捷方法的出现，这种模型成了攻击的靶子。这里纠正一下，面向对象和敏捷并不是因为SD（结构化开发）的失败而发展起来的。结构化开发没有失败；几十年来，无数大大小小的项目采用结构化开发都获得了成功，这是有目共睹的。一些组织被各种图淹没了，尤其是在CASE出现之后，但这些模型归根结底只不过是工具，是外化、提炼和记录思维的方法。有意思的是，数据流图一直坚持下来成了大赢家，至今仍在世界各地流传和使用。

我同意拉里的看法。结构化方法、RAD和敏捷方法都能成功地交付软件应用，特别是在属于它们的时代。当这些方法被纳入正式的重量级方法论时，才会出现问题。耦合内聚以及数据流图这样的思路至今仍在使用。

虽然结构化方法在1960年代就出现了，但1970年代末和1980年代才流行起来，就像敏捷的种子在1990年代就已经扎根，却在21世纪茁壮成长。结构化方法的这种演变迹象可以在拉里早期的文章中看到[1]。

[1] Constantine，1967；Constantine，“Control of Sequence and Parallelism in Modular Programs”，1968；Constantine，“Segmentation and Design Strategies for Modular Programming”，1968；Constantine，“The Programming Profession，Programming Theory，and Programming Education”，1968；Constantine，“Integral Hardware/Software Design”，1968—1969；Constantine and Donnelly，October 1967；Constantine，Stevens，and Myers，1974；Constantine and Yourdon，1975。

3.6 信息架构公司

两年半后，我厌倦了每周跨越大半个美国的工作，于是我告诉肯·奥尔，我想作为独立承包商继续主持工作坊，为客户提供咨询服务，还想在美国东南部代理 KOA 产品。为此我新成立了信息架构公司（Information Architects，Inc.）。公司除此之外还有其他业务。我们（我和另一名员工）搬进了佐治亚理工学院的创业孵化中心，作为软件创业者，我们野心勃勃地想通过营销和销售应用软件来改变命运。咨询工作给公司提供了启动资金，但由于其他资金未能到位，最后只好作罢。

我有一份咨询工作是为一家亚特兰大的保险公司评估一个项目。一起参与这个项目的还有另一位大型公司的前 IT 经理。这家公司的内部保险处理系统运行在霍尼韦尔主机上，必须要升级了。公司还有各种人寿保险和意外伤害保险产品以及独立的销售代理网络。确实是该大修了。

IBM 卖给他们一整套保险处理系统，他们决定把 IBM 的软件移植到霍尼韦尔硬件上。这是一项艰巨的任务。为了减少移植成本，IT 经理决定将移植的软件卖给其他使用霍尼韦尔计算机的公司。虽然他们（还没有开始移植）提前卖出了几套，但 90% ～ 95% 的保险公司使用的都是 IBM 硬件，移植系统没什么潜在市场。我们评估的目标是要不要放弃这个项目，并给出之后的行动建议。

花了几年时间，投入了数百万美元，他们仍然没有取得进展。测试一直在继续。我和公司的首席执行官一起开始了回顾。

“您是怎么参与这个项目的，如何监控项目的进度？”我问他。

“嗯，”他回答说，“项目预算是我批的，顺便说一下，预算已经远超预期，但我没有参与其他工作。你要去和产品线副总裁聊聊。”

于是，我访谈了几位副总裁。你猜怎么着？他们也没有参与。副总裁建议和他们手下的经理聊聊，经理们又建议和他们手下的主管聊聊。我一级一级地聊下来，一直聊到了保险业务员和程序员。他们并不理解项目目标，还很沮丧。用户都希望根据他们的流程来修改软件系统，而不是采用套装软件包实现好的流程，开发团队被这些修改搞得焦头烂额。这些修改显然会降低套装软件包的收益，而管理层对这一切一无所知。优先级是业务员和程序员决定的。

我们建议开发人员立即停止对软件系统的定制修改，让管理层指派一名高级 IT 经理管理该项目，如果三个月后项目还无法完成，就取消。在评估报告中，我们还指出硬件问题更大。如果整个保险行业使用的都是 IBM 计算机，我们的客户就需要认真考虑切换硬件（从霍尼韦尔换成 IBM）而不是移植软件。因为以后采购的应用程序可能会使用 IBM 硬件。

客户对 IT 部门做了一些人员调整，将一位经理提拔成了首席信息官（CIO），然后叫停了软件移植，开始切换硬件。我和这家客户又继续合作了一年多。

这个故事说明了这一时期信息技术的四个发展趋势。第一，供应商提供的应用软件包使用得越来越多。这些软件取代的一般是内部开发的第一代应用软件。对于会计、订单处理、库存管理这些标准化的内部系统来说，供应商提供的解决方案一般价格更低、实施更快、风险更小。

在我的另一个客户那里，人力资源部门对 IT 部门非常不满，他们没有告知 IT 部门就购买了人力资源应用程序，然后让 IT 部门实施。IT 部门的答复是："对不起。这个应用程序看起来是不错，但它运行的计算机类型我们没有。"这件事说明 IT 部门和业务用户之间一直有矛盾，而业务用户的处理方式就是自己来。

第二，公司转而自己"定制"软件包或是让供应商来定制，这样就失去了很多使用套装软件包才有的收益。只要供应商升级软件，就必须重新定制。即使不需要新功能，公司也需要保持软件包最新，这样下一次升级才可以部署。

甚至连方法论也受到了定制化热潮的影响。我曾经帮助中西部的一家大型保险公司将 Warnier-Orr 技术实践整合到 METHOD/1 中。你猜到了，我们把流程和表格写满了新手册正准备发布时，安德森推出了 METHOD/1 的新版本！当时文字处理软件还很稀罕，手册必须全部用打字机重新打一遍。

第三，管理层只会抱怨 IT 的成本，不愿意深入了解 IT。高管们不了解技术及其影响。造成这种脱节一部分是因为软件看不见摸不着。高管们能够理解建设新工厂，因为工厂是有形的，他们可以亲眼看到进展。软件则是无形的。

第四，随着套装软件公司如雨后春笋般涌现，IT 管理人员开始审视他们的应用资产组合，他们以为："我们也可以成为一家振奋人心的软件公司"。这些想法带来的大多数投资都以失败告终。有些人能够管理企业内部的 IT 部门，但这并不意味着他们能够在软件产品的混战中活下来。有些人可以开发软件，但这并不意味着他们可以建立营销、销售、售后和客户服务组织。IT 部门抵抗风险的能力相对软件公司要好一些。但这股热潮很快就消退了。

3.7 技术

1980 年代科技设备的代名词是索尼随身听。这是一种便携式磁带播放机，有了它，用户随时随地都可以听音乐。随身听是便携式音乐设备发展的起点，而 iPod 和之后推出的 iPhone 则是终点。随身听的重量接近 1 磅（1 磅约为 0.45 千克），是第一款 iPod 的三倍；一盘磁带可以收录 36 首歌曲，而 iPod 可以存储 7000 首歌曲[㊀]。便携式音乐设备在接下来的 40 年里经久不衰。

大型计算机仍然是商业计算的主流，同时微型计算机也越来越强大，新出现的设备让计算机进入了寻常百姓家。1914 年—1956 年期间担任 IBM 首席执行官的老托马斯·沃森（Thomas Watson Sr.）曾在 1943 年说过："我认为全世界可能只有五台计算机的市场。"有人认为沃森的话被误解了，但无论他的原意是怎样的，从 1940 年代到 1970 年代，所有人做梦也想象不到计算设备的普及速度，可能除了漫画里用手表打电话的王牌侦探迪克·特蕾西（Dick Tracy）（1931 年—1977 年）。每当我用苹果手表接电话时，特蕾西的样子就会出现在我的脑海里。

IBM 推出了具有里程碑意义的个人计算机 PS/2；康柏公司推出了兼容 IBM 的便携式计算机（重约 13 千克）。我曾无数次拖着我的便携计算机登机。苹果的 Macintosh 和 Lisa 计算机上出现了图形用户界面（Graphical User Interface，GUI），Mac 第一个用上了鼠标。面向对象编程（Object-Oriented Programming，OOP）语言 C++ 引起了人们的关注，微软推出了 Windows，尽管 Windows 一直到 1990 年代仍然很烂。

用户界面早期的困惑

1980 年代末，我和妻子在亚特兰大选购客厅椅子。我们逛遍了各种家具店，综合考量款式、颜色、价格和舒适性等各个方面。最后，我们找到了一把合适的椅子，告诉

㊀ 设备容量会受到年份、型号、歌曲长度等多方面因素的影响，比较起来可能不那么严谨。因此，这些数字只是相对的参考，并不是绝对的。

销售人员。她开具了销售单，并将交易输入了公司的销售系统。我们开好了支票（就是以前付账时填写的长方形小纸片），然后问她椅子怎么装上车。

她说："非常抱歉，你们明天才能来取椅子。"

"椅子不就在那里吗，我们现在就可以取，"我反问道，失望之情溢于言表。

"真的很抱歉，"她再次道歉。"但是我们的库存控制系统今天晚上才能打印出货单，我要拿到出货单之后才能出货。"

这个故事形象地说明了1980年代计算机系统对待付费客户的方式，内部用户的感受可想而知。只考虑内部用户、技术上的限制、全新的交互设计准则等都是造成设计对客户不太友好的原因。

1980年代流行的人机界面如图3.5所示[㊀]。业务系统用户和软件开发人员都已经从使用打孔卡和打印纸发展到了使用非图形化的字符终端。这极大地提高了操作系统的周转处理速度。计算机（主机）和终端用以太网电缆[㊁]连接在一起，这些电缆像蜘蛛网一样铺满了计算机中心还有其他地方的大型电线箱。

图3.5　结构化时代的人机界面

㊀ 本书插图师第一次画的插图中还有一个鼠标，这就是代沟。"那个时代（使用字符终端的业务系统）还没有鼠标"。

㊁ 以太网是一种有线计算机网络技术，通常用于连接计算机设备的本地网络，1980年投入商用，1983年实现标准化。

3.8 宏大方法论

结构化方法确实为软件开发带来了纪律和图形化工具。这些都是思考和组织的工具。在这个通过自动化业务流程来提高效率和降低成本的时代，数据流图非常好用。实体关系图则为数据结构提供了很好的图形化分析和记录工具。

这些图形图表和方法被纳入了“宏大方法论”，渐渐变成了大部头文档。宏大方法论想引领软件开发从无纪律的蛮荒走上更有纪律、更正规的道路，却用力过猛，错把流程和文档当成了重点。我们（包括我在内）误以为正规就是纪律。为了更好地组织和管理软件项目而加入的正式流程、阶段评审和文档反而加剧了官僚主义，盖过了结构化技术带来的收益。一位朋友调侃得对：“值得做就值得做过头”。我们“做过头”的事情实在是太多了。那些把宏大方法论当作条例的人举步维艰，而那些把宏大方法论作为指导原则根据自身情况进行调整的人则轻松不少。要想有效地运用方法论，关键是看把方法论当成“条例还是指南”。

推动宏大方法论演变的因素有很多。第一，软件工程[⊖]的出现在一定程度上是基于人们想把软件领域提升到有法可依、有章可循的愿望。土木工程等其他工程学科需要通过严格的认证才能获得专业认可，成为“专业”工程师。支持者也希望软件工程成为类似的正统专业。

第二，通用管理仍停留在命令–控制风格盛行的执行阶段。保证“控制”是关键的管理绩效指标。IT 项目通常被认为是失控的。业务经理往往不怎么了解软件开发，他们认为软件开发就像建仓库一样；他们以为自己可以做出准确的预测，从而控制结果。他们不能很好地把握 IT 系统的价值，即使业务的生产力提高了，业务高管们还是揪住“失控”的成本和延期的进度不放。

第三，人们对项目管理的兴趣与日俱增，部分原因是项目管理协会的推动。许多项目管理实践是从制造业（如船舶、工厂）借鉴来的，因此项目经理学到的是瀑布式的串行流程。

第四，是软件瀑布式生命周期的出现，如本章后面的图 3.6 所示。瀑布式生命周期是软件开发的分水岭，我将在下文中详细阐述相关概念和问题。

⊖ “软件工程”（Software Engineering）这个名字是在 1968 年的一次北约会议上出现的。

这四个因素促进了瀑布式、面向控制、重过程和文档的宏大方法论的形成和推广。软件工程研究所的能力成熟度模型（Capability Maturity Model，CMM）提供了里程碑方法认证。这些方法论通常是从管理层到开发人员自上而下推行的。除了使用结构化技术外，在开发人员看来，文档和流程是负担而不是支持。上有管理层要求使用宏大方法论的政策，下有开发人员绕过流程的对策。

1990 年代，我曾在佛罗里达州的一家公司工作。这家公司向美国和欧洲的中型企业销售财务软件。欧洲客户要求公司通过国际标准化组织（ISO）[㊀]认证。要是真按照规定的文档、流程和签收来做，工作几乎无法展开，于是员工们想方设法绕过这些要求。这些问题会被定期的 ISO 审核发现，然后员工们就花几个小时应付过去，这就是一场拙劣的猫鼠游戏。虽然 ISO 指南允许对已经核准过的实践进行调整，但公司不愿意调整，因为调整之后又需要通过额外的 ISO 审核。

最里程碑式的方法论莫过于信息工程（Information Engineering，IE）了。这种方法由詹姆斯·马丁（James Martin）和克莱夫·芬克尔斯坦（Clive Finkelstein）创立，是一种极度要求自上而下、长期规划的 IT 方法。这种方法提倡先进行漫长的战略规划过程，然后设计出业务数据模型，支持所有已经确定的系统，再把这些系统打包成项目，最终要两到三年后才开始实施。大多数结构化方法的拥趸对 IE 深恶痛绝。然而，IT 和业务高管们渴望了解并控制快速增长的 IT 预算，他们对 IE 工作坊趋之若鹜。

3.9　瀑布

温斯顿·罗伊斯（Winston Royce）1970 年的论文[㊁]通常被认为是“瀑布”流行趋势的开端。实际上，除开那些简单的项目，罗伊斯提倡的是迭代开发。受限于当时串行的“硬件”思维模式，我们不难想象他的串行瀑布图为什么能够立足，尽管他在论文中说明了串行的危害。

拉里·康斯坦丁评论道：“埃德·尤尔登和我认为这种模型是某种形式的‘辅助轮’，

㊀　这体现了对质量控制的思考。

㊁　罗伊斯的论文题目为“Software Process Management: Lessons Learned from History”，发表在第九届国际软件工程会议论文集中。

然而管理层却对这种模型钟爱有加。”我向拉里求证他那时对瀑布生命周期的思考，他说他并没有看过罗伊斯的论文。当时，瀑布式阶段在管理实践中大行其道，在软件开发中流行起来也就不足为奇了。有意思的是，拉里和埃德都认为瀑布方法是帮助软件开发人员学习走路的“辅助轮”，不适用于正式项目。

瀑布思维产生的影响远远超出了软件开发的范畴，因此从瀑布向迭代方法的转换困难重重。图 3.6 展示了软件瀑布式生命周期和与之对应的组织架构图。瀑布式生命周期在很大程度上受到了当时社会大环境的影响，如职能性的组织层级架构和项目管理的串行方法。瀑布方法正好和这些管理趋势吻合。IT 组织按照瀑布的阶段结构划分成了对应的职能团队：需求团队、设计团队、编程团队等。随着时间的推移，职能团队之间渐行渐远，每个职能团队的分内工作都做得很好，但彼此之间却出现了隔阂。分析师与设计师不和，程序员与测试人员不和，IT 部门和其他部门都不和。

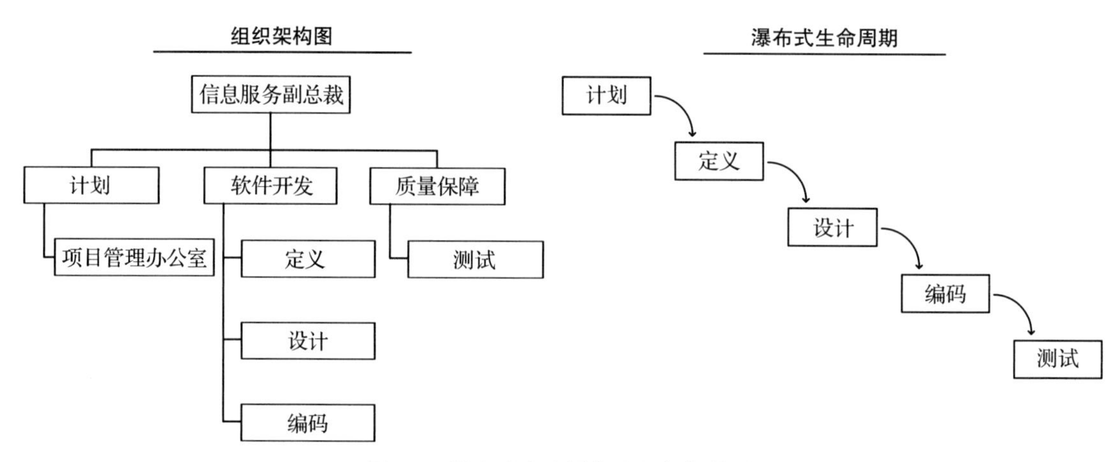

图 3.6　瀑布式生命周期和组织架构图

瀑布方法想当然地认为团队之间的交流靠文档资料就够了。他们认为文件或图纸可以做到既完整又准确，无需进一步的解释[㊀]。

1990 年代初，我接到一位开发经理的咨询电话，他说：“我们需要一套需求定义课程。”

我没有直接告诉他课程内容，而是问他：“你们为什么需要这套课程？”

㊀ 我记得曾经在 1990 年代的一次会议演讲上听到过需求准确性和完整性的问题。但我再也找不到这项研究，也记不起是谁做的，所以我能想起来的这些数字权作参考：需求文档的完整性平均不到 20%，准确率不到 10%。我认为这些数字过低了，但实际情况仍然触目惊心。

“嗯，”经理说，“我们想把开发工作外包到印度，需要确保需求规格说明是完整的。”

“你们现在完成了多少规格说明？”我问道，“还有，你认为规格说明要完成多少才能外包呢？”

“我估计现在完成了 50%，我希望最后能超过 80%。”

“嗯，行业研究和亲身经历都告诉我你的估计虚高。再问你最后一个问题：你们公司的新员工需要多长时间才能充分理解你们的环境，把工作效率提起来？”

“我们的环境相当复杂，大约需要六个月。”

“假设规格说明的准确性和完整性在 20% ～ 25% 之间，这差不多是最好的情况了，而你的员工坐在办公室里还需要六个月来理解这一套规格说明的上下文，那么这些信息你打算怎样传达给印度员工，他们一定有问题，你又打算怎样回答呢？”

他喃喃地说：“我没有想过这些问题。”然后就挂断了电话，再也没有打过来。我知道，需求文档写得再好也解决不了他的问题。

类似事件引发了我对职能筒仓、文档有效性以及合作需求的思考。我带着越来越多的问题进入了下一个“根柢”时代。

瀑布式生命周期固有的沟通问题催生出了矩阵管理和跨职能团队的解决方案。项目经理汇报给项目管理办公室的同时还要管理项目团队（在 IT 组织中通常要管理多个团队）。矩阵管理 1970 年代开始流行，并在 1980 年代推广开来，尤其是在项目管理领域。在矩阵式组织中，一位员工可能要面对两位（以上的）经理。在一个软件项目中，团队成员可能来自分析、数据库设计、编程、测试和项目管理等不同的职能部门。团队成员向项目经理汇报工作任务和结果，向职能经理汇报绩效考核、加薪和培训等人力资源相关的事项。

不难看出，这种组织方式会遇到麻烦，尤其是在敏捷时代开始后。缺少项目经理和数据库管理员（Database Administrator，DBA）是 IT 部门的老大难问题，于是项目经理要负责多个项目，而数据库管理员要充当多个项目团队的主题专家（Subject-Matter Expert，SME）。开发人员可能会被分派到多个项目团队，此外还要承担后续的维护工作。这些组织解决方案造成了严重的追责问题：“我无法完成 Y 任务，因为 DBA 在忙另一个项目”。员工对职能部门的归属感更加强烈，对项目范围、进度和成本没那么在意，更谈不上客户价值了。

除了 IT 部门，其他部门也会根据瀑布式的串行思维模式调整工作。法律部门根据串行交付的特定文件创建合同。会计部门根据串行模式制定运营成本与投资成本的分类标准。采购和人力资源部门也纷纷跟进。

1980年代末，巴里·博姆（Barry Boehm）的螺旋模型（Spiral Model）和汤姆·吉尔布（Tom Gilb）的进化模型（Evolutionary Model）出现了，打破了软件开发对瀑布模型的依赖。吉尔布提出的迭代方法开发周期短且计划周密，他使用“进化”一词来描述这种方法。博姆的螺旋模型明确包含了风险驱动开发的理念。这两种模型的生命周期都是迭代式的，通过较小的步骤和测试结果来解决不确定性问题。每个步骤的可交付成果都包含在项目整体计划中，通常会在之后的每一次迭代中调整。

瀑布式生命周期有一个隐藏的缺陷，能够发现这个缺陷的人不多。瀑布式生命周期的每个阶段都有一个方框（流程）和一个通往下一个流程的箭头。然而，其实每个箭头中间还必须画上一个三角形框，写上“这里发生了神奇的事情”，如图3.7所示。需求到设计再到编码的过渡并不是简单的算法，MM和CASE工具就栽在了这个很少被讨论的缺陷上。或许该把这些神奇的事情叫作“里程碑式的魔法”(Monumental Mythology)。

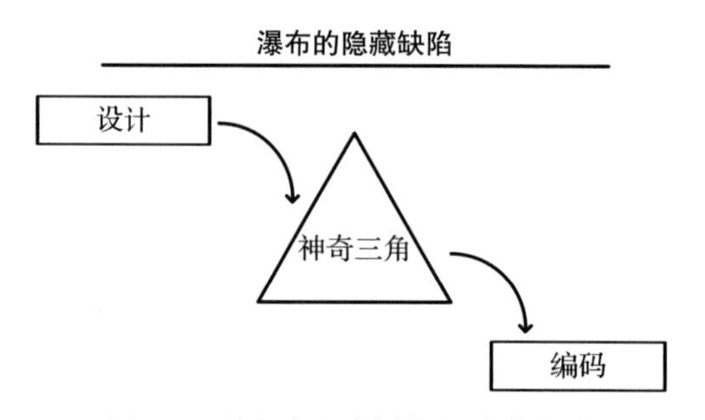

图3.7　瀑布式生命周期的隐藏缺陷

把设计转化为代码的过程并不是确定性的，也不能自动化，而是一个需要“思考”的经验性过程。这需要魔法。后来，敏捷专家肯·施瓦布在研究经验性过程与确定性过程时注意到了这一差异。确定性过程是一种转换算法，经验性过程则不然。汤姆·德马科在和我的讨论中提到了这个问题：“当时软件开发方法最大的问题在于，用左脑方法来解决一个天然就是多维度的问题。”

将转换算法强加到经验性过程之上会导致灾难。因此，我主张在敏捷方法中使用可靠（reliable）一词，而不是确定性过程中使用的重复（repeatable）一词。魔法能帮上大忙，但只是对哈利·波特来说。

我在这些定义上可能过于咬文嚼字了，但这个“魔法”三角形可能就是区别软件工程师和软件开发者的关键。把客户需求转化为软件应用的过程中，技术手段能够大幅缩小这种“魔法差距”(magic gap)，比如 1970 年代的主要工具编译器和今天（微软）Azure 这样的完整平台。我认为，软件工程师相信“魔法差距”终将被抹平；但软件开发者却不会这样想。我站在开发者这一边，这也是本书偏爱使用“魔法差距”一词的原因之一。

因此，串行思维并不是软件管理的发明，但它渗透到了当时管理者的思维中。可惜这也成了组织实施敏捷时必须克服的障碍。

3.10　管理

1980 年代，管理方式开始从执行走向专业。随着生物技术、计算机、材料科学、医疗技术以及其他各个领域中知识工作比重的增加，对知识工作者的需求也随之增加。数字革命已经来临，新兴的工人阶级随之产生，管理方式也需要改变。“找个铁饭碗一直干下去”的职业模式正在瓦解。知识工作者对职业的忠诚开始超过对雇主的忠诚，而且随着就业机会的增加，他们开始摆脱传统职业生涯的桎梏。新技术公司的迅速崛起和股票期权带来的高薪前景助长了这些变化。在一家公司工作到退休的思想发生了转变，变成了“工作”与项目挂钩的 21 世纪“零工经济”，雇主与雇员的关系也随之变化。

在结构化时代，项目管理（PM）在软件开发中应用得越来越多。我开始阅读和研究项目管理的相关资料，并将学到的知识与经验结合起来。我开始教授与 DSSD 相关的初级 PM 工作坊，因为越来越多的 PM 实践被纳入了宏大方法论当中。

当时，软件开发领域最著名的书籍是弗雷德·布鲁克斯（Fred Brooks）1975 年的《人月神话》。布鲁克斯是 IBM/360 系列计算机操作系统（OS）的开发经理，这可能是那个时候最大的软件项目。在分析了几个操作系统项目的表现后，他得出了最著名的结论：“给延期项目增加人手只会让延期更严重。”但他发现管理者还是不撞南墙不回头，于是这样调侃自己的书被奉为软件工程的圣经：“因为人人都会引用书里的内容，有些人真的会读，而有些人只是去买。”当下实施敏捷方法论的问题也是一样的。

蛮荒时代和结构化时代的项目管理实践最适合有形的产品，首当其冲的便是制造形态的项目，对这些项目来说，串行方法是有效的。软件的可塑性更强，但项目管理的方式并没有考虑这一点，而且坦率地说，还在咿呀学步的软件开发还没有表现出太强的可塑性。项目经理关注的是任务，而不是人和团队的动力。

1980 年代，项目经理开始采用风险和问题管理等实践。项目管理协会于 1987 年发布了第一版《项目管理知识体系指南》(*Project Management Body of Knowledge*，*PMBoK*)，并在此基础上提出了和软件开发方法论配套的项目管理宏大方法论。不久之后的 1989 年，PRINCE 方法发布，并成了欧洲大部分地区的标准项目管理方法。

艾利·高德拉特（Eliyahu Goldratt）1984 年出版的小说 *The Goal:A Process of Ongoing Improvement* 中出现了一个重要的项目管理新理论：约束理论（Theory of Constraints）。价值产生的过程中总会出现一个主要“瓶颈”(bottleneck)，而减少或消除这个瓶颈就能提高吞吐量（throughput）。当然，一个瓶颈消除之后下一个瓶颈就会暴露出来。这一原则意味着，负责非瓶颈活动的人必须尽可能减少负责瓶颈活动的人的工作量，就算这样做会影响自己的效率。与传统的关键路径（Critical Path）方法不同，这种方法侧重于识别和消除限制吞吐量的约束，高德拉特称之为“关键链”（Critical Chain）。后来高德拉特又撰写了 *Critical Chain*（1997）一书，将这些做法应用到了项目管理当中。

高德拉特的理论后来被敏捷社区接受，影响了“敏捷宣言”中的简洁原则：“以简洁为本，它是极力减少不必要工作量的艺术”。创建功能待办列表，每个迭代都从中释放一些功能进行开发，这些做法都纳入了敏捷实践。功能按优先级发布，但不应让团队（尤其是关键链上的团队）超负荷工作。1990 年代，有一位开发经理向我抱怨他所在部门的项目没有进展。我问他有多少项目和人员。他回答：43 个项目，42 个人。显然，他的在制品“库存”(inventory)很高，产出却很少。每个人都在忙碌地（卓有成效地）增加在制品库存，却没有产出价值。

这十年项目管理软件也开始转移到个人计算机上，其中就包括 1984 年推出的第一个商业版本的 Microsoft Project（DOS 版）㊀。

六十年过去了，软件开发成功的衡量标准已经从完成项目变成了产生客户价值。组织采用的成功衡量方式对这种转变的推动作用最大，也最难改变。投资回报率（ROI）有自己影响组织的方式，而客户价值也有自己影响组织的方式。在 IT 组织中，行为由计划驱动。最开始，项目只要完成就已经万事大吉了；后来到了世纪之交，其他衡量标准渐渐占了上

㊀ 微软磁盘操作系统（Microsoft Disk Operating System）在 Windows 之前垄断了个人计算机操作系统。

风。我曾经合作过一家公司，他们用交付的代码行数来评价程序员，用发现的错误（Bug[⊖]）数量来评价测试人员。这种做法只会激励程序员的编码速率，而对代码质量的要求仅仅挂在嘴上。测试人员发现错误就会获得奖励，因此完全没有动力去要求提升代码质量。这些措施也不利于两个团体的合作，反馈环也少到不能再少。还好，大多数测试人员和程序员都具备提供高质量产品的内驱力，而这些基于活动的激励结构往往只会让他们放不开手脚。

在可以预测的旧世界里，软件开发的成功衡量标准借鉴了制造业的统计质量控制理论。在工厂里，将金属和塑料加工成小部件的制造过程必须是可重复的，每次重复生产都要符合严格的公差要求。软件不是小部件，接下来我们就会看到。

随着绩效趋势的演变，工业时代发展起来的基于活动的衡量标准（如生产率）在知识时代几乎行不通，在创新时代更是变成了一种枷锁。

3.11 CASE 工具

如何解决图表和文档失控的问题？当然是自动化。IT 部门的任务就是让业务流程自动化，那么 IT 自己的流程为什么不能自动化呢？马萨诸塞州剑桥的 Index Technologies 从一众老牌的 CASE 工具供应商中杀出重围，推出了运行在 IBM 上的产品——Excelerator。随着企业中个人计算机越来越普及，CASE 工具市场也快速扩张。Excelerator 成了 CASE 工具市场的领导者。Excelerator 支持数据流图、实体关系图等结构化图形，自带可以保存数据详细信息的数据存储库，还提供了详细的逻辑信息。

其他著名的 CASE 工具有：安达信咨询的 Foundation、尤尔登公司的 Analysis/ Designer 工具包、Learmonth & Burchett Management Systems 的 Automate Plus 以及 Nastec 公司的 DesignAid，到 1990 年代初这样的供应商差不多有 100 家。这些 CASE 工具功能相似，有的偏重结构化图形（如 Excelerator 和 Analysis/Designer），有的则偏重文档（如 Foundation 和 Automate Plus）。人人都跃跃欲试，希望在这个爆发的市场中独占鳌头，而市场也确实爆发了。搞方法论的都急于开发自己的 CASE 工具，我们 KOA 也开发了自己的工具 Design Machine（稍后详述）。

⊖ Bug 是用来描述代码缺陷的术语。这个词是美国海军上将格蕾丝·霍珀（Grace Hopper）于 1946 年创造出来解释硬件问题的。而在软件开发中，Bug 可能变成了转移责任的手段。开发人员要对缺陷（defect）负责。而 Bug 是自己爬进代码的。

CASE 工具的诱惑力是显而易见的，现实却不同。CASE 工具存在很多问题。第一，在这个时代和接下来的一个时代，高管和经理们都在寻找传说中的“银弹”：一种可以解决所有 IT 问题的方法。CASE 工具被寄予了不切实际的期望，投入的成本也大大超出了预期。购买 CASE 工具和培训员工的费用都很高。投资回报率让人难以接受。

第二，缺乏标准带来了挑战。每个人都有自己的想法，应该使用什么样的图表，甚至应该接受哪种风格的图表，大家的看法都不一样。越来越吸引人的面向对象方法又引入了一系列新的图表，让问题越来越复杂。后来，统一建模语言（UML）出现了，在下一代工具中解决了这个问题。

第三，最流行的工具 Excelerator 运行在 IBM 个人计算机上，而当时个人计算机大多还没有联网，因此每个人都保存着自己的数据和图表。不同版本的方法论、工具、供应商和图表之间的差异产生了不一致的混乱结果。IBM 提出了通过 AD/Cycle 系统解决这些问题的集成方案，但巨大的开发工作量和不合理的时间安排（耗时过长）让 IBM 的努力前功尽弃。

第四，20 世纪 90 年代，部署技术转换非常迅速，从基本连接转换到了客户端 – 服务器架构（一种将个人计算机等单个设备联网的架构），然后又迅速转换到了互联网，CASE 工具公司受到了严重冲击。

第五，固守瀑布式生命周期，坚信整个开发过程可以详细说明，这导致了一种错误的假设，即说明了需求之后，只要按一下按钮，剩下的工作都可以自动完成。

第六，我和戴夫 · 希金斯交流时聊到了昙花一现的 CASE 工具时代。戴夫说：“我认为 CASE 工具时代注定要灭亡，因为这背后的潜台词是程序员的工作可以自动化。我们要求程序员创造和实现系统来取代自己！即使到了今天，低代码技术也存在同样的威胁。但我认为，无论是过去、现在，还是未来，这都是幻想。我们永远需要开发人员。”

银弹让我想起一位教育家讲过的她在乘飞机时遇到的故事。邻座问她：“你认为什么可以解决我们的公共教育问题？”

她不假思索地回答：“那些以为有一种方法可以解决公共教育问题的人”。

一旦我们想用银弹解决复杂问题，我们就已经失败了。

“世上从来没有银弹，但有时会出现独行侠[㊀]。”

——温伯格，1994

㊀ 这句话出自温伯格的《质量 · 软件 · 管理》（第Ⅲ卷）第一篇，这里对 2005 年侯晓宇 / 李虹桥的译文稍作了修改。——译者注

我喜欢温伯格的这句话，它突出了重视工具（子弹）和重视人（哪怕是独行侠这样的虚构人物）这两种看法的对立。我对温伯格的话做了补充。

“世上从来没有银弹，但有时会出现独行侠，他们带着适用于不同情况的弹药。”

——海史密斯，2000

对大多数人来说，最难的是理解不同的子弹类型以及它们最有可能成功的场景。

肯·奥尔提出我们要做自己的CASE工具，并把这个工具命名为Design Machine。一家咨询大客户提供了部分资金。这个名字本身就透露了大家对软件开发一厢情愿的看法。这是造成KOA倒闭的问题之一，冒险难免会失败。本着忠实记录失败和成功的精神，我来详细讲一讲这一段历程。

Design Machine进入了KOA的培训和咨询产品组合，我们需要更多的投资来支持产品开发、销售和营销。引入的风险投资附带了重组公司的条款。公司引进了新的管理人员，肯成了负责产品开发的首席技术官，公司有了新的名字Optima，总部迁往芝加哥，肯和Design Machine开发团队留在托皮卡。

麻烦马上就来了。新来的管理人员和开发团队还有驻场顾问（公司的大部分收入来源）无法融洽相处。公司扩大了销售和营销团队，新设立了几个销售办事处。可是当时的产品还撑不起这么庞大的销售团队。1986年肯邀请我回公司全职工作。我的正式头衔是产品经理，但私底下还是各个派系之间的调解人。我赢得了顾问们的尊重和友谊，也和新来的高管建立了良好的工作关系。我又开始了每周在亚特兰大和芝加哥之间的奔波。但我必须和时间赛跑。

新高管、新销售团队和豪华的新办公室迅速烧完了现金。和所有创新的软件产品开发一样，Design Machine的开发进度也出现了延误。有一次，我在托皮卡主持一场公开的系统设计工作坊，为期四天。Design Machine团队的几位开发人员也参加了。我从他们的提问中发现，他们并没有理解我们方法论当中的基本概念，我的脑子立刻亮起了红灯。Design Machine几乎不能向前面的阶段反馈变化！这是把想当然的串行瀑布流程自动化的极端。

为了挽回颓势，投资人解雇了新的管理人员。肯回到了总裁的位置，我接任咨询副总裁。但由于资本流失过快，Optima没有撑过六个月。除了一些“内部”订单，Design Machine没有出现在CASE工具市场上。肯辞职了，投资人想抓住最后的救命稻草，给了我总裁/首席执行官的职位。我有点受宠若惊，冷静下来后发现这是个两败俱伤的提议，于是婉言谢绝了。

KOA/Optima 的故事是我经历的一次冒险，初创公司资金来源背后的压力让人喘不过气。能够获得成功的创业公司凤毛麟角，过去是这样，现在还是这样。随珠荆玉仿佛唾手可得，谁又能坐怀不乱呢？我的两次创业均以失败告终。还好，失败也是一种经验。

客户端 – 服务器、互联网和面向对象这些技术的变化，要求 CASE 工具供应商快速增加投入。再加上其他一些问题，第一轮 CASE 工具迅速偃旗息鼓。但这也为下一代软件开发工具搭好了框架。

Optima 之后，在这个年代的最后几年里，我在麦道自动化公司（McDonall Douglas Automation）培训 STRADIS 方法论并提供咨询服务。对我而言，从 DSSD 到 STRADIS 的转换没什么难度：图表变了，但背后的方法论是相似的。我负责需求、设计、STRADIS 概述和项目管理等课程培训。我还签下了教授系统思考工作坊的合同。系统思考打下的基础深深地影响了我在“敏捷根柢”时代的思想转变，从宏大方法论转向快速、适应性的开发模式，并最终走向敏捷。

3.12 时代观察

软件工程在结构化时代涅槃。结构化给软件开发带来了纪律，为开发过程增加了控制，使其成为一门公认的工程学科。当时，管理理论还停留在命令 – 控制模式，管理人员对不太受控的软件项目并不满意。结构化这个名字适合这个时代，结构化方法论也引起了广泛的兴趣。当然，在实践中，人们总是说的多做的少，只不过画了几张图就说自己在做结构化，就好比现在有人说：“我们现在敏捷了，因为我们每天都开站会，还要做 Sprint 计划”。

这一时代末期，一种更加以人为本的管理观点发出了自己的声音，拉开了“同理心时代”（Empathy Age）的序幕。杰拉尔德·温伯格（Gerald Weinberg）（即杰瑞·温伯格）于 1971 年出版了经典著作《程序开发心理学》（*The Psychology of Computer Programming*）。这本书 1998 年出版银年纪念版时，我还写信向他表示祝贺，告诉他我收藏着一本 1971 年的第一版。汤姆·德马科和蒂姆·利斯特于 1987 年出版了《人件：项目与团队高效管理》，几十年后仍然畅销。

管理理论先驱道格拉斯·麦格雷戈于 1960 年出版了《企业的人性面》（*The Human Side*

of Enterprise）。他在书中将关于个人动机的 X 理论和 Y 理论引入管理理论当中。到了 1990 年代，业务和技术都更加重视人的因素。

一个时代的成功与失败总是在为下一个时代铺路。CASE 工具的昙花一现说明我们还需要更好的工具，同时也提醒我们构建工具是一项多么大的挑战。大量结构化图表强调了标准化的必要性，统一建模语言应运而生。对更快、更可靠连接的憧憬开创了互联网时代。

在持续拉锯的变革当中，创造或是推广新的产品、新的方法都需要特立独行的冒险精神。而具备这些特征的最具标志性的事件就发生在这一时期，令人神往。

苹果公司制作了历史上最著名的电视广告：1984 年超级碗上播出的介绍 Macintosh 计算机的广告。这则广告的概念来自乔治·奥威尔（George Orwell）的反乌托邦小说《1984》。小说中人们无条件地服从“老大哥”。广告中的大众身着黑衣，就像是雌雄难辨的自动机器。服色鲜明的女主角冲破重重障碍，既引出了 Mac，也体现了苹果公司特立独行、充满力量的个性。这也是对 IBM 的一次不小的讽刺。这则震撼人心的广告让我久久不能忘怀。

4

第 4 章

敏捷根柢

（1990 年—2000 年）

2000 年 5 月，在我的《自适应软件开发》(Highsmith，2000）出版半年之后，我收到了 Midwest 公司 CEO 的邮件。

> 我买了你的书，几个月来一直在阅读和标记。我买这本书的原因是前面几章就清楚地说明了自适应软件开发（Adaptive Software Development，ASD）非常适合我目前的项目。你的叙述风格让 ASD 通俗易懂，于是我重新读了一遍，让体会更加深入。我已经把 ASD 方法推荐给了我的同事，因为它才是产品开发真正的样子。我设定好积极的目标以及必要的约束条件，放手让员工去做，得到的结果却比之前的项目都要好。ASD 方法让团队成员在碰到意外问题时总能创新解决方案，而且还能按时交付产品。谢谢你的书，它影响了我制定产品战略、营销、管理、开发和交付新产品的方式。

这封邮件让我茅塞顿开，一下子明白了是什么驱使着我在这个时代探索前行。曾几何时，我还在担心能不能找到和快速应用开发（Rapid Application Development，RAD）有关的工作。我也曾经陷入绝望，怀疑自己能不能写完《自适应软件开发》，我的第一本书。现在，这封邮件让我明白了到底是什么支撑着我熬过了那些艰难的时刻。我想这里面有两个原因。第一个原因是我想“推广一种更加现代的开明的领导风格，一种放权给员工和团队，打破官僚作风的管理风格”。第二个原因是我想交付更好的软件，但这个构想还得再等十年才会完全成熟。

在四十五岁这个年纪，我的人生迎来了两个冒险的转折。第一个转折是搬家，从亚特兰大搬到了犹他州盐湖城。第二个转折是知识的进化，从结构化方法进化到了快速应用开发。搬家让我的户外探险活动激增，而知识的进化最终让我站在了敏捷运动的中心。如果没有 1990 年代这一群软件叛逆者坚持不懈、勇于打破旧规则的冒险精神，就不会有敏捷革命。我想再强调一下我对冒险精神的理解："渴望探索未知之地，体验挑战与刺激之感"，经过深思熟虑之后再承担风险，不鲁莽。RAD 是一种冒险，但最终还是站稳了脚跟。

4.1 时代概述

敏捷根柢时代的变革是多方面的。对确定性、优化、瀑布式方法论的担忧促使软件开发方法论发生变化。互联网带来了令人兴奋的新机遇。管理层开始思考如何转变与员工的关系。新的软件开发领军人物开始崭露头角。本章将回顾这个软件行业飞速发展的十年。我将"根柢"时代分成三个时期，这三个时期和我的思想演变直接相关。图 4.1 展示了"根柢"时代的三个时期，这是我个人思想转变的三个时期（并不是整个行业的转变）。

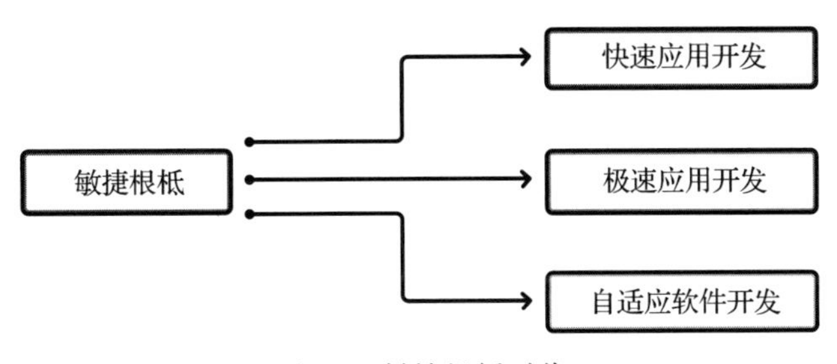

图 4.1 敏捷根柢时代

除了介绍我从结构化转向自适应的过程，本章还会回顾和一些客户的合作经历（这些经历证实并拓展了我的思路）、我第一本书的写作经历、我对复杂自适应系统（Complex Adaptive System，CAS）理论的初探，以及对其他新兴敏捷方法的概述。

在我的记忆中，1990 年代是相对和平与繁荣的十年：美苏结束了数十年的冷战，互联网的兴起则开创了一个关键的通信新时代，对商业和人际关系都产生了深远的影响。《侏罗纪公园》的恐龙取代 1970 年的《大白鲨》，成了最恐怖的与自然有关的电影"怪兽"。

1989 年，我的妻子开始担任达美航空公司空乘基地经理，于是我们搬到了盐湖城。我的工作用一个打包好的行李箱就可以完成，在哪里办公都行。而且一想到搬到西部之后，开车 40 分钟就能登山滑雪，不再需要长途飞行，我就动力十足。当户外探险成为日常活动时，我渐渐发现软件开发和登山的相似之处。

技术攀登需要承担风险，但保持灵活可以降低风险。攀登计划会随着天气条件的变化而不断变化。我开始意识到，登山者必须适应山峰的实际情况，反观软件项目，我们却期望现实来配合我们的计划。我的登山和软件之路一开始没什么交集，但在这十年里很快就汇聚在一起了。

1992 年 6 月，我为埃德·尤尔登的 *American Programmer* 杂志撰写了一篇题为“Software Ascents”的文章，将软件项目和登山做了对比。埃德在杂志引言中写道：“吉姆·海史密斯给我们发来了一篇精彩的文章，比较了软件项目和登山，我们认为大家会喜欢这篇文章。”这篇文章表明了我对方法论的思考的演变，从把方法论当作预测的过程转变为把它当作“被引导”的过程，这和登山计划会不断评估地形和天气条件而调整变化一样。

这个时代的公司被全面质量管理（Total Quality Management，TQM）和企业流程再造（Business Process Reengineering，BPR）等规范性的实践所吸引，但人们对团队（卡曾巴赫 1992 年出版的《团队的智慧》[㊀]获得成功就是有力的证明）和组织学习（1990 年彼得·圣吉《第五项修炼》）的兴趣也与日俱增。企业流程再造的倡导者信任的是自动化、确定性的流程，他们认为人只是机器上的齿轮。此外，能够有效优化制造业的精益原则和实践也被应用到了知识工作上，软件开发就在其中。

4.2 从结构化方法到 RAD

“太费时间，太费钱，不能满足我们的需求，”高管面对市场需求难以招架，对他们的 IT 软件项目发出了这样的感叹。这十年里，我先是做独立顾问，举办一些结构化技术和瀑布式方法论（比如 DSSD 和 STRADIS[㊁]）的工作坊。但到了这十年结束的时候，这两种方法我都放弃了。为了回应高管们的求助，软件开发人员开始尝试使用 RAD 方法。我曾领导技术团队完成了一个把 STRADIS 变成 RAD 的项目，我们的办法就是去掉各种文档和流程要

㊀ *The Wisdom of Teams*，经济科学出版社于 1999 年出版了中文版。——译者注

㊁ 比如 STRADIS 就用了七个大笔记本，规定了详细的流程、文档和设计图。

求，这注定了结果不会太好。但是，早期这些为了应对日益增长的加快开发速度的呼声而做出的努力，既没有动摇瀑布式生命周期，也没有改变人们的思维方式，我们需要更彻底的改变。

我开始质疑传统的开发方法，一部分原因是它不是我的工作方式。我的思绪回到了蛮荒时代，回到了拥有多种角色（分析师、程序员、测试）的快乐时光，那时的流程并不规范，而是在不断地迭代。

1980 年代末发生了一件事，进一步加深了我对瀑布式生命周期和文档的怀疑。当时我在密苏里州圣路易斯教授 STRADIS 需求定义和设计课程。这是一门为期五天的公开课，在酒店会议室举行。那时组织一门课程既需要体力，也需要脑力。

首先，讲师必须检查会议室的布置。其次，讲师必须找到学生作业本。酒店工作人员一般都会坚持说没有看到作业本，而我坚持说一定在酒店，最后在邮件收发室里找到了。接下来是确认有没有投影仪，有的话还要确认能不能用。当时我们用的是 21 ～ 26 cm 的透明胶片（薄薄的塑料片）来展示课堂信息。我有两个 8 cm 厚的活页夹，里面塞满了这种“塑料片”。这两本活页夹装在一个大皮包里，还有其他一些教具，非常重。后来，这个皮包和沉重的计算机被我的康柏便携式计算机取代了。但有一段时间，我不得不带上两台便携式计算机，因为便携式计算机不是很可靠，而且你永远也不知道酒店（或客户那里）有没有兼容的投影仪或者合适的连接线。做好这些准备工作之后，你就可以开始考虑上课的事情了。

STRADIS 课上，十几位学员在墙上贴满了数据流图、结构图和实体关系图。最后一天，我问他们：“看着这些图，你们就知道代码该怎么写了，对吧？”会议室里的学员都茫然地看着我。他们不知道！在我把这些图和各部分 COBOL 程序之间的联系画在白板上之后，他们的眼里才有了光。文档，哪怕是图形化的文档，都不足以表达人们在下一步工作中需要的全部信息。

我知道程序员在维护代码时，总是通过阅读代码来理解，因为他们知道文档会过时。每个人都认识到了文档和代码之间的脱节，包括管理者在内，但大家还是会继续沿着老路走下去。

这个时代刚刚开始，IT 客户不满意，我也不满意。到了该做出改变的时候了。

就在这时，拉里·康斯坦丁打来了电话。他受邀帮助阿姆达尔（Amdahl，一家大型计算机制造商）开发一种 RAD 方法。他因为工作冲突拒绝了（当时他正在 IBM 做顾问），然后问我有没有兴趣。我从这里开始进入了 RAD 领域，这也是我与山姆·拜尔几十年友谊的开始。

阿姆达尔要解决的问题是销售周期过长（有时甚至需要一年半），因为客户并不了解他们的产品。山姆当时是市场营销经理，他正在寻求帮助。和我同时接受过工程和商业教育一样，山姆也拥有市场营销和化学双博士学位（谁能想到化学成了市场销售的催化剂呢）。我们很快就成了朋友和同行。山姆当时正在为一款名叫 Huron 的大型 RAD 软件工具制定营销策略。

山姆希望缩短销售周期，并向潜在客户展示如何快速让该产品产生价值。大型机软件价格高昂，想要卖出去并不容易。山姆和我一起创造了一种迭代的 RAD 方法，并采用这种方法在四周内为客户构建出应用程序。我们前往客户现场，成立了一支由阿姆达尔员工和客户组成的小团队，每周都交付可以运行的软件，并在每周五组织“客户焦点小组”活动，给客户代表演示功能并收集反馈。在四周结束的时候，我们交付了一个完整的应用程序。统计数据显示，团队的生产力和质量提升了好几倍。但我们的项目经常会在根深蒂固的组织屏障面前碰壁。在纽约市的一家银行，我们在四周内交付了银行所需的应用程序，但 IT 运营部门告诉我们，他们大约需要六个月才能把这个应用程序安装好！这是即将到来的屏障。山姆和我像这样做了几十个项目，从来没有失败过。

1994 年 6 月，山姆和我在 *American Programmer* 杂志上共同发表了一篇题为“RADical Software Development”的文章[⊖]。山姆后来成了 Corevist 公司的创始人兼 CEO，这家公司全面采用了敏捷实践。

我想把这十年里软件方法论的演变过程展现给大家，从我和山姆一起共事的近两年时间开始。我希望自己还记得和客户合作过的 RAD 项目的确切数量，但我没有记录，不过我想应该不下几十个吧。如果是一个为期一年的项目（当时这么长的项目并不是没有），每种方法就只有一次练习机会。如果是 20 个为期一个月的项目，那么每种方法你都可以练上 20 遍。山姆和我从每个项目中都学到了经验，这些经验对我们日后的工作影响深远。

这个十年刚开始的时候，我就读过一些关于 RAD 的文献，但起初我认为这种趋势只是昙花一现。和山姆在这些短期 RAD 项目上合作了几年之后，我开始意识到这种方法是行得通的。看到这些方法的作用，看到每周都向客户展示的运行特性，看到小型协作团队的

⊖ 审阅本书引用的这篇文章时，我发现作者简介中还有我用过的第一个电子邮箱：73030.432@compuserv.com。

工作方式，看到每周一次的迭代，所有这一切都开始融会贯通。我担心的问题之一是许多RAD支持者似乎都放弃了那些成熟的技术实践。在刚刚提到的RADical一文中，山姆和我写道："一些支持者把快速开发方法当作软件工程技术的替代品。……但是，放弃我们在构建高质量系统时所学到的经验，并不是解决问题的办法。"

4.3 微软

1990年代初，我在华盛顿州雷德蒙德的微软公司开始了为期五年的工作坊培训，当时微软大约有4000名员工。虽然我做过项目管理工作坊的培训，但我这次主要负责一门名为"软件质量动力学"（Software Quality Dynamics）的课程。这门课程由杰瑞·温伯格引入微软，但他和微软起了争执，随后便邀请林恩·尼克斯（Lynne Nix）继续教授这门课程。林恩找到了我来继续完成这些工作坊培训，大部分项目管理的内容由他负责，而软件质量的内容由我负责。杰瑞的这门质量课程以他的四卷《质量·软件·管理》(Weinberg，1994）[⊖]为基础，授课过程是一种享受。杰瑞是个设计游戏和沙盘的天才，他设计的纸牌屋、串珠游戏让工作坊寓教于乐，既能激发大家的思考，又能让大家玩得开心。

纸牌屋游戏用80列打孔卡（现在很难见到了）做（纸牌）道具，参与者通过搭建（房子）结构直接练习团队动力学。房子的高度、顶部和底部大小还有美观程度都有要求和相应的得分。练习进行到一半时，我会让一个团队中的一个人加入另一个团队。介绍新成员时，我会不经意地提起这个人的房子搭得很好。然而我没有告诉他们，虽然各种要求都有对应的得分，但每个团队的得分计算方法却不一样！一个团队的得分要求是底部越大顶部越小，而另一个团队的得分要求则相反。中途加入的新成员一直在用不同的计分表算分，于是立马就想改变房子的设计，这就和其他成员起了冲突。游戏结束时，我根据每栋房子的美观程度打分。哎呀！我的美学评分总是引来一片嘘声。当参赛者抱怨我的偏见、不公平和随意时，我会反问"你不觉得客户在评价你的产品时也很武断吗?"

这个游戏很好玩，每个人都会坐不住，站起来大声地争论。工作坊最后30～35分钟的时间是留给学员们讨论其所学知识方面的一系列问题。大部分讨论都和人与人之间的互

⊖ 原文是*Software Quality Dynamics*，但应该是作者的笔误。温伯格的四卷著作是*Software quality management*，前三卷中文版由清华大学出版社分别于2004年、2005年出版。——译者注

动有关。

结构化方法和瀑布式生命周期我已经应用了十年，刚开始我觉得微软的做法都是错的，随后转念一想“但他们非常成功”。瀑布式生命周期的拥护者把重点放在前面的需求和设计上，认为编程和测试都是“机械”的活动；而微软正好相反，他们认为编程和测试才是开发中具有创造性的那部分工作。接下来的几年里，我对微软的流程了解得越来越深，我也渐渐开始相信山姆·拜尔和我正在开发的 RAD 方法论可以推广开来。

4.4 从 RAD 到 RADical

极速（RADical）应用开发是我自己理解的 RAD，并不只是名字更响亮。但我认为当时还没有理解这种差异的影响。RAD 强调快速（Rapid）。RADical 强调价值、质量、速度、领导力和协作，可以称得上是“专业的 RAD”。除了快速，我们还需要在很多方面做到 RADical。在这篇介绍 RADical 开发的文章（Bayer 和 Highsmith，1994）中，山姆和我明确提出了这种方法论的五个关键：

- 生命周期必须从静态、以文档为导向的流程转变为动态、演进、以产品为导向的流程。
- 项目管理要用短“时间盒”技术。
- 生命周期需要不断地演进[⊖]。
- RADical 需要独立的团队。
- 良好的工程技能不可或缺。

我们的文章中没有用“思维模式”这个词，但埃德·尤尔登在引言中使用了。这篇文章的最后一句话预示着未来，尽管这个预言还需要十年才成为现实：“如果说信息技术是重塑企业的关键之一，那么现在就到了应该认真思考重塑工程师的时候了。”

4.5 波特兰抵押贷款软件公司

波特兰抵押贷款软件公司（Portland Mortgage Software）是我早期的客户。这家公司位

⊖ 这个时期我使用“演进”(evolutionary) 这个词多一点，而不是“迭代”(iterative)。

于俄勒冈州波特兰市，全美有50个州都在使用他们开发的抵押贷款处理软件，而每个州的抵押贷款处理法规或多或少存在一些差异。此外，软件还必须考虑如何处理联邦抵押贷款法规。公司面向大型金融公司销售产品套件，面向小型金融公司销售单个产品。

这家公司的组织架构很典型，每个专业职能（如法律、会计和软件开发）都有自己的组织筒仓，他们肯定会在大楼的不同区域办公。筒仓之间的沟通有很大的改进空间。

客户要求我帮助这些部门提升交付效能。除了让他们采用快速开发流程之外，我还建议他们成立跨职能的产品小组，一个团队的成员都坐在一起。做出这些改变一段时间后，我问开发经理新的组织和流程怎么样。

他说："我们可以更快地推出更好的产品了。"

"有什么不好的吗？"我问道。

他回答："产品团队之间偶尔会抱怨彼此沟通不够。"

这让我想起了一个古老的系统理论："但愿方案解决的问题比带来的问题多。"变化总会带来后果，有好也有坏。

和波特兰抵押贷款软件公司的合作坚定了我的信念，解决方案有无数种排列组合，流程、组织、绩效衡量标准，每个组织都不尽相同。我的思维继续从用一种里程碑式方法解决所有问题（One size fits all）转变为用一种方法解决一类问题（One size fits one）。

这次合作也进一步加深了我对作为核心软件交付组织的跨职能协作团队的理解和热情。我的客户是一家软件公司，我也学到了如何从产品视角看待交付。

4.6　信息技术

我投入在RAD的那段时间，技术也在飞速地发展。1990年万维网诞生，同年Windows 3.0发布，1993年Mosaic浏览器推出，1994年亚马逊在线书店上线，1998年谷歌搜索引擎首次亮相。Windows也升级到了重要的Windows 95。Linus Torvalds推出Linux，掀起了开源软件运动的浪潮。Windows和微软办公套件的结合让Windows吃掉了IT市场的大块份额。微软办公套件也挤占了独立应用软件的市场，在这个十年的末尾，Lotus、WordPerfect和Notes都不太好过。

互联网给企业和个人生活创造了超乎想象的连通性，CompuServe和亚马逊等新兴企业因此大获成功，人对人（person-to-person）的互动时代拉开了大幕，即将迎来爆发。网络连接带来了翻天覆地的变化，精通计算机的企业家在网络世界中大放异彩，传统企业一时黯然失色。

1990年代，面向对象编程（OOP）逐渐发展成为主流，给出了1980年代编程语言（COBOL）之外的另一种选择。早在1960年代就提出面向对象编程的艾伦·凯（Alan Kay）认为，面向对象编程的优点包括适应性强，能够很好地应对变化。这一时期，Smalltalk、Java和C++等面向对象编程语言的拥趸争得不可开交。具有友好的图形用户界面的Windows和Mac、连接互联网访问的新兴浏览器、面向对象编程这三项技术促使软件开发开始转向。

在这十年里，我的客户既有像波特兰抵押贷款软件这样的软件公司，也有耐克这样的公司内部的大型IT组织（稍后将详细介绍和耐克的合作）。显然，我需要跟进IT组织面临的问题以及他们解决问题的尝试。每家公司都在尝试各种方法，想要解决“太费时间，太费钱，不能满足需求”的问题。少数公司尝试了RAD，但大多数公司还是坚持采用传统方法论，然而RAD的吸引力越来越大，这表明现状需要刷新了。和所有方法一样，RAD也饱受批评，而且有一点批评是对的。RAD的开发者假定应用程序被废弃的速度会越来越快，因此他们注重速度而非质量，反正系统很快就会被淘汰。可惜，这种假设是错的，而且只会让软件难以维护。

人们对技术债务的认识不断深入，但仍然不够，这加剧了IT领域的问题。通用领域的管理者和专业的IT管理者都沉浸在可预测性和严谨性当中，他们忘记了有形的小部件和无形且易变的软件有着根本区别。小部件一旦出厂就不会改变。而软件可以改变，而且一定会改变。这种短视导致了严重的技术债务，把易变可塑的软件变成了成本高昂的一团乱麻。

为了解决IT领域的所有这些问题，外包和安装企业软件包等战略备受推崇。虽然我没有这两个领域的工作经历，但IT组织肯定会受其影响，进一步倾向采用规范的解决方案。此外，厌倦了等待的企业用户开始采用最终用户计算[⊖]解决方案。

我用一句话来总结各家公司1990年代的这种应对措施：“统统搬到印度去”。这一趋势包括将软件维护工作和大型开发项目编程阶段的工作外包出去。软件外包背后有个假设，那就是完成技术含量和成本较低的编程工作只需要很少的沟通。当时印度的公司急于推行

⊖ 最终用户计算（end-user computing）是指非程序员也可以在其中创建应用程序的系统。——译者注

严格的能力成熟度模型标准[1]，这让许多外包工作都建立在可预测性和规范性实践的错误前提之上。

第一代业务运营软件现在已经笨重过时。当公司想对这些老化的遗留系统进行现代化改造时，他们面前只有两条路：要么自己构建，要么购买软件包。这两条路都不好走，需要大量资金又充满风险。但许多公司还是先购买并安装了大型的 ERP（Enterprise Resource Planning，企业资源规划）系统，然后是 CRM（Customer Relationship Management，客户关系管理）系统。ERP 系统和 CRM 系统的实施都需要数年时间，这些工作通常交给大型咨询公司来管理。外包和实施大型套装软件应用程序，让 IT 团队失去了软件专业知识，在即将到来的互联网大变革中非常被动。这些耗费多年才能实施的项目才进行到一半，互联网突然爆发，导致已完成的部分返工，让这些运营系统和外部客户之间的连接方式变得十分笨拙。很多小公司通过为 ERP 系统提供简单的面向客户的附加解决方案就能活得很好，山姆·拜尔的 Corevist 就是其中之一。

一些因素在推动 RAD 方法发展的同时也带动了另一种流行趋势：最终用户计算。不断增长的用户需求，每张办公桌上雨后春笋般冒出来的个人计算机，再加上日益成熟的电子表格和 RAD 工具，都让最终用户开发成为可能。这在带来一些好处的同时，也造成了严重的问题。这些最终用户应用程序的响应很快。然而，财务部门的分析师可以开发出复杂的电子表格，却不懂得如何测试，这就埋下了祸根。一家南方银行的“生产力”顾问就开发出了这样的抵押贷款服务定价电子表格。这份电子表格用了快一年，才有人发现存在错误，而这个错误导致银行的每笔抵押贷款都会在后面的 15 ～ 30 年里一直亏钱！备份和恢复也是一个大问题，因为那个年代的个人计算机存储并不是最简单可靠的方案。1990 年代初，我甚至需要 20 张 3.25 英寸（1 英寸 =0.0254 米）软盘来备份。你知道我多久就要备份一次吗？

电子表格开发人员的同事会复制这些表格，通常还会修改。用户会查找线上的数据，然后将数据输入电子表格。这样电子表格就变成了四五个版本。这时，财务部经理就会要求 IT 部门整合所有电子表格的版本、扩展应用程序以支持更多用户、实施安全措施、从运

[1] 能力成熟度模型（Capability Maturity Model，CMM）标准由卡内基梅隆大学软件工程研究所（Software Engineering Institute）推出。CMM 提倡学习，但这一点却被淹没在大量的文档和用户为获得“成熟度”而必须执行的流程中。本书不会讨论 CMM 和 CMMI（I = integration，即集成）的区别。

营系统中提取数据填充电子表格，以及修复错误。IT 部门的软件开发人员往往没有电子表格方面的经验，而 IT 部门又忙于其他工作，因此收到这些需求的时候他们往往会回答“谁创建的谁维护”。这种态度会损害 IT 部门在业务部门眼里的形象。

任何技术或方法都存在一个既有效又有益的“甜点”，但也存在一些一开始并不明显的隐患。历史总是重演，例如，1990 年代采用的最终用户计算和 2020 年代初应用的“低代码”或“无代码”工具是不是有些类似？

1990 年代中后期，互联网飞速发展，对通信领域产生了直接影响，亚马逊等公司随之崛起。但互联网也给所有企业带来了重大且深远的影响。

> 互联网让软件开发的重点从面向内部业务转移到了面向外部客户。

如今，人们可以在州政府网站上在线更新驾照，可以在银行网站在线支付账单，可以在手机上炒股，还可以在微博上吐槽。这些我们都习以为常了。然而要是在以前，客户要先打电话给订单处理人员，再由他们将订单录入订单系统。于是 1990 年代，各家公司争先恐后地开发面向客户的应用程序，比如不依赖人工处理订单的应用程序。

互联网、图形用户界面以及强大起来并广泛应用的个人计算机推动了这一转变。如图 4.2 所示，这个年代人们已经可以使用图形用户界面和鼠标，还可以通过固定电话的声学耦合调制解调器与外部通信。我没见人估算过商务旅客在酒店房间里使用这种调制解调器连接互联网要花费的时间，但要我说的话，真的是相当浪费人生。

图 4.2　根柢时代的人机交互

对内部客户来说，IT 系统的很多界面设计都非常糟糕，技术上的限制是原因之一。1980 年代末，终端显示的还是字符，用户屏幕上可能填满了数据字段，这种情况下设计者很少考虑要对用户友好。对于每天都要输入几百张订单的订单处理人员来说，输入速度才是最重要的。但是外部用户需要的是“友好”的界面，因为他们不用处理那么多订单。图形界面刚出现的时候，设计师并没有区别对待这两类用户群体，有时候为内部用户提供友好的界面反而大大降低了他们的速度！那时，优秀设计的激励机制和指导方针仍处于起步阶段。情况很快就发生了变化。到了 1990 年代，各家公司都在争夺客户点击率，界面设计很快成了成功的关键。苹果、亚马逊和微软公司的图形用户界面开发人员加大了在界面设计上的投入，把界面设计当作一项专业工作来看待，而大多数 IT 企业却有些后知后觉。1980 年代，只能显示字符的终端加上功能有限的交易处理系统，让用户习惯了这些糟糕透顶的用户界面。内部员工不得不接受这些设计，因此糟糕的设计在当时并不是什么严重的问题。这种情况在 1990 年代来了个 180° 的大转弯，因为外部客户需要更好的界面，不然他们就去别处。

新兴的“互联网”公司摒弃了宏大方法论，在他们看来，这些方法节奏太慢，不利于创新，也很枯燥。一开始，这些差异表现在互联网公司和传统公司两种不同的公司之间。后来，随着开发互联网系统的团队从传统系统开发团队中分离出来，这些差异在公司内部产生了裂痕。传统团队对互联网应用开发人员嗤之以鼻，认为他们构建的都是“玩具系统”，而互联网团队对传统开发人员不屑一顾，认为他们是“老古董”。

这些新应用程序的需求是模糊的。过去，如果要自动化订单处理，分析师会去订单处理部门调研他们是怎样工作的。虽然任务可能很复杂，但起点是明确的。但现在，技术是全新的，需求在不断变化，客户用户界面也刚刚起步。瀑布式的生命周期无法应对这种程度的不确定性。

互联网的崛起和随之而来的创新止住了规范性方法的发展势头。1990 年代中期出现的许多早期敏捷专家都是面向对象编程大师：肯特・贝克、阿利斯泰尔・科伯恩、马丁・福勒、罗恩・杰弗里斯（Ron Jeffries）、鲍勃・马丁（Bob Martin）。马丁・福勒在和我的邮件交流中写道：“从第一份工作开始，我接受的教导就是要质疑瀑布式方法，因此我一开始就已经为敏捷做好了准备。我也是从面向对象起步的，面向对象一直都非常重视演进式设计，以及实现演进式设计的理论工具和软件环境（Smalltalk）。而你和我们这些搞面向对象的人不一样，你和主流思想走得更近一些。"

从结构化方法过渡到 RADical 方法充满了挑战。我也像那些必须在现有产品基础上推陈出新的公司一样，体会到了把握时机的重要性。我从应接不暇的结构化工作转向了极力推销 RADical 工作。我在会议上的演讲雷声大雨点小，花钱买我服务的人并不多。对于那些给我机会，让我用项目做实验的人，我永远心存感激。

4.7 耐克

我从结构化方法转向 RADical 方法的过程中还伴随着另一个重大突破，那就是我开始为俄勒冈州比弗顿的耐克公司工作。耐克是个充满活力的地方，处处都有运动员的影子，大楼都是以迈克尔·乔丹等知名运动员的名字命名的，会议室也是用运动员的名字命名的，只不过没那么知名。会议邀请上写的不是 C 座 13-002 室，而是迈克尔·乔丹楼皮特·马拉维奇（Pete Maravich）室。

我为耐克工作了好几年，期间主要专注于三个领域：落地第一个 RADical 项目，举办 RADical 开发和引导工作坊，还管理了一个大型的企业数据项目。这些工作提升了我对 RADical 实践的信心。

带我登山的朋友杰瑞·戈登当时去了耐克工作，是他把我引荐给了一位高级主管，让我向这位主管介绍 RADical 方法。当时有个部门的项目捅了娄子：光是编写需求文档就花了整整一年半的时间，文档写完就过时了。毫无进展的项目让部门副总裁非常恼火。耐克的随性风格名声在外，我对这次高管面试最大的担忧是该穿什么。回想起来，休闲商务装和红色耐克跑鞋真是绝配：高管看到了我的鞋子，我也通过了面试。

使用山姆和我开发的方法，我们采用一个月一迭代的节奏，半年就交付了一个可以工作的应用程序。有一项技术特别受 IT 人员的欢迎：我们通过团队会议（IT 和客户双方的人员都要参加）快速确定业务需求和软件功能。我们也用这种团队会议的形式进行回顾。最后，我举办了好多期这种联合应用开发（Joint Application Development，JAD）技术的工作坊，帮助耐克培养了一批引导工作坊的人才。

在耐克项目中出现了一个小插曲，暴露了迭代开发在不同的职能筒仓之间经常碰到的问题。第一次迭代结束后，我和负责该项目的数据库管理员（他参加过我主持的三天

RADical 工作坊）一起列出了第二次迭代要做的数据库变更。

“哦，这样不行，”他说，“你不懂。在数据库领域，数据库设计和实现必须一次做完。我们需要定义出全部实体和属性，然后一起实现。”

我回答说：“你还记得工作坊中我讲过，应用程序是一次一次迭代慢慢浮现出来的，而数据库设计也会不断地演进。”

“但是，”他反驳道，“我们部门不是这样做的。我以为迭代设计只是针对开发人员的。我们不能按你说的方式做。”

“好吧，”我回应道，“产品线副总裁要求这个项目按 RAD 的方式来做，因为之前的项目都做不下去了。我们一起去她办公室，你可以给她解释解释你们标准的工作方式。”

他沉默了一会，说：“也许我能想个办法，但就这一个项目，下不为例。”他说到做到了。

第一次迭代结束时，客户副总裁参加了为客户焦点小组举行的功能演示。看完可以工作的功能演示后，她站起来向小组成员表示感谢，最后还说：“这太棒了。我再也不会说 IT 的坏话了！”IT 团队简直不敢相信自己的耳朵。

软件开发生命周期中哪些部分可以迭代、哪些部分不能迭代的问题，从根柢时代后期一直争论到了敏捷时代初期。除了组织架构，串行的瀑布式方法在 IT 行业中的影响越来越大。行业也出现了和公司里一样的筒仓。宏大方法论专家参加软件工程研究所会议，传统开发人员参加软件开发会议，面向对象程序员参加面向对象编程会议，数据库设计人员参加数据库管理会议。每种会议都有自己的拥趸。数据库和软件开发两个群体之间的分歧最大，这一点斯科特·安布勒和肯·科利尔一定感同身受，他们多年来一直致力于让数据库群体接受敏捷方法。

我花了半年时间（每个星期都要往返盐湖城）帮耐克公司管理一个项目（这个项目里只有我不是耐克的员工）。我在这个项目里引入了协作和自组织团队的实践。这个企业架构项目涉及众多业务部门，我们需要决定如何与他们对接。团队想了一个办法，只讲当前系统的严重负面影响。我不喜欢这种方式，觉得这是在浪费时间，但团队很喜欢，于是我们就这样做了。事实证明我错了。在向业务经理解释问题的严重性时，这些分析发挥了关键作用，也促使他们同意了我们的建议。

我还目睹了传统的规范性任务计划和流动的适应性计划之间各种针尖对麦芒的反应。有一次员工会议上，一位团队负责人（同时也是重要的贡献者）很不习惯模糊不清的计划。

于是，我给他记下了一系列任务，并和团队成员进行了讨论。会后，另一位团队负责人说："我认为这不是我们的工作方式。""是的，"我回答道，"但我需要暂时给他一些具体的任务，让他别那么焦虑。"

我在如何做决策这件事上也学到了很多。有一次我们需要几位团队成员出差去组织焦点小组会议。我仔细斟酌之后就指派了三个人。他们还要出差去趟欧洲办事处，简直羡煞旁人。我认为这只是一个小决定，但团队并不同意。他们告诉我，他们不在意最后是谁去，但是在意应该由团队而不是我来做决定。决策权交给谁对建立自组织团队来说是一把双刃剑，有可能加速这个过程，也可能变成阻碍。现在回想起来，我发现谁来做决定很重要，而团队是不是愿意指出这个问题也同样重要。

我研究了项目管理的相关书籍和项目管理知识体系（Project Management Body of Knowledge，PMBoK），发现这些资料中很少提及决策实践。虽然我在《自适应软件开发》中多次提到决策，但更全面的总结还要看我的《敏捷项目管理》一书。

4.8 顾问训练营和杰瑞·温伯格

1990年代中期，我受林恩·尼克斯的邀请参加了顾问训练营。一年一度的训练营是在科罗拉多州山城克雷斯特德布特（Crested Butte，科罗拉多的野花之都）的诺迪克山庄（Nordic Lodge）举办的务虚会。杰瑞·温伯格是训练营的发起者（其他人参与了策划），每年夏天都会召集不同的人来讨论一些重要的话题，期间还会组织大家一起在山间进行长距离徒步。这是我第一次参加这种"自己动手，丰衣足食"的会议。这项活动和其他一些类似的会议是"开放空间"概念的早期案例。

第一天上午，大家聚集在一起各抒己见，先提出自己想讲的话题，再选出想听的话题并安排日程，然后报名。杰瑞总是会带着一些想法加入混战。这是我第一次接触自组织的会议形式。杰瑞在其中穿针引线，他的这种领导风格和我在自适应研究中发现的一模一样。2022年我和训练营的常客史蒂夫·史密斯（Steve Smith）进行了交流，他回顾了当时这种新颖的方式：

> 我完全不明白在做什么，这一点我很清楚。自组织对我来说真的很陌生。话题议程也一样，我想不到会发生什么。我也不清楚话题议程能带给我什么。杰瑞的影响力是大

师级别的。他只是顺其自然，不会强加任何想法。他偶尔也会逼大家做决定，但也许是必要的。这不好说。

很多参加训练营的人在杰瑞·温伯格和丹妮·温伯格（Dani Weinberg）创办的问题解决领导力（Problem Solving Leadership，PSL）工作坊做过学员，或者当过讲师。大家都对PSL赞不绝口，觉得PSL是一次精彩纷呈、创意满满的社会学习体验。史蒂夫说："他们真的能震撼你的三观。"我很早就把参加PSL放在了待办事项清单上，但不知道为什么，始终未能成行。

我和身材魁梧的史蒂夫·史密斯在艰难的徒步过程中寻找乐趣，滔滔不绝地讨论着当天的话题，我们都忘记了徒步更需要用嘴呼吸而不是讲话。史蒂夫和我一直保持着联系，他深度参与了我的第一本书。在训练营，我还认识了大卫·罗宾逊，二十年后我们合著了《EDGE：价值驱动的数字化转型》[1]（Highsmith et al.,2020）。还认识了Ⅲ（就读作英文的Three）。

每年夏天Ⅲ（这就是他的真名）都把他那辆1970年代迷幻风格的大众巴士（就是那种经常出没在伍德斯托克音乐节或是"火人"音乐节上的巴士）开到训练营。就算是在我们这样不拘一格的人群中，Ⅲ仍然是一个特立独行的反传统的人。他留着一头长发，从不拍照，我们猜这是他的精神信仰或乖张性格作祟。但Ⅲ并不社恐，他笑起来很爽朗，和他待在一起很好玩。有意思的是，生活上喜欢冒险的他在工作上却很传统。经历过结构化时代的他更关心人和人之间的互动，特别是引导技巧。他引导过项目小组会议，也教授过引导工作坊。他能很好地平衡喜欢冒险的生活方式和谨慎的工作方式。他的课堂上总是充满了有趣的练习游戏，让人大开眼界，他的行为举止也能激励学员以自己意想不到的方式参与其中。想象一下两种课堂，一种是像Ⅲ这样的嬉皮士风格的谦谦君子引导大家玩游戏，一种是西装笔挺的讲师一本正经地对着幻灯片上的要点口若悬河，你更愿意在哪种课堂上全心投入？

Ⅲ对他的项目启动流程特别执着，他把这个流程叫作"章程"（Chartering）——他找到了行之有效的方法并坚持了下来。我和Ⅲ合作过一个客户项目，记得当时我曾经努力尝试着做一些改变。Ⅲ则坚持己见，毫不退让。我已经记不得最后到底谁占了上风，但我想

[1] *EDGE: Value-Driven Digital Transformation*，机械工业出版社于2020年出版了中文版。——译者注

一定是Ⅲ吧。接下来的几年里，Ⅲ所参与的客户项目都要经过慎重选择，因为有些客户很难接受他的形象。但这是他们的损失。只要开始工作，客户就会喜欢上他，不再反感他的风格。

大家经常在训练营里争得面红耳赤。史蒂夫让我想起了曾经争论过的一个经典问题："爱，能不能度量？"工程师大多认为什么都可以度量。进化开发方法的创始人汤姆·吉尔布（Tom Gilb）和测试专家詹姆斯·巴赫（James Bach）在这个问题上针锋相对。汤姆坚持"爱"可以通过皮肤的电流反应来测量。詹姆斯对此不以为然，他的父亲是畅销书《海鸥乔纳森》[㊀㊁]（Bach，1970）的作者。汤姆很自负，詹姆斯不服输。大半个下午他们都在辩论，观众们进进出出，时不时掺和掺和。这是一场发生在训练营中的经典辩论，两位聪明绝顶、见解独到的大咖对决，谁也不让谁。发人深省，精彩纷呈！

用"全才"来形容杰瑞·温伯格再合适不过了。他的著作涉及软件开发和通用的系统理论，但他最擅长的还是对人和变革的理解。他和我是同行，他的思想和我们之间的友谊对我的职业发展大有裨益。参加训练营的詹姆斯·巴赫也是一位顾问，杰瑞 2018 年去世后他写下了一篇感人至深的悼文："杰瑞向我展示了如何做到真实而不刻薄，如何在谎言的世界里保持正直，如何自信地面对不确定性，如何辩证地向老师学习，如何从学生转变为同僚，如何在没有任何人支持的情况下发挥自己的能动性。"[㊂]

史蒂夫·史密斯也做了补充：

> 我从杰瑞那里学会了一件事：所有练习都要设置观察员，向小组报告他们在练习中观察到的情况。这很简单吧？旁观者清，站在局外人的角度讲出事实非常重要。但大多数人会掺杂他们的理解。即使我给出了极其具体的指示，大家还是会去解读。我想说的是，观察员的工作是记录你的所见所闻，而不是解读，就像法庭记录员一样。我的意思是，这肯定是一种普遍现象，因为这么多年来这种情况一再发生。即使有明确的指示，人们还是想要去解读。

杰瑞明白这些沟通模式不能停留在嘴上，还必须亲身实践，而他本人就是体验式练习

㊀《海鸥乔纳森》是一本现象级的畅销书，连续两年占据《纽约时报》畅销书排行榜榜首。这本书颂扬了个人的力量和找到方向的喜悦。难怪詹姆斯·巴赫坚持爱是无法度量的观点。

㊁ *Jonathan Livingston Seagull*，南海出版社于 2013 年出版了最新的中文版。——译者注

㊂ 詹姆斯·巴赫的网站 www.satisfice.com 可以找到这篇缅怀杰瑞的文章。

大师（例如，本章前面提到的纸牌屋游戏就是他的发明）。多年后，我参加的一次敏捷专家会议也出现了这样的解读问题。有人发现会议“记录员”记录的不是白板架上的“数据”而是他的解读。于是这位与会者要求由她来记录，只记录发言内容，不掺杂任何自己的理解。

杰瑞是一位多产的作家，他的作品主题包罗万象。我的书房里至今还摆着他的《程序开发心理学》[㊀]（Weinberg,1971）。他的《程序开发心理学》和《系统化思维导论》[㊁]（Weinberg,2001）都是经典。多塞特出版社重新出版了这两本书的“银年纪念版”。

杰瑞喜欢格言。他的格言是对复杂思想的精辟阐述，被表达成了一系列“定律”。例如：

- 双胞胎定律：“大部分时间，在世界上大多数地方，不管人们有多努力，都不会发生什么大事。”（就好比连着生出几对双胞胎的概率能有多高？）
- 五分钟法则：“客户总是知道怎么解决自己的问题，并且会在头五分钟里讲出来。”
- “如果软件没有必要运行，你总是可以让它满足任何其他需求。”
- “拥有高智商就像 CPU 拥有超快的运算速度。这是解决问题的一大法宝——前提是问题不涉及大量的输入或输出。”

杰瑞甚至还写了一本关于写作的书 *Weinberg on Writing*（Weinberg，2006）。我从这本书中学会了基本的写作方法。有的作者只要写好开头就可以一鼓作气写下去，我却怎么也学不会。于是我听从了杰瑞的写作建议：先写出片段，再把这些片段组织起来。杰瑞审阅了我的第一本书《自适应软件开发》，在内容组织上给了很好的建议。我按照他的建议做了大量修改，书的内容得到了很大改善。

在杰瑞的顾问营里，我找到了一群志同道合的新朋友，他们都是我成长的良师益友。在这里，我接触到了自组织团队和萨提亚变革模型（Satir model for change）[㊂]，这些都是我在与客户的合作中经常使用的方法。

4.9 从 RADical 到自适应

在从 RADical 到自适应（Adaptive）的转变中，我找到了明确的思维方式并开始运用。我

㊀ *Psychology of Computer Programming*，电子工业出版社于 2015 年出版了最新的中文版。——译者注

㊁ *An Introduction to General Systems Thinking*，人民邮电出版社于 2015 年出版了最新的中文版。——译者注

㊂ 该模型由家庭治疗师维吉尼亚·萨提亚（Virginia Satir）提出，通过转变人们的所见及自我表达的方式来帮助他们改进生活。——译者注

终于发现了RADical思维模式的框架：复杂自适应系统（Complex Adaptive System，CAS）理论。于是我将自己的方法标签从“RADical”改为“自适应”，加强了我在协作、自组织团队方面的思考。后来，我了解到其他签署“敏捷宣言”的人也采用了CAS理论。三条线索交织在一起，自适应软件开发应运而生。

- RADical软件开发方法论
- 协作
- CAS思维模式

在敏捷根柢时代，我们需要打破传统软件开发方法的束缚。我们可以制定计划，然后几乎分毫不差地执行；我们可以制定像算法一样精确的流程；我们可以预测未来；流程可以消除讨厌的变化；人是流程机器中的齿轮，这些传统思维模式再也行不通了。严格的流程工程方法告诫人们要通过更多的确定性来抵消不确定性，这就好像是面对肆虐的珠穆朗玛峰风暴叫它停下来一样无力。

1990年代初，科学家和管理先驱们对生物和组织如何进化、如何应对变化以及如何管理发展的看法发生了深刻的变化。科学家们关于化学反应临界点、鸟群飞行和蚁群行为的发现，给组织协作和变革带来了启示。

4.10 协作

瀑布式生命周期造就了职能型组织结构，并强调通过文档来连接各个职能。前面提到的STRADIS五天课程的故事说明了我对沟通错误的担忧，哪怕沟通用的是胜千言的图也无济于事。发生在1990年代中期的另外两件事进一步加剧了我的担忧。

一件发生在凤凰城的一家教育机构，在给他们做培训时，项目的系统架构师决定用UML图来文档化他的架构。他说需要两个月。我说：“行，给你两周时间。”两周之后他花了一小时给开发人员展示这些图，然后我问：“看着这些图你们就可以写代码了，对吧？”开发人员还是一脸茫然。还好，这位架构师会写代码。当他坐下来向开发人员展示如何正确地编写架构代码时，开发人员才回过神来。这位架构师还对只用两周时间来设计架构这件事颇有微词。项目经过四次迭代后，他又来找我：“我们不得不重新设计主要架构。但是，两个月前无论给我多少时间，我都想不出现在这样的架构。现在我终于理解了迭代方法，哪怕是架构，也需要迭代。”

另一件发生在东海岸的一家金融公司，他们的企业架构团队刚刚发布了架构标准文档。开发团队对这些文档的反应是“看不懂，别管了”。我问架构师：“你们都安排了哪些会议向开发人员解释这些文档的内容？”他们回答：“我们没时间解释文档内容，文档应该很好理解。”显然，并不是这样。

4.11 复杂自适应系统

> 我办公室的桌子上摆放着EEK。这是一个完全独立、封闭、有生命的生态系统。EEK 高约 13 厘米，里面生活着水藻、小虾和蜗牛，还有很多微小的细菌。这些碳基生命通过交换物质或是将光能转化为生物能量而繁衍生息。EEK 旁边的显示器上，数字生物森林中数字物质的交换也在悄然发生。这是硅基人造生命的海洋，它们生活、吞食、交配、生育、进化、死亡。真实的碳基生命和人造的硅基生命都不断地提醒着我，要以一种全新的方式来思考复杂系统。（Highsmith，1998）

CAS 理论的发现是我在从结构化发展到敏捷过程中的顿悟。软件开发早期关注的都是方法。思维模式肯定存在，却没有几个人愿意把它们阐述清楚。这一状况在敏捷根柢时代有了变化，因为人们渐渐理解了明确的“思维模式”对软件开发的意义和重要性。

事实上，这一时期对我影响更多的是科学家，并不是软件开发人员[⊖]。我已经想不起来是从哪里开始接触 CAS 理论的了，可能是布莱恩·阿瑟（Brian Arthur）1996 年发表在《哈佛商业评论》的文章，也可能是乔治·约翰逊（George Johnson）1996 年的 *Fire in the Mind*，这是我最喜欢几本书之一。随后我又读了其他一些文献，包括生物学家约翰·霍兰（John Holland）（1995）、诺贝尔物理学奖得主默里·盖尔曼（Murray Gell-Mann）（1995）、米切尔·瓦尔德罗普（Mitchell Waldrop）（1993）和玛格丽特·惠特利（Margaret Wheatly）（1992）的著作。

我开始意识到自适应软件开发方法要奏效，沟通和协作是其中至关重要的一环。于是我定下了这本书的副标题——“一种管理复杂系统的协作模式”，还把书名中的第一个单

⊖ 我心血来潮地统计了一下《自适应软件开发》中引用的参考文献数量：纯科学 19 篇，管理与领导力 38 篇，技术与软件开发 7 篇。

词从 RADical 改成了 Adaptive（自适应）。自适应软件开发的生命周期也变成了“预测—协作—学习”（如图 4.3 所示），而协作也成了《自适应软件开发》一书的重点。CAS 理论提供的是理论概念，顾问训练营和客户合作提供的则是这些概念的实际应用。

量子物理颠覆了我们对可预测性的认知，霍兰改变了我们对演进的看法，而 CAS 理论重塑了我们的思维。在这个瞬息万变的时代，我们需要更好的模型来感知周围的世界并做出回应。生物学家既要研究生态系统也要研究单个物种，企业高管和经理人同样也需要更深入地了解企业所处的全球经济和政治生态系统。

生物系统也好经济系统也罢，复杂自适应系统都是基于信息相互作用的主体的集合。这些主体的行动遵循简单的规则，随着时间的推移不断演化，最终往往会形成涌现的结果。一个组织集合（ensemble）包括了团队成员、客户、供应商、高管，还有其他一些参与者，他们之间相互影响。无论蚁群还是项目团队，主体的行动都是由一套内部规则驱动的，而一套简单的规则可以产生复杂的行为和结果。相比之下，复杂的规则往往会变得官僚。

迪伊·霍克（Dee Hock）为自适应组织专门创造了混序（chaordic）一词，形容这些组织在混沌（chaotic）与秩序（order）之间找到了平衡。这位前维萨（VISA）首席执行官对此做了精辟的概括：

> 简单、明确的目的和原则会产生复杂而明智的行为。复杂的规章制度会导致简单而愚蠢的行为。（Hock，1999）

深入研究 CAS 理论背后的科学基础后，接下来要回答的问题便是如何在软件开发中应用它。我在 CAS 理论和软件开发中找到了不少共鸣：

- 自适应
- 混沌边缘
- 适者出现
- 简单规则
- 涌现

自适应是一个混乱、焦虑、兴奋、繁盛、激烈、冗余的过程，就发生在混沌的边缘，但又不完全发生在那里。自适应组织会倾听他们的客户、供应商、员工以及竞争对手的反馈，了解周围的世界再做出响应，而不是遵照某些流程规则行事。面向控制的管理者痴迷于结构；协作型的管理者则醉心于连接，还有模棱两可的现实世界。

在随机性和结构性之间寻找混沌边缘的过程就是实现创新和学习的最好方式。连接和信息提供了在稳定与混沌这两个深渊之间游走的动力。肖纳·布朗（Shona Brown）和凯瑟琳·艾森哈特（Kathleen Eisenhardt）1998 年在《边缘竞争：混沌时代的竞争法则》㊀一书中写道："这背后的理论是，任何类型的系统（例如，蜂巢、企业、经济）处在过多结构和过少结构之间的混沌边缘时，它们都会'自组织'地产生复杂适应性行为。"如果结构太多，这些系统就会过于僵化，寸步难移。如果结构太少，这些系统又混乱得分崩离析。"八九不离十"是我对待严格结构的准则。

生物学家约翰·霍兰是《隐秩序：适应性造就复杂性》㊁一书的作者。他认为达尔文的适者生存（survival-of-the-fittest）理论不足以解释生命的复杂性。霍兰用垃圾场里刮起的一场龙卷风组装出了一架波音 747 来形容这种复杂度。他推测起作用的是另一个概念——适者出现（arrival-of-the-fittest）：主体（细胞、动物、人类）协作形成下一个更高层级的主体。联想到沟通无效的问题和适者出现的概念，我开始关注协作，并把它作为自适应开发的关键。

涌现是复杂自适应系统的一种特性，通过系统各部分的相互作用（自组织的主体行为）创造出某种更大的整体特性（系统行为）。虽然无法通过正常的因果关系预测涌现的结果，但只要营造出产生过类似结果的模式，我们就能有所期待。创造力和创新就是运作良好的敏捷团队涌现出来的结果。

4.12 《自适应软件开发》

出书一直是我的愿望，现在我已经具备了足够的背景和经验，可以开始考虑付诸行动了。和山姆、耐克和其他客户的合作让我积累了真实项目的经验。我一直在努力提高自己的写作技巧，包括参加了两期科学作家讲习班。讲习班在新墨西哥州圣达菲举办，由《纽约时报》作家乔治·约翰逊授课。乔治和圣达菲研究所关系密切，参加讲习班进一步加深

㊀ *Competing on the Edge*，机械工业出版社于 2023 年出版了最新的中文版。——译者注

㊁ *Hidden Order: How Adaptation Builds Complexity*，上海世纪出版集团于 2008 年出版了中文版。——译者注

了我对 CAS 和写作的理解。发表大量文章也提高了我的写作能力，虽然后来我才知道写文章与写书是两码事。

1990 年代中期我就开始了 *RADical Software Development* 一书的写作。在写作过程中，我总觉得少了点什么，于是留下了“第 3 章”的空白。后来我才发现原来我一直在寻找的东西正是 CAS 理论。

“复杂系统只有置身于混沌边缘才能兴旺。”

——迈克尔·克莱顿，《失落的世界》[1]，1995 年

自适应软件开发方法论有四大支柱：知识、实验、思维模式和类比。软件方法和方法论的知识让我能够尝试新方法并从中学习。知识降低了实验的风险。在真实世界中，可以用登山来做直观的类比，让新方法更容易被理解。CAS 概念则为思维模式的转变提供了恰到好处的类比。图 4.3 展示了 ASD 的自适应生命周期、三个主要组件（预测、协作和学习）以及这些组件中的主要步骤。

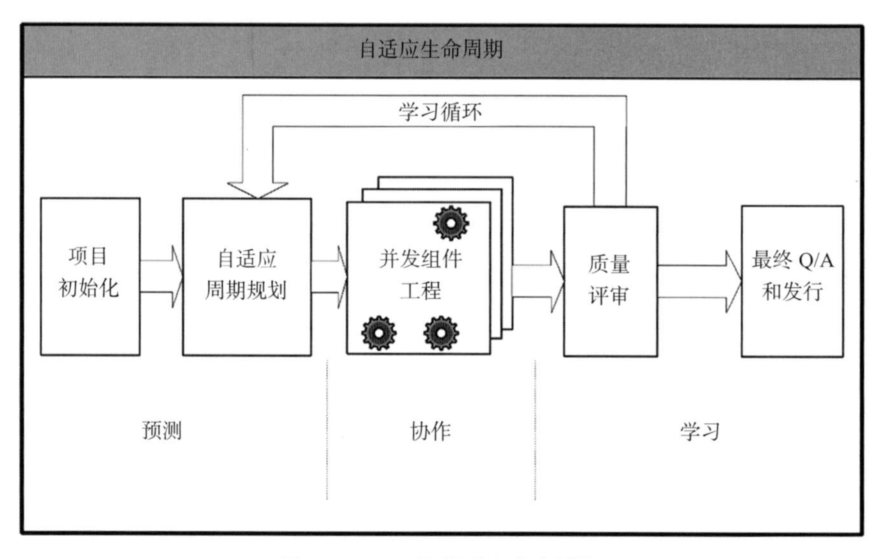

图 4.3 ASD 的自适应生命周期

《自适应软件开发》的成书过程可谓一波三折。一开始我把 CAS 理论的背景介绍全都放在第 3 章中。还好，杰瑞·温伯格看过之后觉得这一章全都是理论可能会让读者望而却步。我觉得他讲得对，于是重新组织了对理论的探讨，将其贯穿全书。这是一次大调整，还有

[1] *The Lost World*，文汇出版社于 2013 年出版了最新的中文版。——译者注

很多小调整，多到让我想放弃，甚至觉得这本书无法完成出版。最后，我意识到必须完成这本书，无论能不能出版。

我把书稿发给了纽约的多塞特出版社（Dorset House Publishing）。多塞特出版社规模不大，但出版了不少软件工程方面的精品书籍，还与我仰慕的几位业内知名人士合作过。多塞特出版社的总裁温迪·伊肯（Wendy Eakin）很想出版这本书，为我大开绿灯。1997年7月，我提交了第一份书稿。1999年圣诞节前，联邦快递的卡车送来了那一年我（和妻子）收到的最好的礼物（如图4.4所示）。

图4.4 《自适应软件开发》一书和Jolt大奖奖杯

如果可以，我想把吉姆·海史密斯的这本书送给大型系统开发涉及的每一个人：最终用户、经理、IT专业人员，尤其是IT项目经理！吉姆传递的信息虽然简单，但掷地有声：大型信息系统不一定要花费那么长的时间，不一定要花费那么高的成本，也不一定会失败。可惜，吉姆的话虽听起来简单，但大多数大型企业做起来很难。（摘自肯·奥尔为《自适应软件开发》撰写的前言）。

《自适应软件开发》赢得了2000年度最佳软件工程图书的Jolt大奖（震撼奖），实在是太令人激动了。我在以往的软件开发大会上曾亲眼看见Jolt获奖者领奖的场面，现在我也获得了同样的认可，这是对我极大的肯定。

我一直在努力把内容写得丰富多彩，让人享受阅读的过程。我使用了客户故事、对话、类比、随性轻松的描写和访谈等叙述手法。《自适应软件开发》使用了复杂系统和登山的类比：两者都需要冒险精神。

1980年代我曾徒步前往北卡斯卡特山脉登山。1990年代我住在盐湖城，那里的每一处峡谷都有攀岩峭壁，于是我爱上了攀岩。为什么要登山？攀登者的回答就挂在嘴边“因为山就在那里”。而我的答案有很多：

- 振奋人心
- 好玩
- 亲近自然（远离工作）
- 全神贯注
- 激发自适应

为什么把开发软件比作登山？主要还是因为这两者都是我的爱好。但还有三个关键因素：技能、风险和思维模式。登山需要掌握各种技能。在攀登过程中，你需要运用攀岩和攀冰技术：固定保护装置、操作绳索、预测天气、规划路线等。你还需要掌握评估和减轻风险的技能：知道什么时候该进，什么时候该退，认识到以你的技术水平什么时候该上什么时候不该上。这些只有经历过真正的攀登，感受过山峰、地形、天气和体力，才能学会。看得再多，想得再多也无法取代经验。最后，你还需要一种自适应的思维模式。你的攀登目标明确，但路径可能随时改变。时间和地形是约束你的条件。你必须在微观层面（周围的环境）和宏观层面（是否撤退的整体评估）不断进行调整。以确定性的思维模式去挑战高山肯定会伤到自己，甚至导致更坏的结果。

技能、风险和思维模式这三个因素同样适用于软件开发人员和组织文化。我不是建议你立刻出发去登山，而是建议你找到一项能够激发冒险精神的活动。

1999年，我的《自适应软件开发》即将出版，我也想参加一些有意思的会议，最后我找到了卡特咨询公司的年度峰会。峰会的主题和演讲嘉宾都吸引了我，我崇拜的埃德·尤尔登、汤姆·德马科、蒂姆·利斯特和肯·奥尔都赫然在列。卡特咨询公司发表过几篇我的文章，因此我给埃德·尤尔登发了封电子邮件，说明了我想在会议上发言的原因。埃德回复我，演讲嘉宾名额已经满了，但给了我一个讨论小组的名额。这是我职业生涯的另一个转折点。

峰会前一天晚上，所有演讲嘉宾、组织者和小组成员全部都参加了晚宴。晚宴通常在卡特咨询公司首席执行官卡伦·科本（Karen Coburn）家里举行。在这种随性轻松的氛围里，大家流连于各个角落，相谈甚欢，最后我坐到了卡特咨询公司营销副总裁安妮·穆莱尼（Anne Mullaney）的身边。我们聊起了IT行业的方方面面，我提到我有一本书即将出版，也很喜欢写作。这是一种罕见的星体排列，就像是复杂性中的奇怪吸引子。埃德·尤尔登之前一直在为卡特咨询公司撰写软件开发研究月报，现在他想迎接新的挑战了。安妮问我有没有兴趣接替他继续撰写这份报告。

我欣然应允，开始了第一份每月都要按时交稿的写作工作。这是一份16页的报告，涉及软件开发，我每月确定一个主题进行研究，起草报告并与编辑一起完善，这样卡特咨询公司就能按月将报告邮寄出去。一开始的报告标题是“应用程序开发战略”，后来改成了“电子商务应用程序开发”。这是一次很好玩的学习经历，既焦虑又惶恐。在两年（1998年—2000年）的时间里，我写了关于外包、分布式团队管理、应用服务器和知识管理等不同主题的文章。我作为新闻界的一分子参加了各种会议，有机会接触到了一些之前不可能有交集的人。我在卡特咨询公司工作了十年。

4.13 敏捷根柢时代拾遗[㊀]

1990年代中期，我发现自己并不孤单。我读到了肯·施瓦布和杰夫·萨瑟兰1995年发表的早期Scrum论文“Scrum Development Process”。杰夫和肯的文章又是受了1986年《哈佛商业评论》上的另一篇文章启发，这篇文章就是竹内弘高（Hirotaka Takeuchi）和野中郁次郎（Ikujiro Nonaka）的“新的新产品开发游戏”[㊁]（你没看错，标题里有两个“新”字）。

1990年代初还出现了“敏捷制造”协会。我没有深入研究它，只是说明“敏捷”一词并不是软件社区第一个使用的。

杰夫·德卢卡（Jeff DeLuca）总结了特性驱动开发（Feature-Driven Development，FDD），一部分原因是他1997年参与了新加坡一家大型银行的软件开发项目。这个项目为期一年零

㊀ 更多和敏捷方法论相关的信息请参阅《敏捷软件开发生态系统》（2002）一书。该书是我对敏捷的总结。

㊁ “New New Product Development Game”，中文版可以在https://www.uperform.cn/the-new-new-product-development-game-chinese/找到。——译者注

三个月，团队有 50 人。杰夫是澳大利亚人，多年来一直在使用精简、轻量的流程框架。彼得·科德（Peter Coad）则一直在倡导一种细粒度、面向特性的开发框架，却没有和任何特定的流程模型绑定。杰夫和彼得的框架通过这个项目汇聚在一起，形成了特性驱动开发方法。我和杰夫聊过很多次 FDD 和这个新加坡的项目。

1999 年秋天，我和肯特·贝克交换了书稿：我的《自适应软件开发》和他的《解析极限编程》[一]。我们一见如故，肯特邀请我参加在俄勒冈州罗格河举行的 XP 会议，这是敏捷宣言会议的前身。这为接下来的十年开了个好头，既结识了新朋友，又发起了敏捷运动。

1990 年代早期到中期产生的 DSDM 方法（Dynamic Systems Development Method，动态系统开发方法）是规范化的 RAD 实践。DSDM 是另一种“专业”的 RAD 方法。这种方法起源于英国，流行于欧洲，但在美国应用并不广泛。在许多公司，DSDM 方法都被证明是可行的。

随着 DSDM 的发展，DSDM 代表的单词含义也发生了变化，最后 DSDM 协会决定只使用 DSDM 这四个字母的缩写，不解释它们的含义。根据我和戴恩·福克纳（Dane Falkner）[二]的交流，一开始第一个字母“D”代表的是“Dynamic”（动态），体现了适应即时变化的能力，而“S”代表“Sulotion”，体现了对业务“解决方案”的关注。撰写“敏捷宣言”时，DSDM 协会主席成员阿里·范·本尼库姆（Arie van Bennekum）描绘了 DSDM。

我是后来才听说阿利斯泰尔·科伯恩的“水晶”（Crystal）方法，但他的想法和精益开发（Lean Development）的想法一样，都是在敏捷根柢这十年提出来的。还有一些个人和团队也在以轻量级（敏捷的早期称谓）的方式工作，但没有引起多少关注。

在 1997 年的软件开发大会（由 *Software Development* 杂志组织）上，我认识了新西兰惠灵顿的软件教育公司（Software Education）CEO 马汀·琼斯（Martyn Jones）。马汀邀请我在 1997 年秋季的软件大会上发表主题演讲。我和他以及他的员工合作得很愉快，这次访问开启了我下一个十年在新西兰和澳大利亚的旅程。在那里，我和软件教育公司的客户合作，在会议上发表了演讲。马汀是“南半球”敏捷方法的早期推广者，至今我们仍是同行和朋友。在 1997 年的这次大会上，我还认识了马丁·福勒。这次偶遇给敏捷运动带来了超

[一] *eXtreme Programming Explained*，机械工业出版社于 2011 年出版了本书第二版最新的中文版。——译者注

[二] 戴恩·福克纳当时（2001 年）担任北美 DSDM 协会主席，也是 Surgeworks 公司的总裁。Surgeworks 是一家提供 DSDM 培训和咨询服务的美国公司。

出想象的影响。马汀·琼斯、马丁·福勒、史蒂夫·麦康奈尔（Steve McConnell）和我一起出现在了 2002 年的软件教育大会上。

4.14 时代观察

1990 年代，软件开发的方法和方法论仍然是确定和规范的，但 RAD 和迭代开发悄然兴起，尤其是在快速发展的互联网应用领域。业务和 IT 虽然仍被串行的瀑布式组织结构所主导，但也在不断尝试让人兴奋的新团队结构。人们的思维模式也在慢慢改变，从把自己当成机器上的齿轮向有机的、自我组织的团队变化。敏捷运动的种子已经生根发芽。

把人当成流程机器上的齿轮，这是宏大方法论背后的思维模式。2001 年发表在 *Computerworld* 上的一篇文章（Anthes，2001，现在网上已经无法找到原文）就是佐证。这篇文章涉及德意志银行（Deutsche Bank AG）子公司——德意志软件印度公司（Deutsche Software India）的 CEO 阿舒托什·古普塔（Ashutosh Gupta）。虽然文中的这段话 2001 年才发表，但这正是 1990 年代敏捷专家所批判的文化。

> “有一种说法认为，软件开发是一种创造性的工作，在很大程度上依赖于个人的努力，”古普塔坐在自己装着空调的办公室里说，办公室楼下就是川流不息的圣雄甘地路。“事实并非如此。一旦完成了最初的项目定义和规格说明阶段，剩下的就是非常劳动密集型的机械工作。”（Anthes，2001）

敏捷根柢时代还流行着一句话：打造“软件工厂”。这句话是传统软件开发方法的缩影：确定不变、人就是机器上的齿轮、森严的等级。这些在充满活力、不确定、快速发展、技术爆炸的 21 世纪初玩不转了。这正是敏捷时代想要改变的。

每当你提出一些全新的见解时，你都需要找一个陪衬，一个可以挑战的风车。对于早期的敏捷专家来说，瀑布式生命周期和宏大方法论就是他们的靶子，他们在文章和书籍中对其大加抨击。记得在一次会议上，我因为说了一些 CMM 的坏话而遭到批评。只听敏捷专家的言论，你可能会得出结构化方法和里程碑式方法一点用都没有的结论，但这不对。我曾在这个时代和纯开发人员的团队共事，我知道这个时代的我们仍然能够交付巨大的价值。虽然系统的交付速度可能不够快，也没有被证明足够有用，更没有像设想的那样易于维护，但实践者们无疑为即将到来的两个时代奠定了基础。

推销新思想必须吹捧新思想的优点，暴露旧思想的短板。结构化方法论的拥趸抨击缺失结构的问题。敏捷专家抨击过度的结构化。看板方法的支持者又抨击敏捷冲刺。

敏捷先驱需要冒险精神，他们追求新的体验和思想，愿意在实验中学习。当不在计划当中的意外出现时，冒险精神会带来创新，让人勇闯未知领域。肯特·贝克激发一代程序员进入未知的极限编程领域。他敢于冒险，直面批评，坚持不懈。杰夫·萨瑟兰和肯·施瓦布敢于突破自己宏大方法论的业务，拥护一种不确定的经验主义方法，还给这种方法起了一个奇怪的名字：Scrum㊀。他们和其他敏捷专家都不满足于现状，努力去关注组织内外的客户。敏捷专家跳出软件开发领域，把复杂自适应系统这个外来的科学作为概念基础，帮助他们解释这些奇奇怪怪的方法，这一点儿也不奇怪。

“哪有确定的事，唯有冒险一试。”

——罗伯托·阿萨鸠里，意大利精神病学家、人本主义和超个人心理学先驱

回顾过去，1990 年代对于技术发展和软件开发来说都是关键的几年。随着计算机和网络技术的不断进步，开发人员必须转型才能跟上这些重大变化。埃里克·里斯（Eric Ries）在他具有开创意义的著作《精益创业》㊁（2011）中将转型（pivot）定义为“在不改变愿景的情况下调整战略”。转型是一种在出现问题时必要的适应性战略，不是一般的小问题，而是严重的大问题。“出问题”（go wrong）会损害利益和自尊，这时转型更加困难。但是，优秀的企业家和冒险家会学着转型并继续前进，1990 年代需要很多这样的转型者。

在结束敏捷根柢时代的回顾之前，我一定要再次感谢汤姆·德马科、肯·奥尔、拉里·康斯坦丁、杰瑞·温伯格和埃德·尤尔登。他们是软件工程和结构化方法的先驱和杰出代表，他们并没有像你可能会以为的那样抵制带来敏捷革命的新方法、新方法论和新思维。他们通过各种各样的方式支持和鼓励我。肯最初对敏捷开发持怀疑态度，指出了 RAD 存在的问题，但我们进行了多次很有价值的交流。他还为我的第一本书《自适应软件开发》撰写了精彩的序言。汤姆积极响应敏捷运动，并为我的第二本书《敏捷软件开发生态系统》㊂撰写了序言。拉里找到我，给了我 RAD 的工作机会。我为埃德的 *American Programmer* 杂

㊀ 橄榄球爱好者除外。

㊁ *The Lean Startup*，中信出版社于 2012 年出版了中文版。——译者注

㊂ *Agile Software Development Ecosystems*，本书中文版由机械工业出版社于 2004 年出版。——译者注

志和拉里的 *Software Development* 杂志管理论坛撰写了多篇文章。埃德鼓励我参加了卡特咨询公司的年度大会，并撰写了一篇关于极限编程的推荐文章（Yourdon, 2001），2001 年 7 月发表在当时颇具影响力的报纸 *Computerworld* 上。最后，杰瑞让我了解到了协作的自组织团队，并给我的《自适应软件开发》提了很多建议，对此我非常感激。

敏捷的种子在 1990 年代初种下，1990 年代末破土而出，2001 年 2 月在“敏捷宣言”发表后绽放出绚丽的花朵。但是，种子只有先在土壤里生根并破土而出，才能开花。

5

第 5 章

敏捷时代

（2001 年至今）

一时的潮流会带来短暂的喜悦，但往往昙花一现。而一种趋势则指明了方向，解决了问题，并随着时间的推移而不断壮大。趋势最终可能会消退，但它具有更长久的生命力。

“趋势满足了人类的不同需求。它会随着时间的推移而获得力量，因为它不仅仅是某一时刻的一部分，它还是一种工具，一种连接器，当其他人致力于参与其中时，它就会变得更有价值。”

——塞斯・戈丁（Seth Godin），2015 年 8 月 21 日

经过 20 多年的发展，敏捷方法、方法论以及思维方式已在全球范围内得到了认可和应用。它似乎已成为一种稳固的趋势，而不是短暂的潮流。在刚刚进入 21 世纪时，团队已经开始使用类似敏捷的方法来创造巨大的业务价值，正如我在天宝导航（Trimble Navigation）发现的那样。

永远不要浪费时间，并且准备好为坚持这一原则而战斗——这是迈克尔・奥康纳（Michael O'Connor）的感言，迈克尔是位于新西兰克赖斯特彻奇的天宝导航勘测控制器团队的项目经理。迈克尔再一次证明，简约并不简单，这是他那套玩世不恭的软件开发方法的基石。

在保持公司方法论简单有效的内部战斗中，迈克尔很有先见之明。企业规范一直都在增加一些不需要的制度。本章首先描述了企业在 21 世纪面临的挑战，然后扩展了天宝导航的故事，说明敏捷运动是如何应对这些挑战的。我与马丁・福勒讨论了敏捷开发（当时指的是轻量级方法论）背后的发展动力，然后讲述了“敏捷宣言”诞生的故事。此后，新的组织

和会议如雨后春笋，为这一运动提供支持。我会先简单介绍三种敏捷方法论，然后再指出敏捷时代的三个不同时期。

5.1 新的挑战

21世纪伊始，变革不断加剧。世贸中心和五角大楼的恐怖袭击震撼了世界，并引发了伊拉克战争和长达二十年的阿富汗驻军。在美国，共和党人乔治·W.布什接替民主党人比尔·克林顿出任总统，随后又由民主党人巴拉克·奥巴马接任。安然丑闻震动了金融界，安达信会计师事务所因此倒闭，并促成了《萨班斯–奥克斯利法案》的通过。从奥巴马上任前开始，到他的第一个任期结束，全球经济出现了大衰退。流行音乐新星有格温·史蒂芬妮和碧昂斯。21世纪的第二个十年和第三个十年之初，又爆发了新冠疫情和俄乌冲突。不管是个人、组织，还是国家都对这些事件造成的经济和社会影响忧心忡忡。

21世纪头20年，可预测性从Cynefin框架中的混乱走向近乎无序。互联网推动的变革将继续高速进行，技术也将再次飞速发展，疫情将以不确定的方式扰乱经济和个人，气候的加速变化给整个世界蒙上了一层阴影。

> 21世纪已经过去了20年，“隧道尽头的光芒是一列疾驰而来的火车”这一古老的隐喻已经不足以令人生畏。今天，我们面对的是多列狂奔的列车，车头发射的灯光有强有弱，有的甚至暗到看也看不见。

2003年，尼古拉斯·卡尔（Nicolas Carr）在《哈佛商业评论》上发表了一篇题为“IT Doesn't Matter”的文章[⊖]，引起了很大争议，也造成了很大误解。在这篇文章中，卡尔认为信息技术已经成为一种商品，因此无法为可持续的竞争优势做出贡献。值得注意的是，这篇文章强调把降低成本作为商品成功的必经之路。

十年后，哥伦比亚大学商学院教授丽塔·麦格拉斯写道，在当今快节奏、不确定的世界里，可持续的竞争优势本身已不复存在，取而代之的是短暂的竞争优势，快速学习和适应才是成功的门票。在卡尔的世界里，信息技术应受成本因素的制约。而在麦格拉斯的世界里，IT的驱动力应该是响应能力和客户价值。难怪IT管理人员会感到困惑。这两位著名

⊖ 为了更加详细、全面地阐释自己的观点，卡尔在该文章的基础上加以充实完善，推出了《冷眼看IT》一书。——译者注

的管理学教授对信息技术的未来提出了截然相反的观点。

在动荡的商业世界中，IT 组织面临着五大严峻挑战。

第一，客户需求激增。互联网带来的机遇和害怕落后的恐惧，使企业面临的压力加倍，必须迅速开发出面向客户的创新应用程序。事实证明，要获得并留住技术人才十分困难。

第二，随着应用程序从内部业务流程自动化过渡到满足外部客户需求，公司必须进行创新，并扩展其技术和产品设计能力。用户界面设计师、产品负责人、数据科学家和体验设计师等新的专业人员需要新的投资。这些能力部分已经被互联网公司采纳，但对于 IT 组织来说，大多数能力都是全新的。

第三，在 1990 年代中后期，每个组织都不得不在软件维护方面投入大量资源，以应对令人担忧的千年虫“技术债”。由于许多遗留系统使用两位数的日期字段，人们担心当 1999 年 12 月 31 日滚动到 2000 年 1 月 1 日时，会出现混乱。老公司花费了数亿美元来解决这些遗留系统问题，而新的互联网公司却没有这样昂贵的负担。

第四，技术债（见第 7 章）一直在快速增长，但除了千年虫外，企业高管仍然对技术债视而不见。IT 人员很难说服领导进行投资，去偿还技术债，从而实现持续的价值交付。

第五，IT 组织面临着高成本的压力。“统统搬到印度去”的战略和对千年虫问题的投资，这些 1990 年代的挑战使得许多公司没有足够的资金或人才来应对 21 世纪的压力。千年虫问题不仅代价高昂，而且这些投资都花在了拥有旧技术（如 COBOL、汇编、Fortran）的人身上，而不是互联网时代所需的新技能。

尼古拉斯·卡尔的文章（Nicolas Carr，2003）中描述的以成本为中心的方法对这些趋势起到了推波助澜的作用。就在企业努力应对这五大挑战的时候，许多 CEO 都推崇备至的《哈佛商业评论》则发表了一篇文章，宣称 IT 并不重要。这篇文章发表后，有多少 CIO 费尽心思向 CEO 和 CFO 解释他们的投资预算请求。宏大方法论已经无法解决这些问题，敏捷方法应运而生。

5.2 马丁·福勒

2022 年夏，我采访了马丁·福勒，了解他对敏捷运动的看法。马丁和我于 1997 年在新西兰初次见面，在之后的二十年里，我们的人生轨迹不断交汇，包括在 Thoughtworks 任职的共同时光。

你还记得我们在新西兰的第一次见面吗?

当然，我去听了您老人家的演讲，本以为会听到结构化方法和传统开发方式。你的演讲让我坐直了身子，我在想，这家伙了解迭代、协作的方法，并且通过复杂性理论来为他的方法提供概念基础。

你为什么觉得敏捷概念会流行起来?

我认为，沃德的 Wiki[㊀]是一个重要因素，它带来了大量关于极限编程（Extreme Programming，XP）细节的分享。沃德本来打算在 Wiki 上讨论模式，却被 XP 喧宾夺主。讨论 XP 确实是一个触发点。

1997 年—1998 年间，我开始为 *Distributed Computing* 杂志撰写有关这些概念的文章。文章包括“Keep Software Soft”和“The Almighty Thud”[㊁㊂]。

XP 的故事是由发生在克莱斯勒的故事发展而来的，这成了谈话的真正触发点。我自己当然也写过类似的文章。

我做的另一件事可能不那么明显，但可能产生了一些影响，那就是《UML 精粹》一书（Fowler，1999；第一版，1997）非常受欢迎，因为 UML 在当时举足轻重。第 2 章是我特意写的，从根本上颠覆了重量级方法论运动，并谈到了跟 XP 类似的轻量级方法论。我不记得是否提到了 XP 的名字，但肯定是朝着这个方向努力的，因为我想让人们远离宏大方法论。

有点意思，1980 年代的结构化图表被融入了宏大方法论，而你想做的，如果我没理解错的话，是要用 UML 来阻止这一切。

是的，我向人们介绍了一种思维方式，以及一些早期的关于迭代风格的方法论书籍。比如肯尼·鲁宾（Kenny Rubin）的书，或者格雷迪·布赫（Grady Booch）（1995）的《面向对象项目的解决方案》[㊃]（*Object Solutions*）。我还提到肯特·贝克正在写一本关于项目经理模式的书，这应该是一本很好的资料。

㊀ 沃德·坎宁安（Ward Cunningham）发明了维基，他和肯特·贝克还有罗恩·杰弗里斯（Ron Jeffries）是 XP 的三位早期推广者。

㊁ 这两篇文章都可以在马丁的网站上找到（martinfowler.com）。

㊂ The Almighty Thud 是指快递员把厚厚的文档包裹扔到门外所发出的砰的一声，原文地址为 https://www.martinfowler.com/distributedComputing/thud.html。——译者注

㊃ 机械工业出版社于 2003 年出版了该书中文版。——译者注

当时还有哪些书籍？

需要注意的一点是，这些书籍虽然在推动迭代风格的发展，但并不像 XP 那样咄咄逼人。这些书给人的感觉是，可以每隔几个月迭代一次，也许六个月的迭代在当时看来就很不得了了。而肯特提出的迭代则是一个月，甚至两周。我认为他还有一个真正的贡献，就是提出了设计是可以演进的，只要你有好的测试以及演进设计的好方法，也就是重构。

Smalltalk 产生了哪些影响？

你可以用 Smalltalk 以模块化、结构化的方式进行快速开发，并不断演进。Smalltalk 的快速开发能力为当时的人们带来了许多可能，这些是无法通过其他方式实现的。人们对短期迭代的关注很大程度上源于使用 Smalltalk 的经验。

正如马丁所说，敏捷的种子来自不同的地方和不同的人。软件开发人员来自不同的领域，他们或多或少都能接受敏捷的理念。本章稍后将介绍托德·利特尔对敏捷开发的不懈推动，他补充了自己对这一问题的看法：

> 我特别喜欢敏捷前的日子，因为我也走过类似的道路。我是 1979 年下半年在休斯敦的埃克森生产研究公司开始的职业生涯。虽然有很多相似之处，但工程软件与业务系统还是有些不同的。我们都是化学和石油工程师，从来没有业务和 IT 之间的鸿沟。我们也曾经历蛮荒时代，但回顾职业生涯，我避开了大型方法论，虽然我知道它们那时很流行。CMM 很吸引人，但它不符合我的工程背景和软件开发方式。我认为我所经历的，更像是一条从蛮荒之间进入敏捷的稳步演进之路。

我在天宝导航的工作进一步指出了使用非传统方法进行软件开发的优缺点[1]。

5.3 天宝导航[2]

2000 年 8 月，我在一次新西兰之行中为天宝导航提供了自适应开发相关的咨询和工作坊。天宝公司将全球定位系统（Global Positioning System，GPS）技术应用于多种产品，包括土地测量和建筑行业设备。其手持勘测控制器装置采用专有操作系统，是多种产品的核心部件。

---

[1] 格伦·阿勒曼（Glen Alleman）在大型、关键任务航天系统方面有着丰富的经验，在一次早间咖啡会议上，他提醒我航天系统开发早就使用了迭代和增量开发。由于没有亲身经历，我还没有深入研究这些系统。我希望有人能写下这段历史。

[2] 这里介绍的天宝导航故事是基于我 2002 年出版的《敏捷软件开发生态系统》中的内容修改而来。

这次与天宝的合作发生在2001年敏捷宣言会议之前。我当时仍在验证我的方法，我认为从天宝员工那里学到的东西和他们从我这里学到的一样多。他们已经在做的事情再次证实了我所倡导的方法在实践中是行之有效的。我们的交流也让他们确信，他们并不孤单，其他人也在追求类似的方法。

他们组织团队的方式令我着迷。迈克尔说："我们不会围绕每个项目组建一个新的团队，而是建立团队，然后把工作丢给他们。"真是一个不错的理念——将工作良好的团队保持在一起，而不是不断地重组。如果不断重组，团队这个词本身就失去了意义。

勘测控制器产品团队没有使用现成的方法论。迈克尔说："我们以'编码加修复'为基础，听取大量的用户意见，然后根据各种优秀工程的理念慢慢调整，但同时也严格关注'什么是真正有效的'。基本上来说，我们会针对当前情况创建一个流程并加以应用。"天宝的流程包括特性驱动、按时间盒（周期）交付（其中客户的主要价值是交付进度）。特性可以按需权衡和调整，而成本则不那么重要。

迈克尔将团队的工作流程定义为"极限"轻量。轻量意味着没有书面的设计文档。"我们以前倾向于编写书面的需求和规范，但目前正在减少书面材料的数量。轻量意味着接受我们无法确定和控制每一项细小任务的事实。轻量意味着不会提交太多的状态报告。我们倾向于只是尝试，不需要锱铢必较。轻量意味着我们在估算上花费的时间很少。"

迈克尔说："我们发现，我们花了很多时间去抵制别人关于好实践的想法。"团队的改进过程是持续的小改动，主要是做减法。

该团队制定了一套原则和价值观来定义他们的软件"文化"。他们用了一个有趣的过程，构建了这些文化并记录了下来。除了前面提到的"永远不做浪费时间的事"这一原则外，他们的文化指南还包括：

- 正统观念几乎总是错的，即使是对的，也必须因地制宜地调整。
- 在代码上做文章。除了代码之外什么都不要想（也许还有测试用例）。代码最重要的特质是可读性。
- 流程必须围绕人来安排，而不是围绕流程来安排人。
- 持续做计划，但不要把计划写下来。（实际上，团队确实经常使用白板。）
- 简单就好。把事情简化需要高超的技巧。

"项目非常成功，因为我们基本按时实现了所需的功能。"迈克尔说，"产品相对来说没有缺陷，产品负责人对我们非常满意。”

然而，天宝的其他开发团队对迈克尔的轻量流程并不感兴趣。“对其他团队来说，我们太激进了。”迈克尔感叹道。在其他团队看来，勘测控制器团队完全没有任何方法，他们看不到这一套聚焦于本质的轻量级方法。这在当时是很典型的情况，因为轻量级方法被反对者贴上了“临时”的标签。

5.4 敏捷宣言

敏捷驱动着未来，近年来的文献（2018年—2022年），无论是《哈佛商业评论》《福布斯》杂志，还是《麻省理工学院斯隆管理评论》《麦肯锡洞见》，都有越来越多的文章倡导IT和企业敏捷的必要性。但2001年的情况却不可同日而语。对敏捷的热情始于管理社区的少数领导者，以及敏捷软件先驱者发表的“敏捷宣言”。到2000年，敏捷开发的根基已经足够稳固，足以支撑其发展。我们从事这些实践的人开始了解到其他专家的“轻型”方法论，于是将各自所做的事情进行融合和协作的热情也逐渐高涨。肯特·贝克在俄勒冈州组织召开了第一次会议。随后，在犹他州举行了著名的雪鸟会议，向全世界宣布了这一运动。

最终，敏捷软件运动推动了软件开发的变革。最初的敏捷涓涓细流汇聚成溪，而后是江河，最后终成无法阻挡的大潮。

2001年2月11日—13日，在犹他州瓦萨奇山脉小棉林峡谷山顶附近的雪鸟度假村，17人[1]齐聚一堂，讨论、滑雪、放松，并试图达成共识[2]。会议诞生了“敏捷宣言”。极限编程、Scrum、DSDM、自适应软件开发、水晶方法、特性驱动开发、实效编程（pragmatic programming）的代表，以及其他一些认为有必要替代文档驱动、里程碑式软件开发流程的智识之士召开了本次会议。小棉林峡谷有着一流的休闲攀岩和“香槟”粉雪滑雪场。雪鸟悬崖小屋酒店（Cliff Lodge）本身就有一面35米高的攀岩墙，世界上一些最优秀的攀岩选

[1] 17人全部为男性。我们因缺乏多样性而饱受指责，这个错误我们得承认。这17人分别是：肯特·贝克、迈克·比德尔（Mike Beedle）、阿里·范·本尼库姆（Arie van Bennekum）、阿利斯泰尔·科伯恩（Alistair Cockburn）、沃德·坎宁安、马丁·福勒、詹姆斯·格伦宁（James Grenning）、吉姆·海史密斯、安德鲁·亨特（Andrew Hunt）、罗恩·杰弗里斯、乔恩·科恩（Jon Kern）、布莱恩·马里克（Brian Marick）、罗伯特·C. 马丁（Robert C. Martin）、史蒂夫·梅勒（Steve Mellor）、肯·施瓦布（Ken Schwaber）、杰夫·萨瑟兰（Jeff Sutherland）、戴夫·托马斯（Dave Thomas）。

[2] 我所撰写的敏捷宣言的历史发表在敏捷宣言网站上，本节内容在此基础上进行了编辑。

手曾在此角逐。

2000年春天，肯特·贝克在俄勒冈州的罗格河度假村（Rogue River Lodge）组织了一次由XP支持者和一些像我这样的“局外人”[㊀]参加的聚会，雪鸟会议就是在这次聚会的基础上发展起来的。在罗格河会议上，与会者表达了对各种“轻型”方法论的支持，但没有任何正式的行动。这次会议让我结识了XP的推动者和权威人士。2000年间，有文章提到了XP、适应性软件开发、水晶方法和Scrum等“轻型”或“轻量级”流程。在交谈过程中，没人真正喜欢“轻型”（Light）这个代号，但它却暂时保留了下来。

2000年9月，鲍勃·马丁“大叔”通过一封电子邮件启动了下一步：“我打算在2001年1月—2月期间在芝加哥召开一次小型会议（为期两天）。目的是把所有‘轻型’方法的领导者聚集在一个房间里。现邀请你们所有人参加，并告诉我还应该邀请谁。”鲍勃建立了一个Wiki网站，并展开了激烈的讨论。

早些时候，阿利斯泰尔·科伯恩曾在一封邮件中指出了人们对轻型一词的普遍不满：

我不介意将方法论称为“轻量级”（Light in weight），但我不确定自己是否愿意以一个“轻量级”（lightweight）的身份，去参加一个“轻量级”的方法论专家会议。这听起来就像一群骨瘦如柴、意识不清、无足轻重的人在努力回忆今天是什么日子。我们希望敏捷联盟的工作能够帮助其他业内人士以新的方式去思考软件开发、方法论和组织。如果是这样的话，我们的目标就达到了。

很难找到比这更大规模的冒险者和特立独行者的聚会了。2001年的回忆产生了一个标志性的结果，即由所有与会者共同签署的“敏捷宣言”。我们称自己为敏捷联盟。

阿利斯泰尔·科伯恩最初的担忧反映了许多参会者的想法：“我个人并不指望这群敏捷专家能就任何实质性问题达成一致。”但他同时也分享了会后的感想：“就我个人而言，我对（‘宣言’的）最终措辞感到高兴。也就是说，我们确实在一些实质性问题上达成了一致。”

“敏捷宣言”包括4项主要价值声明和12条原则，如“以简洁为本，它是极力减少不必要工作量的艺术。”[㊁]这些原则是我们在接下来的几个月里，通过沃德的Wiki和电子邮件讨论出来的。我们在2天内就4项价值观及其措辞达成了一致。然而，要让17个人来决定

㊀ 在我第一次撰写这部分的时候，用的是“像阿利斯泰尔和我这样的其他人”。我确信他参加了那次会议，但在我们2022年中的一次讨论中，他说他没参加。记忆就是这么有趣。

㊁ 所有12条原则都可以在http://agilemanifesto.org/principles.html上找到。

12条措辞更为严谨的原则并落成文字，实在是进展缓慢——一共耗费了几个月的时间。

敏捷宣言

我们一直在实践中探寻更好的软件开发方法，

身体力行的同时也帮助他人。

由此我们建立了如下价值观：

个体和互动 高于 流程和工具

工作的软件 高于 详尽的文档

客户合作 高于 合同谈判

响应变化 高于 遵循计划

也就是说，尽管右项有其价值，我们更重视左项的价值。

著作权为上述作者所有，©2001年

此宣言可以任何形式自由地复制，但其全文必须包含上述申明在内。㊀

在为期两天的会议结束时，鲍勃·马丁开玩笑说，他要做一个“走心”的发言。虽然他语带幽默，但没有人会不同意他的观点——我们都感到很荣幸能与一个拥有共同价值观的团队共事，这些价值观建立在信任和尊重的基础上。我们希望促进以人为本的管理。从根本上说，我认为敏捷专家们的核心就是“走心”——通过营造一个以人为本的环境，为客户提供优秀的产品——在这样的环境中，思维模式是第一位的，而方法和方法论还在其次。

敏捷运动并不反对方法论；事实上，我们中的许多人都希望恢复方法论一词的名声。我们希望恢复平衡。我们接受建模，但并不是把一些图表归档到尘封的公司资料库中。我们接受文档，但并不是成百上千页从不维护也很少使用的大部头。我们制定计划，但也认识到计划在动荡环境中的局限性。那些把XP、Scrum或其他敏捷方法论专家称为“黑客”的人，既不了解这些方法论，也不了解黑客一词的最初定义。(Highsmith，2001)

沃尔特·艾萨克森（Walter Isaacson）在他的著作《解码者》㊁（*The Code Breakers*）一书

㊀ 由于“敏捷宣言”网页上这部分声明的字体太小，人们很容易忽略，因此我附在了这里。作者们希望清楚地表明，“敏捷宣言”采用了开源模式，可以供任何人使用。沃德·坎宁安想到了一个绝妙的点子，添加了一个个人可以添加评论的签名页——目前已经有上万条评论了。

㊁ 中文版已由中信出版集团出版。——译者注

中讲述了珍妮弗·杜德纳（Jennifer Doudna）的故事和CRISPR的发现过程。辉瑞和莫德纳之所以能够如此迅速地开发出COVID-19疫苗，就是因为CRISPR这一生物技术。在推进CRISPR基因编辑技术的竞赛中，杜德纳和其他科学家夜以继日地合作，分享他们所学到的关于基因、DNA和RNA的知识，为医学界和患者服务。当然，他们之间的竞争也同样激烈，尤其是在争先发表论文和获得专利方面。几年后，科学家们的合作更加紧密，共同研发出了COVID-19疫苗。无论是科学家还是软件开发人员，志同道合的竞争者之间的合作可能是应对世纪初挑战的最佳方案。

在雪鸟会议期间，与会者分享了各自的理念和方法细节。我们发现了不同点，但也发现了惊人的相似之处。毫无疑问，这次合作的成果将对世界产生深远而持久的影响。同样毫无疑问的是，我们在会议结束后也会像CRISPR科学家们一样展开竞争。我们中的一些人争先恐后地出版有关敏捷主题的新书。

在一封电子邮件中，阿利斯泰尔·科伯恩提醒我，有一件事可以解释雪鸟会议的集体性和协作性。

有一次我们在聊天时，好奇鲍勃·马丁为什么会邀请史蒂夫·梅勒，因为他看起来并不是一个轻量级方法论的专家。史蒂夫自我介绍时说，“嗨，我是史蒂夫·梅勒，是个间谍”，我们的眼睛都瞪大了。我的天哪，你竟然演都不演。

有一次我、罗恩·杰赫里斯和史蒂夫谈话，我们坦率地说不喜欢他的东西。没错。因为他画了很多图。神奇的是我们没有人身攻击，而是开始提问题，比如“你之后做了什么？为什么这么做？”他说，“我的目标是在图上按一个按钮，代码就出来了。”罗恩说，“但你得维护代码啊，而且图片都是不同步的。”他说，“不，不，不，只需要维护图片就行，不用再碰代码了。”罗恩说，“所以你的意思是图片就是源语言。”他说，“是的。”罗恩和我异口同声道，“我们不在乎源代码语言是什么，图片没问题，只要不用在两个地方维护。”史蒂夫说，“我就是这个意思。”我说，“嗯，是的，我们都同意。不过，我们觉得你做不到，但如果这就是你要做的，我们也没有任何意见。”

突然之间，我们都站在了同一条战线上；突然之间，我们达成了一致。我们不同意他现在的技术，但他要做的事情和我们要做的是一样的。突然之间，我们化分歧为共识。这种神奇的魔力，我称之为宽容地倾听，这在大多数会议中是看不到的。

就在这样的交锋当中，所有17位与会者都通过了“敏捷宣言”的最终价值声明。

具有讽刺意味的是，一群反传统的技术人员发起了一场运动，这场运动的基本信念是“个体和互动”是成功的关键。

敏捷宣言会议反映了这一信念，因为它并不是从一个具有既定预期成果的正式议程中产生的，而是来自一个促进创新和惊喜的合作和自组织的环境。这可能是许多组织还没有迈出的从行敏捷事（“doing”agile）到做敏捷人（“being”agile）之间的一步，尤其对中高层管理者来说。敏捷团队在协作方面付出了艰辛的努力（每日站会、回顾会、启动会），而这对于跨职能团队成员来说并非易事。有多少中高管会议会效仿这种做法？我们在第 7 章中将看到两个客户故事，探讨了管理层对采纳敏捷实践的支持如何影响组织敏捷转型。

1990 年代末，统一建模语言（UML）将各种绘图实践结合在一起，风靡一时。但是，就像 1980 年代出现的宏大方法论一样，UML 被最新的宏大方法论收编了，这套方法论有个新名字，叫作统一过程（Rational Unified Process，RUP）。

除了 UML 图外，RUP 还包括流程指南、可解释为迭代的生命周期以及在线知识库。随着敏捷方法的流行，RUP 的支持者认为他们的生命周期实际上就是迭代，而且可以为小型项目简化流程。可惜，他们提出的这两个假设在敏捷社区看来从未被证明过可行。大型 IT 组织继续把 RUP 生命周期当作瀑布来使用，而且保持不变要比冒险简化容易多了。敏捷实践者继续将 RUP 排除在敏捷甚至是迭代方法论之外。

在一个 XP 讨论小组中，关于供应商宣传其方法论可以根据小型项目裁剪的问题，拉里·康斯坦丁发表了自己的看法：

然而，用 RUP 的方式来实践 XP，我觉得有点像买了一辆昂贵的 18 轮搬运车，然后扔掉拖车，卸掉驾驶室，把柴油发动机换成经济的四缸发动机，再加装额外的座位，这样就有了一辆灵巧的小跑车，可以带着孩子和行李在城里快速穿梭。如果有钱花不出去，这种方法也许聊胜于无，但简单地通过实践 XP 的方式来实践 XP 似乎更经济、更高效。

5.5 敏捷组织

“敏捷宣言”一经发布，其发展势头便不可阻挡。在该宣言作者的推动下，敏捷联盟成立，新书层出不穷，极限编程会议如雨后春笋，论文也越来越多。

就在宣言会议之前，我为 *Software Testing & Quality Engineering* 撰写了封面文章“Retiring

Lifecycle Dinosaurs"（Highsmith，2000）。

2001年秋天，马丁·福勒和我为*Software Development*杂志撰写了封面文章"The Agile Manifesto"。最近翻看这本杂志，看到副标题后我震惊了——"17个无政府主义者一致同意……"。同年秋天，我和阿利斯泰尔·科伯恩在*IEEE Computer*杂志上撰写了"Agile Software Development"一文。与此同时，其他人也在撰写关于Scrum、XP和DSDM[1]敏捷实践的文章。阿利斯泰尔和我成为艾迪生·韦斯利出版社（Addison-Wesley）敏捷系列丛书的联合编辑，到2010年，该系列丛书已经出版了十几本书籍。

在"敏捷宣言"发布后的几年里，成立了多个组织来推广敏捷方法、方法论和思维模式，包括敏捷联盟（Agile Alliance）、敏捷大会（Agile Conference）、敏捷项目领导力网络（Agile Project Leadership Network，APLN）、Scrum联盟（Scrum Alliance）和Scrum.org。

敏捷联盟于2001年底正式成立，当时只有不到50名成员和7350美元的"巨额"预算。但自成立以来，规模一直在增长。截至2021年，联盟已拥有超过8500名成员，逾7万订阅用户，运营预算超过400万美元。自2001年以来，敏捷联盟一直在为个人和组织提供信息和灵感，帮助他们探索、应用和扩展"敏捷宣言"提出的价值观、原则和实践。

在起草"敏捷宣言"时，与会者就把自己称为敏捷联盟，但当时还没有正式的组织机构。2001年期间，组织问题不断发酵，最终于2001年11月19日在芝加哥召开了创始委员会会议。一些宣言起草人希望加入正式的联盟，但也有一些不愿意。参加这次会议的有迈克·比德尔、罗恩·克罗克（Ron Crocker）、吉姆·海史密斯、鲍勃·马丁、肯·施瓦布、玛丽·帕彭迪克（Mary Poppendieck）、格雷迪·布赫、史蒂芬·弗雷泽（Steven Fraser）、切特·亨德里克森（Chet Hendrickson）、雅基·霍维兹（Jacqui Horwitz）、乔恩·科恩、琳达·瑞辛（Linda Rising）、大卫·托马斯（Dave Thomas）和马丁·福勒[2]。我们的目标是发展这一运动，但没人能想到它会发展得如此广泛。

如今，跨国敏捷联盟提供学习资料（书籍、研究、博客、聚会），支持本地活动和团体，

[1] DSDM最初的意思是"动态系统开发方法"（Dynamic Systems Development Methodology）。不过，敏捷商业联盟（Agile Business Consortium）现在只使用DSDM这个缩写。

[2] 在为本书做调研的过程中，在我的存档文件中找到了敏捷联盟最初的委员会会议记录、预算和章程。我把这些资料转交给了联盟的现任工作人员。

举办大型会议，这是联盟的基石。除了来自 7 个国家的 10 名成员组成的多元化志愿者委员会（2022 年）外，联盟现在还有一名理事和其他正式员工。敏捷联盟保留着常务理事已经超过 15 年了，菲尔·布洛克（Phil Brock）在 2020 年辞职前已任职 13 年。

敏捷联盟现状[㊀]

敏捷联盟是基于《敏捷软件开发宣言》成立的全球性非营利会员组织。我们为探索、应用和扩展敏捷价值观、原则和实践的个人和组织提供支持。

我们的成员包括一个由 72 000 多名志同道合者组成的蓬勃发展的多元化社区。

我们的成员和员工能够提供一整套全球性的资源、活动和社区，帮助人们充分发挥潜能，并提供前所未有的创新解决方案。

敏捷联盟开展各种活动，以建立一个包容性的全球社区，促进敏捷的广度和深度，并为成员创造价值。这些活动包括：

敏捷社区面对面交流的大会

一个包含关于敏捷和敏捷社区成员信息的网站，可访问社区成员创建的有价值的资源

针对敏捷社区感兴趣的特定领域开展活动，并为本地社区团体提供支持

虽然 XP 会议已经召开了好几年，但到 2002 年初为止，还没有举办过敏捷大会。2002 年夏天，阿利斯泰尔·科伯恩和我进行了一次“餐巾纸背面”会议[㊁]，勾勒出了敏捷大会的轮廓。随后，肯·施瓦布也加入了策划，我们决定于 2003 年 6 月 25 日—28 日在盐湖城召开会议，并确定了具体的时间和地点。我那时已经从盐湖城搬到了亚利桑那州的旗杆市，阿利斯泰尔承担了大部分的策划工作（他永远不会忘记我弃他而去）。而后托德·利特尔也加入进来，成为早期固定的会议组织者。

作为公司内部和组织行业活动的执行者，托德在推广敏捷方面发挥了至关重要的作用。阿利斯泰尔和我只是发起了会议，而托德知道如何真正地组织会议。我是在 1998 年旧金山的一次软件开发大会上认识的托德。然后在 1999 年，他邀请我在 Landmark Graphics（哈利伯顿旗下公司）内部大会上发表演讲。2002 年初秋，阿利斯泰尔、托德和我参加了在波士顿举行的卡特咨询公司峰会，并在会上拉拢托德（这并不难）一起组织第一次敏捷大会。托

㊀ 内容来自敏捷联盟网站：www.agilealliance.org/the-alliance/。

㊁ Back of the napkin，很多著名的点子都画在餐巾纸背面。——译者注

德后来多次主持敏捷大会，是敏捷联盟的委员会成员，也是敏捷项目领导力网络的联合创始人和委员会成员。“敏捷宣言”按下了敏捷运动这枚运载火箭的点火按钮，但是托德等人的辛勤工作和无私奉献确保运载火箭进入了轨道。

根据笔记和回忆，托德通过电子邮件回顾了有关波士顿会议的更多细节。

一天晚上，大会组织了郊游活动，我们一行人来到麻省理工学院博物馆。在那里，我第一次见到了阿利斯泰尔，我们一开始就聊得很投机。在回酒店的路上，我们在“科学奇迹酒吧烧烤店”喝了几杯后，阿利斯泰尔拿出几张纸，上面画着一些图。他把纸传给大家，问大家喜欢哪张图作为他正在筹划的敏捷大会的标志。当然，这引起了我的兴趣，因为在过去几年中，我在组织 Landmark Graphics 全球开发者大会的过程中积累了不少经验。

在快速评估了几种标志之后，话题很快转向了我们在内部大会上所做的一些可能会引起大家兴趣的事情。我首先解释了我们在建设社区和凝聚人心方面所做的工作。我们公司有这样一句话：“如果不把人整合在一起，怎么能建立整合的软件解决方案呢？”当然，阿利斯泰尔对这句话深表赞同，因为他长期以来一直提倡软件开发中人的作用。

第二天晚上，我们聊得很开心，还在一张餐巾纸的背面写下了初步的计划。我们就总体构想达成了一致，并建立了深厚的友谊。这张餐巾纸只够让事情开始，而阿利斯泰尔后来又为会议制定了一份章程文件，这定下了我们努力的方向。

第一届敏捷开发大会（Agile Development Conference）的目的是在会议期间和会后建立发展一个敏捷社区。会议设计包括传统的演讲报告，也会对关键议题组织一些非正式会议。敏捷是一种新事物，兴奋的讨论在耳边不断回荡。第一次大会取得了圆满成功——日程和讨论都获得了好评。大约有 250 人参会，我们甚至还赚了一点钱。最后一点对阿利斯泰尔、肯·施瓦布和我来说尤为重要，因为我们会前承诺会承担亏损。托德主持了接下来的几次大会，参会人数先是增加到了 300 人，后来随着 XP 和敏捷大会的合并，参会人数增加到 700 人，最后增加到 1100 人。在新冠之前的几年里，会议出席人数的曾达到 2500 人。这是一个由一群固执己见的人所领导的快速发展的运动，与其他类似的运动一样，快速发展的过程总会伤到一些人的自尊心和感情。然而，结果是喜人的，伤痕也愈合了。据我所知，没伤筋动骨。

在第一届敏捷大会召开两年后，（经过激烈的协商）XP 大会在敏捷联盟的协调下并入了敏捷大会。不过，联盟仍在继续赞助单独的 XP 会议，以及不断增加的其他会议。

敏捷项目领导力网络（后来改名为敏捷领导力网络）的发起经历了三次会议。第一次会议是我在 2004 年盐湖城敏捷开发大会上发起的一个临时会议，目的是评估大家是否有兴趣成立一个独立于敏捷联盟的项目管理小组。随后，于 2004 年 10 月在芝加哥召开了第二次会议。2005 年 1 月底，我们在华盛顿雷德蒙德的微软园区召开了第三次会议。在这些会议以及雅虎邮件组的持续讨论中，我们讨论了项目经理和项目管理在敏捷开发中的作用，随后成立了 APLN。㊀

参加雷德蒙德会议的有桑吉夫·奥古斯汀（Sanjiv Augustine）、鲍勃·维索斯基（Bob Wysocki）、普雷斯顿·史密斯（Preston Smith）、克里斯托弗·艾弗里（Christopher Avery）、托德·利特尔、唐娜·菲茨杰拉德（Donna Fitzgerald）、大卫·安德森、奥勒·杰普森（Ole Jepson）、阿利斯泰尔·科伯恩、道格·德卡洛（Doug DeCarlo）和吉姆·海史密斯。这些与会者具有不同的软件开发和项目管理背景。例如，普雷斯顿·史密斯著有制造业方面的著作（Smith and Reinertsen，1997），是相关领域的专家顾问。那次会议的成果是“互助宣言”的定稿和 APLN 的初步组织。那次会议之后，为组织进程做出贡献的还有迈克·科恩（Mike Cohn）、波利安娜·皮克斯顿（Pollyanna Pixton）、洛厄尔·林斯特罗姆（Lowell Lindstrom）和肯特·麦克唐纳（Kent MacDonald）。

互助宣言

我们通过专注于持续创造价值流，来提高投资回报。我们通过与客户的频繁互动和共享所有权，来交付可靠的成果。

我们期待不确定性，并通过迭代、预测和适应来管理不确定性。

我们认识到个人是价值的最终来源，并创造可以让个人充分展现价值的环境，来释放他们的创造力和创新力。

我们通过对结果的集体问责制和对团队效能的共同责任来提升绩效。

我们通过针对具体情况而制定的战略、流程和实践来提升效能和可靠性。

雷德蒙德会议是模仿敏捷宣言会议的秘密会议（如图 5.1 所示）。当时，敏捷社区有一种情绪，认为“我们不需要什么该死的项目经理”。雷德蒙德会议的与会者对此并不认同：我们认为项目管理必不可少，但项目经理应具备敏捷思维。我们需要的是善于管理人而不

㊀ 托德·利特尔为我补充了创始会议的回忆和一些旧的邮件往来记录，但任何错误都由我一人承担。

是管理任务的项目经理。这场争论一部分是术语问题，一部分是重新定义项目经理的角色。是否需要改变“项目经理”的名称来突出新事物的特点？有 XP 背景的人质疑是否还需要项目管理，而其他成员则倾向于在改变角色定义的同时也改变名称。奇怪的是，尽管 XP 重新定义了程序员 / 软件开发人员的角色，但我却从未听到过关于改变角色名称的争论。

图 5.1 阿利斯泰尔·科伯恩和吉姆·海史密斯在雷德蒙德 APLN 会议上

在最初的两三年里，APLN 会议讨论了计划目标和针对会员的行动倡议。我们最大的成功是建立了地方小组。几位委员会成员编写了一本“手册”来帮助地方小组，而全国性的 APLN 则提供了法律基础。在旧金山湾区和休斯敦，2000 年代末成立的几个地方小组仍然活跃着。

是否要设计敏捷项目管理认证的争论持续了两年。当时，项目管理协会（PMI）运营着一项不含敏捷的传统认证。Scrum 组织提供了对 Scrum 角色的认证。但 Scrum 之外的敏捷社区还在争论认证的作用。APLN 委员会分成了三派：①支持认证并对现有认证模式很满意的人；②原则上反对认证并认为敏捷本质上是不可认证的人；③中间派，愿意考虑认证，但对所谓的“认证 1.0”并不满意的人。他们担心的是，传统的认证模式是根据相对静态的知识体系来验证学习效果的，但这与敏捷的本质不符。委员会批准了由一个小组对认证项目进行调研，但最终投票否决了进一步的工作。

在 APLN 以及更大范围的敏捷社区内，对于认证的讨论归根结底是对墨守成规和客户压力的争论。鉴于“敏捷宣言”是由 17 位敢于打破常规的人创建的，许多人认为认证是绝对的墨守成规，也是无用的。但是，支持认证的人认为，敏捷方法以客户为中心，许多公司和个人都希望获得某种程度的能力认证。你是满足客户提出的要求，还是满足你认为客户应该会提出的要求？表面上的争论主要集中在认证有没有用，但更深层次的问题却常常被忽略。这一窘境体现了认证问题的答案所依赖的一个悖论：如果我们只满足客户的要求，那么这些要求会成为新产品创意的唯一来源吗？如果我们认为客户的要求是错误的，是否还要满足他们？在这个快速发展的世界里，领导者需要具备的技能之一就是“驾驭悖论”——区分问题和悖论，问题有解决方案，而悖论只有随着时间的推移而改变的决议。认证似乎就是这种悖论之一。

APLN 又持续发展了几年，但从未得到更大范围的项目管理社区的认可。2011 年，PMI 开始提供敏捷项目管理认证。APLN 现在正与敏捷联盟、PMI 和各种 Scrum 组织竞争。APLN 赞助了一些地方会议，但和敏捷联盟关于承办敏捷大会项目管理部分的谈判仍未取得进展。由于没有认证项目和大型会议的资助机制，全国性的 APLN（当时已经是 ALN，即敏捷领导力网络）已经无以为继。

5.6 敏捷生态系统

多年来，人们一直混淆了敏捷这一总称以及 Scrum、XP 等具体方法论。为了避免这种混淆，早在敏捷宣言会议之前，我就开始考虑编写一本关于敏捷方法的调查报告。在宣言会议期间，我采访了这份调查报告的参与者，这份调查报告成了我的第二本书，最终被命名为《敏捷软件开发生态系统》(*Agile Software Development Ecosystems*)[⊖]。

《敏捷软件开发生态系统》调查了出现在宣言会议上的各种方法论。其中包括了对一些敏捷巨擘的采访：肯特·贝克、肯·施瓦布、马丁·福勒、沃德·坎宁安和阿利斯泰尔·科伯恩。汤姆·德马科为该书撰写了精彩的序言，其中包括以下内容：

> 20 世纪 90 年代是信息技术流程化的十年。我们在 CMM 和 ISO 面前俯首称臣。我们不仅在软件构建方式上追求完美，还想要完全的可预测性。我们得出的结论是，仅仅正确地做事（do things right）是不够的，还必须“主动出击”：事先准确地说出打算做什么，然后准确地去做。仅此而已。我们决定（用 CMM 术语来说就是）“计划工作，并按计划工作”

⊖ 本书中文版由机械工业出版社 2004 年出版。——译者注

(Plan the Work, and Work the Plan)。

如今,"胖"流程时代已经过去。正如吉姆·海史密斯所言,"瘦才是主流"。为了优化速度和响应能力,需要对流程进行瘦身。我们需要摆脱文本工作和官僚主义的束缚,消除无休止的代码检查(code inspection)[1],并培养员工,使他们能够在现代IT项目的混乱迷宫中理智地自我引导。这就是敏捷软件开发方法的起源。(Highsmith, 2002: xv–xvi)

我采访了每种方法论的关键人物。例如,XP的肯特·贝克和沃德·坎宁安、Scrum的肯·施瓦布。记录、编辑这些访谈并获得反馈是本书写作过程中唯一困难的部分,但也证明了它们对读者具有很高的价值。

我使用生态系统一词来描述一种整体的思维模式,它包括三个相互交织的组成部分——混序(chaordic)[2]的视角、协作的价值和原则,以及恰到好处的方法论——而敏捷专家(agilist)这个术语则用来确定哪些人是敏捷方法论的支持者。

肯·施瓦布在1990年代曾担任高级开发方法公司(Advanced Development Methods)的CEO。他公司的产品MATE(Methods And Tools Expert)将其结构化方法进行了自动化。肯讲述了他与杰夫·萨瑟兰(Scrum的共同创造者)的一次对话:

有一次,杰夫问我,有这么多方法论——Coopers的、IBM的、我们自己的,等等——我们在构建MATE产品时使用了哪一种?"哪一种也没用,"我说,"如果我们使用了其中任何一种,都会被淘汰!"因此,我们和自己的开发人员坐在一起,询问他们的实际工作内容和工作方式。得到的答案是快速周转、演进的对象图、自适应的需求演进,这样一切就能变得越来越好。

5.7 敏捷方法论

下面这些内容反映了2002年我为《敏捷软件开发生态系统》进行采访时三种特定敏捷方法论的状况。这些内容侧重于每种方法或方法论的理念以及它们对软件开发的贡献,因为到现在这些方法或方法论已经发生了很大的变化。因此,如果你读到Scrum概述中提到

[1] 与敏捷方法论中提倡的代码审查(code review)不同,代码检查是一项正式的、重量级的流程。——译者注

[2] 混序(chaordic)这个词是由迪伊·霍克(Dee Hock)创造的。

Scrum 已经使用了近 10 年，这段概述应该是在 2002 年写的。这些经过修改的描写提供了一个对照的基准，既展示了过去 20 年中这些方法论发生的变化，也说明了过去 20 年中这些方法论没有改变的地方。㊀

Scrum 的名称来自于橄榄球运动中的“正集团争球”（scrum），最初由肯・施瓦布和杰夫・萨瑟兰创立，后来迈克・比德尔还有其他一些人也参与了进来。Scrum 提供了一个管理框架，将开发活动组织成 30 天的冲刺（Sprint）周期㊁，每个周期都要交付一些指定的待办功能。Scrum 的一个核心实践是团队通过每日站会，来进行协调和集成。Scrum 已经被应用了近 10 年，并成功交付了大量的产品。

1996 年，肯・施瓦布为 *Cutter IT Journal* 撰写了一篇题为“Controlled Chaos: Living on the Edge”的文章。早在那时，肯就已经将对复杂性理论的理解引入了软件开发和项目管理领域。

作为一个理解以流程为中心的严谨方法论的专家，肯开始意识到，这些充斥着阶段、步骤、任务和活动，越来越详细具体的方法论有一个根本性的缺陷。“Scrum 方法的核心是大多数系统开发的哲学基础是错误的，”肯说。他认为，软件开发并不像严谨的方法论所假设的那样是一个“确定性过程”（defined process），而是一个“经验性过程”（empirical process）。

在对工业过程控制的研究中，肯发现确定性过程和经验性过程之间的差异不仅深远，而且需要完全不同的管理风格。确定性过程主要利用基本的物理和化学定律，这些定律“确定”了从输入到输出的转换。确定性流程可以一次又一次地重复，几乎没有变化。经验性过程无法用科学定律解释，无法一致地“重复”；因此，需要持续监控和调整。“开发人员和项目经理被迫生活在谎言中——他们不得不假装自己能够计划、预测和交付，”肯说。不过，你可以用明确的监控标准来约束经验性过程，并通过持续的反馈机制来管理过程本身。

传统的项目管理实践认为项目是可预测的，而“计划”的变化是由于执行不力造成的。Scrum（还有《敏捷软件开发生态系统》）认为工作是不可预测的，并相信人们在这种情况下会尽最大努力。因此，项目管理应强调沟通、协作、协调和知识共享。

确定性过程依赖于可重复性，而这对受困于不断变化和没有转换公式的过程来说是不

㊀ 这些概述基于《敏捷软件开发生态系统》中的内容进行了修改。

㊁ 现在周期的时间变得更短了，或是越来越密集。

可能的。经验性过程可能会迅速失控，因此成功的关键在于通过每日 Scrum 站会和冲刺代办事项图表（Sprint Backlog Graph）持续监控，同时发挥创造力来解决复杂问题。

Scrum 告诉我们，“做好这几件事，项目就会成功。”并且，“如果这几件事做不好，其他事情无论做多少，都不会成功。”

极限编程在软件开发领域一鸣惊人，将所有敏捷类的方法都推向了舆论的风口浪尖。它的成功有几个原因：第一，其受众是开发人员，世界上有一大批开发人员厌倦了“方法论”的阻碍；第二，随着互联网的出现，人们认为需要一种追求速度、灵活和质量的开发方法；第三，肯特·贝克是一位卓有成效的推动者；第四，肯特起了一个好名字——“极限编程”，它以开发人员为目标受众，向世界展示了这里有一种新意，一种“极限”。

XP 由肯特开创，后来在沃德·坎宁安和罗恩·杰弗里斯的协助下不断完善。它倡导社区、简单、反馈、尊重和勇气的价值。XP 的重要贡献在于它对变化成本的观点和对卓越技术的强调。

虽然肯特并没有声称结对编程和迭代计划等实践源自 XP，但这种方法确实包含了重要的新概念。肯特对如何管理变化有自己的想法，因此他在 2000 年出版的《解析极限编程》一书的副标题用的是“拥抱变化”。XP 源自存在已久的良好实践。正如肯特所说：“XP 中没有一个想法是新的。大多数都从编程诞生那一刻就开始存在了”。从某些方面来说，我可能并不同意肯特的观点：虽然 XP 包含的实践并不是新的，但明确这些实践的价值和将它们结合成一套可以工作的方法却是全新的。

早期 XP 为一个明确定义的问题域提供具体的实践，即同地办公[㊀]的小团队。肯特将拥抱变化、团队协作、改变客户与开发人员时常的龃龉隔阂等构想，和可以衍生的简单规则包装成 12 项实践，并给出了一系列明确的指导原则。

阿利斯泰尔·科伯恩创建了以人为本的水晶（Crystal）方法组合[㊁]。他是一位“方法论考古学家”，他采访了世界各地的几十个项目团队，试图将行之有效的方法与人们所说的应该行之有效的方法区分开来。阿利斯泰尔关注开发协作、责任心和合作精神中人的一面。在水晶方法中，他根据项目的规模、重要性和目标，为组合中的每种方法量身定制实践。软

㊀ XP 最早的 12 项实践中有一项叫作现场客户，即真正的客户必须与团队坐在一起，以便回答问题、解决争端和确定小规模的优先级。——译者注

㊁ 提醒：这是阿利斯泰尔 2002 年的工作。此后，他和其他敏捷专家又做出了更多贡献。

件开发是一种“发明与交流的合作游戏”，阿利斯泰尔说。

阿利斯泰尔提出了“一组”方法论，团队可以从中选择一个作为起点，然后根据自己的需要进行裁剪。水晶（Crystal）这个名字指的是宝石的各个面——每个面都是底层核心的不同方面。底层核心（Core）代表价值观和原则，而每个面（Facet）则代表一组特定的元素：技术、角色、工具和标准。水晶方法中只有两条硬性规则：①增量开发的周期不能超过四个月；②使用反思工作坊来确保方法论能够自我适应。

很多时候，关于实践的争论会陷入风马牛不相及的境地。一方谈的是 500 人的航天项目，而另一方说的是一个 8 人的网站。水晶方法的领域定义有助于将讨论和方法论聚焦在合适的问题域上。

5.8 敏捷时期划分

如图 5.2 所示，敏捷时代跨越了 20 多年，可以划分为几个不同的时期或时间段。“叛逆团队”（Rogue Team）时期（2001 年—2004 年）始于“敏捷宣言”的发布，覆盖了敏捷运动高速发展的几年。敏捷运动的发展速度远远超出了“敏捷宣言”作者的预期——虽然事实上我们并不知道预期是什么。它的演化沿着两条轨道前进。第一条轨道侧重于行业推广——撰写论文、大会演讲、组织会议。第二条轨道则是在组织中实践这些理念。在这个阶段，单个的团队想全盘采纳敏捷方法论。他们希望走在前列，但首先必须说服管理层让他们尝试。

随着企业领导者对敏捷越来越感兴趣，“无畏高管”（Courageous Executive）时期（2005 年—2010 年）随之而来。相比之下，叛逆团队时期变革是自下而上推动的。曾在团队变革中获得成功的布道师们（早年有很多布道师）试图说服上层管理者进行企业转型，但大多以失败告终。

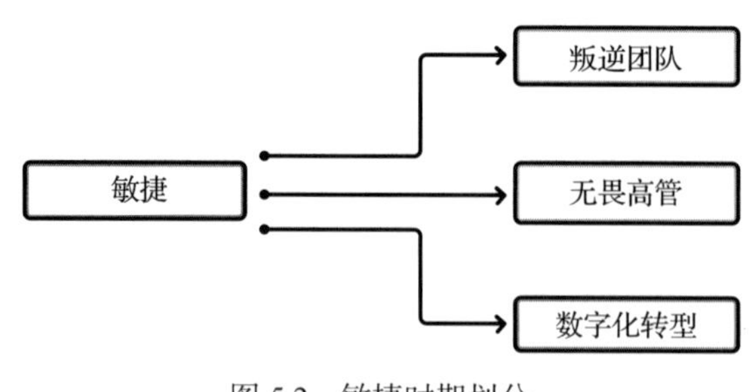

图 5.2 敏捷时期划分

虽然大多数时间里进展缓慢，但关键的影响者仍在努力向前推进，有时会碰壁不得不倒退，然后再继续向前。随着敏捷运动蓄势待发，随着衡量成功的标准发生变化，随着商业环境要求的绩效越来越高，敏捷专家开始与那些希望其组织“走向敏捷”的高管产生交流。这些高管往往没有真正理解自己在追求什么，也不清楚实现这一转变要付出什么，但他们还是勇往直前。

无所畏惧的高管们看到了敏捷的价值主张，并开始考虑全面实施。例如，Salesforce 是最早全面采用敏捷开发的公司之一，利用自身能力加速了交付，快速适应并完成了规模化，连续数年在《福布斯》杂志百强创新者排行榜上名列前茅。

数字化转型时期（2011 年至今）面对的是企业级敏捷的问题。随着敏捷运动进入第二个十年，势头从无畏的 IT 高管转向企业高管，即从 CIO 转向 CEO。2010 年，IBM 采访了 1500 多位 CEO，并在“*Capitalizing on Complexity*”[㊀]发表了调查结果报告：

> 访谈显示，CEO 们现在面临的“复杂性鸿沟”，比我们在八年的 CEO 研究中所度量的任何因素都更具挑战性。每十位 CEO 当中就有八位预计他们所处的环境将变得更加复杂，而只有不到一半的人认为他们知道如何成功应对。（IBM，2010）

技术为各组织创造了巨大的机遇，但如何利用这些机遇也带来了巨大的挑战。

5.9 时代观察

许多软件工程师在前面的十年中为软件开发带来了结构和纪律，他们对新生的敏捷运动感到担忧。他们认为敏捷开发又回到了过去毫无章法的实践。然而，只要看到一个熟练的 XP 团队实践测试驱动开发、重构、结对编程和故事计划，使用白板、故事卡和挂图（flip chart）记录工作时，任何人都能感受到团队成员纪律严明，只是没那么正式而已。敏捷（这里特指 XP）将重点从文档转移到协作，取代了传统方法的繁文缛节。

另一个困扰着敏捷开发的问题是敏捷专家的“极限”立场。敏捷的批评者们误把这种对极限的探索当成了极端。敏捷专家们一直在探索实践推进的边界在哪里。XP 社区专注于关键技术实践，并将其推向极致，这为业界做出了巨大贡献。在一次会议上，我听到罗恩·杰弗里斯在挑战极限：“如果敏捷说要减少文档，那么完全不要文档如何？”这并不意

㊀ 报告可以在 IBM 网站 https://www.ibm.com/downloads/cas/1VZV5X8J 下载。——译者注

味着罗恩认为没有文档就是好的（虽然我并不确定他是不是这样想的），而是说对于一个同地办公的小团队来说，没有文档是可以的。对于规模较大的分布式团队或心脏起搏器等生命攸关的应用来说，更多的正式规范是必要的。罗恩接着说："如果说提前一点时间规划比耗费几个月的规划要好，那么持续的增量规划又如何呢？如果频繁测试是好的，那么测试先行又如何呢？"通过不断地挑战极限，我们发现了新的可能性。

探索极限识别了边缘情况。了解了这些边缘情况，我们就能更好地理解可选的方案。在 XP 出现之前，人们认为的"可接受"的选择范围要少得多（比如可以接受的迭代长度）。在敏捷运动的早期，这种对边缘的探索至关重要——我们必须采取极限的立场才能引起人们的注意。如果肯特·贝克提出的叫"有限编程"，还会有人感兴趣吗？

诋毁者还不理解敏捷的核心思维模式——学习和适应。从迭代结束时的团队反思（reflection）到项目结束时的回顾（retrospective），真正的敏捷专家总是根据实际情况调整他们的实践，看看哪些有效，哪些无效。

另一个误解是，敏捷专家没有发明任何新东西。生物学家约翰·霍兰（John Holland）在谈到复杂适应系统理论时说，创新不仅来自于一些新的科学理论，还来自于人们以一种新的方式将科学构建块组合在一起——本质上这就创造了新事物。虽然每一种敏捷方法都能找到更早的根源，但敏捷方法论是以下几方面的结合：①从技术、项目管理和协作实践领域"精挑细选"出的方法（有新方法也有旧方法）；②明确阐述了基本价值观和原则的思维方式；③将这些理念整合成一种方法论。肯特·贝克并没有"发明"XP 的 12 项实践，但他把 12 项互补、一致和有效的实践组装在了一起。他用特定的价值观为这些实践注入了活力。虽然 XP 的每个单独部分可能不是肯特的创新，但组合在一起就是他的创新。

最后，我想重复一下我在自序中写下的内容——软件开发的演变和我个人的故事交织叙述限定了本书覆盖的基本范围。每一位"敏捷宣言"的作者，还有其他人，都有和我类似的故事。因此，我的敏捷运动史是我的独特视角——希望能够如我所愿，这份回忆是一副透镜，而不是有色眼镜。也许本书会激励其他人写一本全面的敏捷或 Scrum 史。

6

第6章 叛逆团队

（2001年—2004年）

2002年中，位于加拿大多伦多市的Alias系统公司（现属于欧特克公司[Autodesk]）开始开发Sketchbook Pro，计划于当年秋季与微软平板计算机操作系统同时发布。我与他们的首席架构师凯文·泰特（Kevin Tate）合作，向他们介绍了自适应软件开发，帮助他们应对新的市场举措。[⊖]产品管理和软件开发团队并不是从冗长的产品规划工作开始的。团队的市场和产品战略历经数月演变，但开发工作很早就开始了，而且与战略进程同步进行。该团队有一个愿景，即一款简单易用、以消费者为中心、值得专业图形艺术家使用的素描产品，以及一个最后期限，即微软11月的发布日期。Alias的主产品是为电影制片厂提供的专业的图形和动画软件包。他们办公室的墙上贴满了电影图片。

Sketchbook Pro产品按照两周的迭代不断演进，团队只有在下一次迭代之前才知道接下来要开发哪些功能。每个迭代，团队都会通过简短的规划会议来确定要开发的功能。然后，在平板架构和固定交付日期的约束下，产品在一个又一个的迭代中不断演进。团队成员有着清晰的产品愿景和商业计划，他们对产品需要哪些功能有着全面的了解，他们积极参与了产品管理，他们有明确的时间期限和资源支出限制。在愿景、业务目标、约束以及整体产品路线图设定的边界内，他们每两周交付一次测试好的功能，然后根据产品收到的实

⊖ Alias系统公司的故事首次发布是在《敏捷项目管理》一书中，此处做了一些修改。

际评价来调整计划。团队的工作流程是设想（envision）和调整（adapting），而不是计划和执行。

最终，产品不但按时交付，质量也达到了高标准，在市场上不断取得成功。该产品不是先规划好再构建出来的，而是不断地设想和演进出来的。Alias 并不是从架构模型、计划和详细规格说明开始的，而是从一个愿景开始，很快就有了产品的第一次迭代。团队针对市场和技术不断发展的实际情况进行调整，产品、架构、计划和规格也随之不断演进。

Sketchbook Pro 体现了对“设想 – 探索”而非“计划 – 执行”这种开发方法的需求。首先，这是一个“探索”项目——进入零售市场的新尝试和新的移动设备。如果采用“计划 – 执行”的方式，完成计划和需求可能就要半年时间，开发时间被压缩到几乎不可能完成产品。

任何项目都要被迫（通常在所难免）舍弃一些东西。传统项目“舍弃”的往往是质量。敏捷实践将时间作为约束，而不是目标，这意味着当情况发生变化时，必须舍弃其他东西。敏捷项目会削减或推迟交付的功能。在每次迭代结束时，团队都要回答同一个问题：“我们是否仍然认为能够按时交付可行的、有价值的产品？”

然而，随着产品发布日期的临近，团队在匆忙完工的过程中选择了在质量上稍作妥协。然后他们做了一件非同寻常的事：说服管理层给他们时间重构并进一步测试，来消除积累的技术债。虽然管理者们对这笔成本有些微词，但很快也就过去了。直到几个月后出现了一个新的市场机会，开发团队很快就实现了。一些管理者也就释然了。

Alias 没有把 Sketchbook Pro 当成一锤子买卖，而是一款持续交付价值的产品，不断迭代，不断发布。这是一个明智的决定。2023 年，即 20 多年后的今天，Sketchbook Pro 仍在市场上销售！

凯文 · 泰特[㊀]在这个项目中引入了敏捷实践，但说服 Alias 商业产品团队相信敏捷开发的作用却没那么容易，这在当时是一个典型的叛逆项目。该公司的商业产品有 3000 多万行 C++ 代码，需要大量的测试时间，尤其是数量庞大的用户选项测试。

Sketchbook 团队大约有六七个人，因此这个项目再次证明了，敏捷方法适用于需要创新和速度的项目，以及小型同地团队。这个项目也证明了敏捷运动还没有给遗留系统的组织带来足够可行的信心。

㊀ 凯文随后写了自己的敏捷著作 *Sustainable Software Development: An Agile Perspective*（Tate，2005）。

“叛逆团队”这个词代表了敏捷时代中2001年—2004年的第一个时期。单个团队获得了尝试“敏捷”的豁免权，偶尔也有组织成功完成了几个敏捷项目。随后，组织的“抗体”开始反击，阻止敏捷实践的进一步扩散。这个时期，团队专注于迭代、故事、每日站会、待办事项、迭代计划和一起办公的团队，但核心技术实践（自动化测试、结对编程、持续集成、测试驱动开发）往往被绕过。除了那些采用XP的团队外，其他团队往往更关注迭代管理实践，忽略了技术实践。一些人坚持和这种不好的趋势做斗争，迈克·科恩在教学和咨询中对Scrum和XP进行了整合，肯特·贝克、罗恩·杰弗里斯、乔什·克里耶夫斯基（Josh Kerievsky）等人则继续倡导XP的技术实践。

在一次与迈克·科恩的交谈中，他讲述了叛逆团队时期早期与客户的一次交流。客户副总裁告诉他公司有三个敏捷团队，还告诉了他三个团队的位置。一天的工作结束后，迈克告诉副总裁他一共见到了四个敏捷团队，而副总裁坚持说只有三个。原来，第四个团队正在偷偷摸摸地进行敏捷开发。他们的燃尽图和看板都藏在团队自己的区域里，没有被来往的人发现。这确实很叛逆！

叛逆团队往往是单个职能的筒仓，还没有跨职能。虽然开发人员增加了大量单元测试，也开始编写自动化测试，但测试团队往往还是不愿意加入敏捷团队。让最前端需求侧的产品管理部门或内部用户（在Scrum中称为产品负责人）差不多全职参与进来也非常困难。敏捷项目的成功往往被其他人淡化：“这只是一个小项目”“这是一个绿地（新）项目”“这个项目有最优秀的人才”“他们不用遵守标准（就好像其他团队遵守了一样）”。敏捷团队不拘一格，在墙壁和白板上贴满了故事卡、挂图、笔记、图表等。乔什·克里耶夫斯基讲了一个故事：一个成功的叛逆团队周一早上上班时，发现他们的墙上干干净净；原来另一个团队嫉妒他们的成功，周末把他们所有的非正式文档都拿走了！

6.1 卡特咨询公司和旅行

随着敏捷潮流的兴起，我和卡特咨询公司的合作越来越多，这些经历加上一些客户故事会贯穿本章。此外，本章还介绍了关键年份（2007年）的重要技术更新，以及与这一时代相关的敏捷项目管理主题。在“叛逆团队”和“无畏高管”这两个时代，我与客户合作，参加大会演讲、写书、写文章来推广敏捷方法，与敏捷联盟和敏捷领导力网络合作以促进、教育和提高人们对敏捷方法的认识。我的大部分推广工作已在前面的第 5 章中介绍过。本章先简要介绍我为卡特咨询公司所做的工作以及我的各种旅行经历，然后将重点介绍我和客户的合作。

这一时期的开始，我成了卡特咨询公司敏捷项目管理咨询和研究实践的总监。由于互联网对杂志、书籍等各类印刷材料的不断冲击，我一直在撰写的电子商务研究报告被终止了，于是我的重心转移到了客户工作和写书上。在敏捷时代早期，我的咨询对象既有软件公司，也有内部 IT 部门。

在卡特咨询公司工作期间，我还是卡特业务技术委员会的研究员，委员会当时的成员包括汤姆·德马科、肯·奥尔、罗伯·奥斯丁、卡伦·科本、蒂姆·利斯特、卢·马祖切利（Lou Mazzucchelli）、林恩·艾琳（Lynne Ellyn）、克里斯汀·戴维斯（Christine Davis）、彼得·奥法雷尔（Peter O'Farrell）和埃德·尤尔登。我们每年都会针对一些有新闻价值的 IT 话题发表好几次评论。我们采用了汤姆·德马科提出的程序，这一套是他从美国最高法院那里学来的。

卡特业务技术委员会在确定重要的新趋势时，借鉴美国最高法院的程序。其他分析公司在预测时并不会解释结论是如何得出的，这让整个过程看起来像是猜测，而卡特业务委员会措辞强硬的赞同和反对，展示了预测背后的思路。他们甚至还解释了所有相反的观点。[1]

讨论热烈而富有启发性。在这一过程中，正反两方面的意见都有，而且都有陈述，这为我们的对话增加了显著的深度。这是另一种合作模式。

敏捷时代的最初几年里，我也在一些会议上发表演讲，其中就包括 2002 年在意大利撒丁岛举行的 XP 大会。会议上，马丁·福勒非正式地邀请我参加下一年大会的计划会议。他自己早就盘算好了，我还蒙在鼓里，最后成了 2003 年热那亚 XP 大会的主办人。在敏捷时代的第一个阶段，我四处奔波，演讲、主持工作坊、咨询，去到了印度、意大利 、中国、丹麦、澳大利亚、德国、波兰和新西兰这些遥远的地方。

这段时间我与客户的合作范围也更广了，从单次的工作坊扩展到了整年的合作。规模较大或值得一提的项目我会放在后面的章节中分别介绍，这里我先介绍一些有意思的短期项目，让我有机会去到波兰和澳大利亚。

2003 年，我在澳大利亚为富士通咨询公司（Fujitsu Consulting）主持了一次工作坊。高

[1] www.cutter.com.

级咨询总监兼项目管理实践经理凯伦·奇弗斯（Karen Chivers）在电子邮件中这样评价接下来的敏捷开发尝试："过去的一年到一年半，富士通咨询已经看到了采用'敏捷'方法给项目的交付和管理带来的潜在收益，也促进我们的客户拥抱'自适应'的项目文化。"

政府组织对敏捷方法的研究通常进展缓慢，但澳大利亚社会保障服务机构 Centerlink 却不是这样。2003 年，我在他们内部的 IT 会议上发表了主题演讲，还和 Centerlink 的 CIO 以及其他高管进行了富有成效的交流。

2004 年，IT 咨询公司 InfoVide 的总裁鲍里斯·斯托卡尔斯基（Borys Stokalski）邀请我去波兰，在公司年会上发表演讲，并在敏捷项目管理工作坊上授课。华沙这次为期三天的工作坊结束之后，鲍里斯开始给他们的客户提供自适应 / 敏捷方法服务。

2000 年代早期我在印度传授工作坊时时，曾在孟买举行的一次印度计算机协会会议上发表过演讲。当时，印度公司将能力成熟度模型作为竞争优势大肆宣传。在演讲结束后，一个人开口说道："你的方法其实就是我们的工作方法，只是我们不能承认而已。"这次传授敏捷项目管理工作坊的旅程相当紧凑，辗转金奈、海德拉巴和孟买多个地点。印度的软件组织仍处于能力成熟度模型的阵痛期，但似乎对敏捷方法持开放态度。

这几次澳大利亚、波兰和印度之行是我在叛逆团队时期的典型合作。企业对敏捷方法既好奇又犹豫。然而，公司很少会考虑在整个企业范围内实施敏捷方法，除了那些规模不大的小公司。采用敏捷方法的动力来自于开发人员，而宏大方法论则被管理层奉为圭臬。回想起来，结构化方法走的是一条实践者先兴奋、管理层后参与的道路。敏捷开发有可能走上同样的道路，变成里程碑式的敏捷开发（Monumental Agile Development，MAD）。

2005 年，我获得了国际史蒂文斯奖（International Stevens Award）。这是由工程再造论坛（Reengineering Forum）颁发的软件工程讲座奖，表彰那些在软件和系统开发方法的文献或实践上做出突出贡献的人。该奖项从 1995 年一直颁发到 2005 年，获奖者包括拉里·康斯坦丁、格雷迪·布赫、杰拉尔德·温伯格和汤姆·德马科。这也再次表明敏捷运动正在被更大范围的软件工程和开发社区认可。

我的故事就是人们对敏捷开发越来越感兴趣的见证。但所有署名"敏捷宣言"的人还有许多其他的人也都有类似的故事。Scrum 认证课程和 Scrum 联盟的成立，让 Scrum 扩大了敏捷运动的影响范围，领先于其余所有敏捷方法。XP 起了个大早却只赶上了晚集，Scrum 很快就占领了其余大部分市场份额。认证是否有用一直存在争议。但认证确实挣钱，这一点毫无争议。

我作为卡特咨询公司敏捷项目管理小组的顾问和总监，大部分时间都是在和不同行业、不同规模、不同国家、不同敏捷阶段的客户打交道。我将用一些客户合作故事来说明不同的敏捷实施过程、挑战和成功经验。

6.2 蜂窝电话公司的野马团队㊀

蜂窝电话公司（Cellular, Inc）位于不列颠哥伦比亚省温哥华市。杰里米和他的产品团队身心俱疲，高度紧张，这是在高度不确定的商业环境下工作的缩影。这个产品团队代号为“野马”（Mustang），他们顶着业务、组织和技术方面的重大障碍，帮助公司追上竞争力的差距。项目目标是交付下一代蜂窝电话芯片的软件。1999 年末，他们的外包还达不到预期，管理层决定把产品的开发工作拿回来。由野马团队接收了将近 30 万行嵌入式 C 代码，他们的第一项工作就是弄清楚外包已经开发的代码到底完成了什么。

代码拿到手后，团队才意识到有多差劲——30 万行代码中的各项需求都没有得到很好的实现。有意思的是，设计文档还算凑合，但从设计到代码的转换却非常糟糕，漏洞百出。团队的首要工作就是开发一个适当的测试环境来稳定代码。在测试过程中，团队不断发现一些以为已经实现的功能，实际上并没有实现。

产品需求在不断变化。团队最初的目标是交付一个符合联盟标准的软件。大客户们（主要的蜂窝电话供应商）成立了一个互操作性实验室，供应商向实验室提交产品进行认证。可惜，蜂窝公司的“需求文档”有很多疑问，而产品营销团队似乎不愿意——或是没能力（我听到的一面之词）——澄清需求里模棱两可的地方。有时，需求差不多就是一句“做这款电话能做的事”。团队最后把产品提交给了互操作性实验室，对方的工作人员非常愿意答疑解惑，最终团队达到了互操作性要求的目标。

在这次合作中，我举办了自适应软件开发工作坊，还给开发人员和管理人员提供了咨询。我采访了三位关键人物：开发经理杰里米、软件流程经理卢克和一位核心开发人员约翰。他们的观点有相似之处，自然也有差异。三人都认为项目是成功的——至少实现了互操作性要求的目标。然而，考虑到距离实际产品的发布还有几个月的时间，卢克并不完全

㊀ 这个故事是《敏捷软件开发生态系统》（Highsmith，2002）第 15 章相关内容的简化版。

认为达成这个目标就算真正成功了。

团队受够了不断变化的需求，于是他们想出了一个解决方案——冻结需求。也许这个解决方案能缓解一些团队的挫败感，但客户不会满意他们的做法。身处多变的行业，他们需要找出适应市场需求的方法。

野马团队采用了迭代计划和遵守时间盒的发布流程。我利用一些 ASD 组件帮助他们调整了流程。他们按季度计划目标，一直规划到了年底。季度目标定下了主要功能，但团队成员在特性上有一定的自由度。他们称这一过程为“多级窗口的滚动计划”。因此，他们总是按周做月度计划，按月做季度计划，按季度做年度计划。他们把这种方法称为时间盒（time-boxing），因为发布日期都是固定的，唯一变化的是每次发布分到的功能。

一些团队成员并不适应杰里米所说的这种“自适应”计划，约翰也在其中。约翰认为，每月发布版本的准备工作太浪费时间了。此外，有时他和卢克都认为，短期迭代的时间压力迫使团队过于看重完成功能，不会尽力追求交付更好的质量。尽管团队成员也想做一些重新设计（重构），但他们的处境与一个从零开始的团队不同——他们一直在已经存在的实时代码中挣扎，就连他们昂贵的测试设备中也存在难以控制的 Bug。

“你的自适应软件开发工作坊减轻了团队成员的焦虑，”杰里米说，“旁观者的视角让大家意识到这种项目中的动荡和紧张是正常的。”我还听取了几位主管和团队负责人的意见。如果人们没有意识到混乱边缘的生活常态（即使他们有时意识到了），往往会反应消极。但是，一些团队负责人把问题放大了。当团队成员抱怨“一切都乱套了，而且一天比一天乱”时，有些团队负责人会回答“确实如此”（或类似的话），而这只会加剧每个人的焦虑。

领导者的工作之一就是化解不确定性和模糊性，而不是把它们推回去任其恶化。只要有人承认事情有些混乱，而且这种情况是正常的，让团队成员意识到一些低效的事情是不可避免的，就能缓解他们的紧张。最糟糕的做法是矢口否认焦虑，比如“你不应该焦虑”。敏捷就是要响应需要重来和重新审视优先级的变化。流程和态度对缓解紧张情绪都有帮助。

野马团队的经历是这一时期的典型写照：他们尝试用某种形式的敏捷开发来应对产品开发与生俱来的频繁变化和高度风险。团队担心传统的方法不能工作，因此说服管理层允许他们叛逆一次。但同样的，他们成功的方法并没有在范围更大的组织中流行起来。

6.3 技术（1995年—2007年）

这个时代的技术人事记与本书其他时代有所不同，因为这个时代出现了两个关键的拐点。第一个拐点是互联网的迅速崛起，1990年代初出现，在1990年代中后期和21世纪初发展得越来越快。第二个拐点是2007年出现的巨大技术创新。

2007年是一个史诗般的拐点，引发了经济和特定企业的动荡。三届普利策奖得主、畅销书作家、《纽约时报》专栏作家托马斯·弗里德曼（Thomas Friedman）在其著作《谢谢你迟到》（*Thank You for Being Late*）（2016）中，将2007年视为多项技术取得成果、促使数字化进入高速发展的一年。苹果公司推出了iPhone，Hadoop开启了大数据时代，GitHub倍增了软件开发能力，Facebook和Twitter扩大了社交媒体的覆盖面和影响力，Airbnb展示了小公司利用新技术取得的成功，Kindle改变了图书阅读和出版业，谷歌发布了智能手机的Android操作系统。所有这些技术汇聚在一起，造就了新的平台公司，比如Airbnb管理的床位总数已经比所有大型连锁酒店加起来还多。因此，2007年加快了企业迈向数字化的步伐，并对软件开发人员提出了新的要求。

在这一时期，架构出现了两个主要转折：从早期的大型机架构到客户端–服务器架构，再到后来的互联网架构。当然，这些架构变化在不同组织之间有很大的重叠。每次转型的特点都体现在这四个问题上。

- ❑ 计算机系统的物理组件（计算机、数据库、用户界面设备）是本地的还是远程的？
- ❑ 应用数据是本地存储还是远程存储？
- ❑ 计算逻辑是本地的还是远程的？
- ❑ 展现层逻辑是本地的还是远程的？

我们姑且将其称为“分层归属”（allocation-to-layer）问题。在大型机时期，三层全部都是本地的。计算机归企业所有。数据存储设备归企业所有，放在计算机中心。计算和显示逻辑是本地的。只有少量逻辑功能的“哑终端”（dumb terminal）通过物理线路连接到计算机，使用的是以太网协议。

随后，一切都开始发生变化：从大型机时期的本地化，到客户端–服务器时期数据和逻辑的分布化，以及设备的向外迁移，再到互联网时期的网络化。客户端–服务器架构需要决定逻辑和数据的存放位置——主机、客户终端还是网络服务器。有些人将计算层进一步拆分为业务逻辑层和展示逻辑层。客户端通常包含展示层和一些本地数据。这些分层的归属可能会变得非常混乱。各家企业，特别是软件企业，都在努力解决每一层的归属问题，还投入了大量资金来适应这种变化。

互联网和云计算这两项技术进步再次改变了分层归属的问题。云计算实现了通过互联网按需使用数据存储和计算处理。大型机让位于庞大的服务器集群，但许多企业仍保留自己的服务器。云计算使企业能够将自己的服务器集群外包给谷歌或微软等服务提供商。云计算的优点是可以简单、平滑和快速地扩展，还可以调节增长的成本（而不是一笔固定的高昂成本）。缺点是失去控制、数据安全以及可能发生的停机。

云计算鼓励新的软件开发实践，如微服务。微服务和始于2004年左右的领域驱动设计，是分解单体软件架构的一种方法。云计算促进了微服务的开发和管理。在“无服务器架构”（云计算的产物）时代，开发人员不再负责容量规划、配置、故障容错或伸缩。企业再次面临艰难的选择，比如是否值得花费成本将应用程序转换为云服务。在这一时期，终端用户设备通常是个人计算机，不过这种情况很快就会改变。

如前几章所述，人机接口技术已从打孔卡发展到各种各样的个人电子设备。如今，这种演变仍在继续：

交互界面在手势、语音和触摸等方面不断发展，调动了人们的所有感官。我们已经习惯在日常生活与设备为伴，软硬件的搭配也更加丰富。设备本身也越来越符合人体工程学，其设计能够在日常互动中将干扰降到最低。我们现在看到了更多的智能设备，它们使用本地和基于云的人工智能（artificial intelligence）解决方案为日常决策提供支持。

自动驾驶并不是交互发展的唯一例子，但却为这一视角的应用提供了有力的例证。我们已经从基于交通的实时地图服务快速发展到自动驾驶汽车，通过不断模拟道路上车辆所有可能的动向，让结果的风险更低。（Thoughtworks.com，n.d.）。

互联网和云计算改变了格局，软件即服务（SaaS）成了首选架构，尤其是对软件公司而言。还记得过去（1990年代初）那个通过3.25英寸软盘加载程序的时代吗？后来又出现了以光盘为载体的程序，速度更快，光盘的数量也更少。如今，几乎所有程序都是从互联网上下载的。SaaS模式也利用了互联网和云计算的能力，客户端系统只用保留最少的逻辑就能提供应用服务。这样就能快速获得新功能，而无需大笔安装费用。

到了2000年代中期，SaaS完成了从附带终端的大型机应用（直到1990年代初企业中的 IT 模式）到完全的互联网应用程序的过渡。在客户端 – 服务器系统中，业务应用逻辑拆分到了客户端和服务器，这对许多人来说是一种过渡技术，但也是现代化的技术，而且仍然有用。

无论从技术还是人力角度来看，这些过渡都不是一蹴而就的。技术转型的代价是昂贵的，因为约 10 年时间内就出现了两次重大架构转变。IT 经理们以前向客户展示庞大的大型机计算机中心，现在展示的则是笔记本计算机。如今，就连硬件也是无形的——就在“云”上的某个地方！起初，人们由于数据安全、服务中断时间和控制等理由反对 SaaS。但很快，“即服务”（as a service）架构的概念就广泛传播到了其他领域，如基础设施即服务（IaaS）、平台即服务（PaaS），一切皆服务（EaaS）。

2000 年代中期的另一项重大技术进步是大数据——名副其实的大。1999 年，1 GB 的数据算是“大”了。曾几何时，1 TB（1 TB=1024 GB）似乎遥不可及；而 2022 年，亚马逊 2 TB 的存储空间只要 62 美元。2022 年的大数据是以 PB（1 PB=1024 TB）或 EB（1 EB=1024 PB）为单位。据报道，eBay 拥有两个容量分别为 7.5 PB 和 40 PB 的数据仓库，还有一个容量为 40 PB 的 Hadoop 集群。还记得 PC 使用软盘的时候吗？存储 1 TB 的数据需要 728 177 张软盘。1970 年，一个全新的 IBM 2314 磁盘驱动器的存储容量为 146 MB（0.15 GB），售价 17.5 万美元。按此计算，采用 2314 存储 1 GB，1970 年需要 120 万美元，1990 年需要 1 万美元，2012 年需要 0.1 美元。[⊖]这些成本的骤降是大数据发展的重要推动力，而 Hadoop 的引入也是为了管理这些海量数据库。

这些庞大的数字听起来就像宇宙学家在谈论银河系或宇宙中的恒星数量。然而，大数据也带来了大问题。数据科学家等专业职位的设立增加了复杂性和成本，数据网格（data mesh）这样的新技术如雨后春笋，软件开发人员和数据库设计人员之间数十年之久的分裂亟待解决。1980 年代，我在芝加哥证券交易所工作时第一次经历了这种分裂（详见第 3 章），第二次是 1990 年代在耐克时（详见第 4 章）。这种分裂已经持续了很长时间。

肯·科利尔是 Thoughtworks 北美地区数据和人工智能技术总监，也是《敏捷分析：价值驱动的商业智能和数据仓库系统开发》（*Agile Analytics: A Value-Driven Approach to Business Intelligence and Data Warehousing*）一书的作者（Collier，2012）。2002 年我搬到亚利桑那州旗杆市后，一位共同的朋友介绍我俩认识。当我们都住在城里时，经常见面喝

⊖ 许多网站都提供了这些数字的不同版本。随便选了一个。

咖啡聊天。我曾和肯在卡特咨询公司的项目上共事，后来又同在 Thoughtworks 工作。

肯和我都是业余探险家——登山、徒步、漂流、骑行——尽管在这些活动上我比肯更业余。我最难忘的一次户外探险是和他从亚利桑那州卡梅伦的纳瓦霍保留地出发，骑车前往大峡谷国家公园东入口处的沙漠观景台。骑行 100 千米，爬升 1250 米后，我们都筋疲力尽了。在上山的路上，我们遇到了一位来自日本的骑行旅人，他已经在路上骑了整整三个月，足迹遍布美国西部。他是我们当天见到的唯一一位骑行者。

数据和开发组织之间的分裂可以追溯到很久很久以前，可否谈一下你在这方面的经历？我记得在 1980 年代中期，我曾与数据人员发生过争论。你对这种分裂有什么看法？你、斯科特·安布勒和其他人是如何努力弥合这种分歧的？

这部分与数据库的发展，特别是 1990 年代数据仓库的发展有关。早期分层数据库流行的 1970、1980 年代，都是软件开发人员写代码。当时几乎没有数据工具。后来出现了关系数据库管理系统，如 IBM 的 DB2 和后来的 Oracle。早期的数据库支持财务、供应链管理和其他运营类的应用程序。

1990 年代，商业智能（Business Intelligence，BI）和数据仓库系统提供了管理信息 。此后，开发商很快开发出了各种工具，减少或消除了编程的需要。人们变成了数据从业者，而不是软件工程师。业务人员开始将简历重点放在工具上。例如，Informatica ETL（extract-transform-load，提取—转换—加载）的开发人员就不怎么写代码。SQL 程序员、数据建模师和数据库管理员等各种各样的角色，造成了更多的 IT 职能筒仓。

分裂就是从那时开始的。我看到计算机科学专业毕业的软件工程师，也有 CIS（计算机信息系统）专业毕业的工程师不会写代码，也没有编写测试计划或测试的概念。

2000 年代初咱们认识时，我有一个项目进展得很不顺利。他们花了一年时间收集需求，然后聘请我担任技术负责人，负责实施项目。他们定下的时间表要实现这些需求是不切实际的。而我和你一起做敏捷赋能项目时，我负责和数据团队讨论测试自动化、构建自动化，还有创建测试框架。无论使用什么工具，只要我展示哪怕一行用来增加测试的 Java 代码，学员就会骚动起来：“别写代码，别写代码”。

这段时间里，我和斯科特·安布勒还有其他一些人试图让数据从业者考虑敏捷方法，但他们认为这些方法不适合复杂的数据管理和分析工作。

2006 年，当处理海量数据的技术 Hadoop 出现时，情况再次发生了变化。复杂的海量数据集管理又需要编写代码来处理了。数据工程师和软件工程师由此开始重新融合。

1990 年代，人们的职业生涯围绕着成为某一特定工具的专家展开。而现在，数据工程师是了解“如何扩展，如何处理数据量，管理数据和评估数据质量的最佳实践”等额外知识的软件工程师。

企业在云上是否有更多的架构选择？

的确如此。但我开始看到 1990 年代的重演。三大云厂商——谷歌、亚马逊和微软——都在生产一系列托管服务，他们希望客户能够采用这些有效的商业工具。如果你是微软 Azure 的客户，购买了 Azure 工具集，你就会和他们锁定，因为如果你的所有代码都使用了专用工具，就很难从 Azure 迁移到亚马逊云服务。

数据的这种分裂象征着角色“筒仓”的蔓延，这阻碍了敏捷的实施。不断发展的技术有助于我们理解公司和软件开发组织所处的工作环境，下面的三个敏捷故事就说明了这一点。

6.4 三个敏捷故事

2003 年，我在都柏林为一家爱尔兰软件公司提供咨询服务。这家公司的经理们非常关注进度和生产力，并希望敏捷方法能改善绩效。实际上他们希望我能提供建议“解决”他们开发方面的问题（特别是进度延误）。在与开发、测试、主管和经理面谈后，我得出的结论是，造成进度延误的原因并不是开发，而是决策！他们的总部在硅谷，哪怕是特别小的决定（主要是产品特性）也需要总部批准。爱尔兰团队远在地球另一端，他们的优先级经常被忽视，再怎么小的决定也需要很长时间来制定和实施。

虽然我认为他们应该考虑采用敏捷方法，但当务之急是解决决策的问题。首先，他们需要在都柏林团队中设立一名产品经理，与团队一道把 80% ～ 90% 的产品决策放在团队内部解决。许多技术决策也要授权给开发团队。这意味着将需要总部批准的决策被缩减到一个很小的范围里。其次，总部工作人员需要缩短响应时间，并建议都柏林办公室记录请求和响应时间，直到情况有所改善。将决策权下放到团队级别，可以增强团队的能力，从而大大加快交付速度。

有时，解决项目管理问题是提高绩效的关键。这次合作之后，我做了一些研究，惊讶地发现项目管理书籍对于决策制定的关注如此之少，甚至项目管理协会的知识体系指南也不例外。这促使我在正在编写的项目管理书籍中纠正了这一疏漏。

互联网加速了纸媒的消亡。Publishing Company, Inc.（PCI）是一家出版科学和研究期刊的公司，它面临的挑战是如何应对印刷出版被淘汰的趋势。该公司的美国分部要适应这一变化，任务尤其艰巨，因为其IT系统主要面向内部应用，支撑着期刊、论文和书籍的印刷和发行。

在这十年间，许多组织都面临着类似的从纸质到在线的转型。亚马逊等公司为其他公司提供了面向客户的应用模式，但在幕后，他们的软件开发方法和实力却不显山不露水。从杂志到报纸再到书籍，出版公司都面临着重大变革——不仅是产品自身，还有产品开发的方式。出版业是互联网重塑的行业之一。对于行业中的许多企业来说，成功实施敏捷鼓励了业务部门在方法和思维方式上的转变。

卡特咨询团队与PCI合作开展了敏捷实施工作。团队成员包括迈克·科恩、乔什·克里耶夫斯基、肯·科利尔和我。以下是肯对PCI进展的评估，我做了大量编辑：

过去两天，我（肯）和乔纳森一起在PCI进行了最后的辅导和评估。克丽丝特尔对“卸下训练轮”有些担心，但我向她保证我们还能回来。

迄今为止，该团队在采用敏捷技术和敏捷项目管理实践方面取得了不错的成绩。虽然他们在测试驱动开发（TDD）和持续集成方面仍有提升空间，但乔什和我都认为，对于一个只运作了八个迭代的新敏捷团队来说，他们已经超过了平均水平。不足的是估算和跟踪。昨天我给他们上了一个小时的估算课，给他们讲了迈克·科恩的粗粒度故事点估算方法。我觉得效果还不错。

我的担心是，内部敏捷教练十分热情，让人觉得他是一个敏捷狂热分子。他不像是一个引导者，而是更倾向于一种命令控制的风格。我与他进行了一对一会谈，虽然他有所防备，但希望我的建议能促使他稍微收敛一些。

我（吉姆）与PCI领导团队通了一次电话，回顾了我们的敏捷实践记分卡以及我们对人际关系问题的评估。随后，PCI开始在其他开发团队中推行了敏捷方法论。

2003年，我为山区卫生公司（Mountain Region Health）举办了一次敏捷项目管理工作坊。他们新上任的CIO是XP的拥趸。CIO决定，从今以后所有项目都使用XP，其中包括一个正在进行的100人规模的项目。这个项目被分成了12个XP团队，开始了为期两周的迭代。几次迭代后，速率（速率并不是一个很好的绩效指标，稍后会解释）稳步上升。但随后却开始下降。每个团队都是独立运作的，团队间的依赖性随着时间的推移开始明显地拖慢进度。

公司认为我的敏捷项目管理工作坊可能会帮助他们扭转局面。我建议使用敏捷项目管理实践，并进行一些组织变革，包括成立兼职的团队间协调小组，负责解决一些基本问题，比如共同的持续集成流水线。在聘请了一名架构师并采用了我在工作坊上提出的概念后，公司重新获得了单独采用 XP 所带来的势头。

该客户遇到了敏捷社区刚刚开始着手解决的一个问题——规模化。一些批评者用“失败”这样的字眼来证明敏捷开发行不通。山区卫生公司忽视了肯特·贝克的警告——XP 是为小型团队设计的，而不是 12 个独立团队。大型项目需要额外的结构。

6.5 敏捷项目管理

2002 年—2003 年，我开始思考项目管理的问题，并开始转向项目管理咨询和教学，起草了一本敏捷项目管理方面的书籍。分析从客户项目中吸取的经验教训，我有了很多思考。

- 敏捷可以取得成功（Alias Systems、蜂窝电话公司和 PCI)。
- 在探索性项目（Alias Systems 和蜂窝电话公司）中，敏捷确实大放异彩。
- 从小型同地团队项目转向大型项目团队需要额外的项目管理，但又不是传统的项目管理（山区卫生公司）。
- 与以前的时代一样，组织结构、个体互动、团队协作和决策制定仍然是成功的关键（爱尔兰软件公司和山区卫生公司）。
- 文化、个性和团队问题会拖慢实施速度。
- 人、团队和领导者很难采纳敏捷思维。
- 早期的敏捷专家是技术和 / 或项目管理专家，而不是心理学家或变革管理专家。我们需要帮助。

这些启示并非本章介绍的客户故事所独有，而是所有敏捷从业者都会遇到的问题。本章对敏捷项目管理的概述将涵盖其中大部分主题。其中价值管理和组织变革这两个主题将在第 7 章中介绍。

我的著作《敏捷项目管理：快速交付创新产品》（*Agile Project Management：Creating*

Innovative Products）一书于 2004 年出版（第二版于 2009 年出版；Highsmith，2009）。我想介绍管理项目和产品的方法、方法论和思维方式。Thoughtworks 的前 CEO 和创始人罗伊·辛汉对这本书的赞许，充分体现了我的写作初衷："终于有一本书能将敏捷软件运动的激情与项目管理所需的原则融合在了一起。吉姆的书服务了我们所有人。"

敏捷运动的兴起源于对不同软件开发方式的渴求——迭代而非串行，建立自组织团队，摒弃传统方法的糟粕。敏捷专家的普遍观点是"完全不用项目管理"，而这种观点的广义形式是"完全不用任何管理"。迭代经理、产品负责人等新名称的出现，表明了人们对传统角色的疏远。

我还记得 1990 年代与一位项目经理的谈话，他使用 SuperCalc（Excel 的早期竞争对手）作为项目管理工具。我问他多长时间到团队里走动一次，与大家交谈，或者多久召开一次简短的团队会议。他回答说："不经常。更新 SuperCalc 中的任务信息就占用了我所有的时间。"这种对任务而不是对人的管理正是敏捷专家经常抱怨的。我们需要的是一种不同风格的项目管理——强调个体与互动（思维方式），而非流程和工具（方法）；强调设想和探索（实验），而非计划和执行；强调用户体验（思维方式），而非记录需求（方法）。

在瀑布式生命周期的影响下，企业将项目经理置于一个孤立的组织框架内——有时在 IT 部门内部，有时则不是。对于 IT 团队来说，项目管理办公室（PMO）成了项目警察，负责执行宏大方法论标准和阶段审查，而不是作为团队的项目管理顾问。

我撰写《敏捷项目管理》的初衷是帮助弥合传统项目管理方法与敏捷项目管理方法之间的差异，指出每种方法的价值所在。向敏捷社区展示一点结构是必要的，尤其是避免项目规模变得越来越大时陷入混乱。混乱与僵化并无二致，都不是我们所希望的。"设想－探索"过程的两个集成的周期如图 6.1 所示。

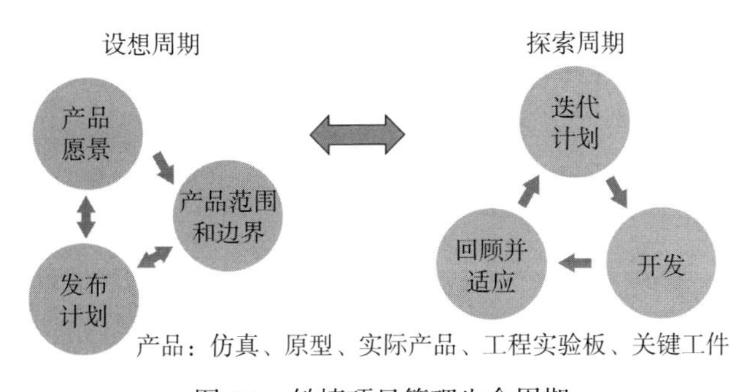

图 6.1 敏捷项目管理生命周期

虽然 Cynefin 模型有助于对变化速度和高层次应对策略进行分类，但我认为还需要在项目或产品层面进行更多分类。为了满足这一需求，我在工作坊和《敏捷项目管理》一书中引入了探索因子（Exploration Factor，EF）。

EF 是产品或项目不确定性及风险的晴雨表。大项目不同于小项目，高风险项目不同于低风险项目。确定问题域的各种因子十分重要，但更重要的是根据问题调整过程和做法，并相应地调整预期。

如表 6.1 所示，EF 是由产品需求（目的）的易变性和技术平台（手段）的新颖性（以及因此产生的不确定性）组合而成的。需求易变性分为四种类别：不稳定的（erratic）、波动的（fluctuating）、常规的（routine）和稳定的（stable）。技术的新颖性也分为四类：前沿的（bleeding edge）、领先的（leading edg）、熟悉的（familiar）和众所周知的（well known）。[㊀] 评级采用四乘四表格确定，EF 值为 1 ～ 10，10 为探索的最高等级。

表 6.1　项目的探索因子

产品需求维度	产品技术维度			
	前沿的	领先的	熟悉的	众所周知的
不稳定的	10	8	7	7
波动的	8	7	6	5
常规的	7	6	4	3
稳定的	7	5	3	1

确定了 EF，团队就可以讨论如何在问题空间的总体不确定性和风险下继续前进。将团队能力与项目 EF 相匹配，就好比将登山团队的能力与特定山峰相匹配一样，需要缜密的思考。

传统的项目管理和组织管理往往建立在恐惧的基础上，害怕管理者不够坚定、不够全面，不够强大。“我的项目不会失败，因为我有不屈不挠的个人意志”，这可能是隐藏在恐惧之后的假设。承认不确定性、承认可能会出错和犯错，会让管理者和项目团队无法了解项目最关键的方面。如果不改变思维方式，迭代式生命周期往往还不如串行的生命周期。

迭代式生命周期使我们能够探索设计和需求，修改设计和原型以满足新需求，却很少

㊀ 前 Sciex 公司的肯·德尔科尔（Ken Delcol）评论说：“这为 PM 如何管理项目和单个需求提供了指导。例如，不稳定的需求需要更多的迭代，并且应该预先这样规划，无论其余需求的整体状况如何。并非所有的需求都属于同一种类别。诀窍在于理解哪些需求才是决定成败的关键，当高风险需求不稳定或波动时，急于把稳定的需求搞清楚是没有意义的！”

认真检查整体的项目管理问题，如范围、计划、高层赞助和客户参与等。多年前，我曾为一家大型消费品企业的IT部门管理过一个项目。在向执行指导委员会（executive steering committee）介绍项目计划（包含多个周期的评审点、可交付成果等）时，我指出前面几个周期的目标就是试错！幸运的是，领导们没有立即掀桌子。我接着解释说，要完成这样一个项目，不犯错误是不可能的，我们希望尽早犯错，这样就有时间改正错误，最终做出正确的产品。

果然，在第一个开发周期结束时，我们当着执行指导委员会的面犯了一个大错。项目团队对产品范围的困惑反映在了杂乱无章的演示上，一些指导委员会成员离场的时候不太高兴。这个组织值得称道的是，他们可以重组团队、深入思考问题，并与项目的高层赞助商探讨替代方案。随后，团队（包括一些重要的用户代表）花了几个星期的时间重新审视项目范围和可交付的成果。“解决方案”还包括彻底重建指导委员会本身。因为指导委员会是根据之前项目的失败，而不是当前项目的需求组建的。

这些都是艰难的教训。一个项目团队在进行这样的评估时，不可能不经历一些痛苦的情绪。然而，这次评审的是已交付的组件，而不是文件，因此团队无法逃避严格的审查。项目开始5周就进行了评审，而不是在6个月、9个月或12个月之后，因此团队还有时间重组和恢复。尽早面对问题有助于日后的成功。最后，虽然有些管理人员对最初的结果不太满意，但作为一个团队，他们允许犯错，并恢复过来。

随着敏捷运动从“叛逆团队”时代过渡到“无畏高管”时代，项目管理和产品管理都变得越来越重要。

6.6 时代观察

有些人拒绝参与结对编程。有些人认为敏捷团队会议太多。项目经理会产生抗拒，因为管理任务的不再是他们而是团队。Scrum领导者很难定义自己的角色，尽管这个角色在Scrum文献和工作坊中有了详细说明。引导技能需要提高。做了哪些决定？谁做了这些决定？这里发生了什么？

在某些方面，实施敏捷技术实践是很容易的。当然，这在智力方面还有一定的难度，但在社交方面并不困难（除了结对编程）。而敏捷协作实践——没有物理隔断的同地团队、

（每天都要）与他人密切合作、对角色和职责的迷惑、测试和产品负责人加入了开发团队、不愿意接受团队作为整体的责任、搞不清楚自己角色的中层管理者——则包含了社交和人际方面的挑战，是采用敏捷的最大障碍。

敏捷时代的第一阶段取得了多样的成果。更高的项目绩效、更好的投资回报、更快的成果、更高的质量和更好的客户关系让很多管理者感到满意。那些同时采用团队管理和技术实践的组织在改善质量和总体成果方面取得了更好的成绩。

在第 4 章中，我曾提到过我还需要摸爬滚打才能总结出对于交付更好软件这个目标的陈述。当时，我还没有找到让自己满意的一句话。现在是时候再试一次了。

杰瑞·温伯格的丛书《质量·软件·管理》（第一卷至第四卷）英文版长达 1538 页。任何人都可以说自己追求的是“好”或“高”质量，但这些形容词被用滥了，基本上毫无意义。质量是内在的，是在旁观者的眼中，是等同于运行 / 测试过的代码，还是别的什么？你认为对 Facebook 最新功能的测试应该像对詹姆斯·韦伯太空望远镜软件的测试一样严格吗？

读完这 1500 多页才能充分理解这其中的细微差别，你会发现杰瑞对质量的定义非常简单：“质量就是对某个（某些）人而言的价值。”（Weinberg，1992:7）现在，我们要说清楚的就是“价值”和“某个（某些）人”的含义。

杰瑞对质量的定义帮助我扩展了自己对于交付更好软件这个目标的陈述：“通过创建先进的软件和管理的方法、方法论和思维方式，实现客户价值的持续交付。”

我知道这句话有点啰唆，但其中包含的元素对我来说很重要。首先，这句话符合杰瑞的定义，以客户的形式融入了价值和人的概念。其次，它阐明了我的职业生涯致力于“创造先进的软件和项目管理的方法、方法论和思维方式”。持续交付（CD）需要卓越的技术。我所说的持续交付并不是指自动化测试和部署流水线，尽管这可能是一个关键部分。相反，我指的是持续交付的另一个层面，即构建发布软件版本的能力，使发布第十个版本能像发布第一个版本一样方便。

在第 8 章中，质量将与其他两个组成部分（价值和约束）结合起来，建立起一个与敏捷方法论一致的企业绩效管理模型。

为什么宏大方法论会消亡，而敏捷方法论会兴起？仔细审视每一种宏大方法论——STRADIS、DSSD、METHOD/1 或 RUP。这些方法论要求我们“做”这“做”那，如图表、文档、流程、审批等，却缺乏为决策提供依据的价值陈述。没有可以对比的价值陈述，个人在决定如何适应这些方法时就会非常困难。“敏捷宣言”的价值观——个人和互动高于流程和工具——表达了敏捷专家们的信念，即思维方式为决策提供了标准。没有哪一个宏大方法论明确地声明了价值。人们只好做出一些假设，比如“我猜他们重视文档，因为文档是如此之多。”

我在《敏捷软件开发生态系统》一书的最后一章中总结了我对“叛逆团队”时期结束时敏捷运动状况的观察：

在某些方面，我们敏捷专家就像堂吉诃德和他的跟班桑丘·潘沙，在软件开发的风景里策马，向传统主义的风车冲锋。我们取得了一些成绩，但大部分大型企业和政府机构的开发部门仍然持怀疑态度。即使在那些成功实施了敏捷项目的组织中，他们的同事也往往不以为然。挑战现状的新事物总是如此处境。(Highsmith，2002:381)[⊖]。

⊖ 机械工业出版社于2004年出版了《敏捷软件开发生态系统》中文版。——译者注

7

第 7 章

无畏高管

（2005 年—2010 年）

怎样的人才能担得起无畏的高管这个称号？我曾经在加拿大 Sciex 公司与三位无畏的高管共事过两年，他们是肯·德尔科尔、保罗·杨（Paul Young）和加里·沃克。他们发起、支持并推动了 Sciex 公司对敏捷软件开发的探索。保罗是 CIO，肯是产品管理总监，加里是软件开发经理。这三位“无畏”的高管带领着公司前进。他们走在了从“叛逆团队”时期到“无畏的高管”时期的敏捷转型前面。以这三位高管为代表的领导先锋在组织变革中“审慎”地承担着风险。

无畏的高管的定义是什么？是那些敢为天下先的企业家，他们能从无数的机会中理出头绪，用自己的热情感染他人，身先士卒。

他们的思维不设边界，他们的行动果敢大胆，他们对技术充满热情。正是因为“无畏的高管”身上的这些品质，我们相信他们将成为下一股重要的颠覆性力量，也相信他们的领导风格能够创造出强大的竞争优势。（Guo，2017）

2005 年—2010 年的五年间同样也发生了始料未及的重大事件，美国墨西哥湾地区遭受了毁灭性的飓风袭击，经济出现大衰退。2006 年，科学家宣布冥王星不是一颗行星，这令 1930 年发现冥王星的洛厄尔天文台的天文学家们备受打击。苹果公司推出了 iPhone，巴拉克·奥巴马取代乔治·W. 布什成为美国总统，《阿凡达》成为有史以来票房最高的电影，大型强子对撞机的运行让物理学家们欣喜若狂。

截至2000年代中期，互联网时代既创造了巨大的机遇，也带来了严峻的威胁。每一家公司都担心被颠覆："我们会成为下一个柯达还是下一个Salesforce"？Salesforce是一家销售应用软件服务的公司，2011年和2012年被《福布斯》杂志评为创新企业第一名。该公司5年的销售额平均增长了39.5%，净收入平均增长了78.7%。Salesforce取得的成功部分源于2005年左右开始在整个组织实施的敏捷方法论。其前任开发副总裁史蒂夫·格林（Steve Green）说："敏捷是我们创新的基础！"柯达曾经是世界胶卷行业的佼佼者，但却以破产而告终。Salesforce成功了，但其他公司却在规模更大的转型中失败了。

随着"无畏高管"时期的到来，CIO和工程副总裁们决定改造他们的整个开发组织，敏捷方法也从叛逆团队变成了更大规模的举措。互联网一刻不停地冲击着公司的业务和IT规划。敏捷项目管理（Agile Project Management，APM）变得越来越重要，持续集成（CI）等技术实践受重视的程度也是水涨船高。

本章我们将通过五个客户案例找到成功或失败的条件。首先我们会回顾Sciex公司的故事；接下来将考察两个中型敏捷实施项目（一个成功，一个不太成功），然后是中国的一个大型敏捷实施项目；最后我们将探讨Athleta公司的业务敏捷故事。重大技术创新的影响、组织变革管理以及大型公司和项目所需的规模化实践在这些故事中交织在一起。

7.1　Sciex

MDS Sciex为生命科学、制药和法医分析领域的客户开发光谱仪（以及其他仪器）。从2004年—2006年，我和加拿大多伦多的这家公司合作了两年，实施XP和APM组成的敏捷"组合"方法。我们与乔什·克里耶夫斯基还有其他卡特咨询公司的顾问一起，先是和软件团队合作，然后有选择地将一些敏捷实践推广到其他工程团队。

加里·沃克（时任Sciex软件开发经理）在2022年的一次邮件交流中回忆了Sciex当时的情况以及实施敏捷的结果。

我们很快意识到在"开发组织转型"这件事上，我们别无选择！我们的仪器软件代码有几百万行，积累的技术债要好几年才能还清。新的修正或功能总是会带来意想不到的新问题，新发布的版本反而越来越不稳定[㊀]。我们的药物研发“巨头”客户因为我们不稳定的软件吃了大亏：软件崩溃让他们丢失了耗费数周制作的实验药物样本。竞争对手甚至在营销材料中打出了“我们的软件不会崩溃”这样的口号来戏谑我们糟糕的软件。

我们的开发团队也因此承受着巨大的压力。他们非常害怕在这个又大又不稳定的代码库中添加新功能；于是他们往往会“采取最不会出错的开发路线”，这样又往代码库增加了更多技术债。开发团队对自己的产品没有自豪感，而且很介意客户的反馈。

我记得在敏捷转型发起大概一年半之后，才开始看到团队心态和行为的变化。卡特咨询公司团队收集的数据确切显示，开发团队能以更快的速度和更低的成本发布更高质量的产品。客户的反馈也开始变得更加积极。这对团队成员的心态和整个开发社区的氛围产生了巨大影响。开发人员对自己的技能重新建立了信心，并因为自己交付给客户的产品而自豪。

敏捷原则、价值观和实践还提供了一套能够营造“心理安全”环境的框架（Edmondson，2002）[㊁]。团队成员经常互相挑战，推动团队开发出更有创意、质量更高的产品功能。工作又变成了一件乐事！

Sciex 还需要通过 ISO 认证。与许多公司一样，这是一项业务要求，也是客户的期望。这一点尤为重要，因为我们开发的高端仪器服务的是药物研发行业的国际制药公司。

那么我们该如何把迭代、自适应的敏捷实践与 ISO 的要求匹配起来？这个问题必须解决。ISO 的要求在很大程度上基于瀑布式交付的大量预先设计（Big Up-Front Design，BUFD）原则，依赖各种流程、计划和记录结果的严格文档。

我和吉姆、乔什[㊂]一起提出将“管理”和“执行”分开的想法。管理聚焦的是“时间和金钱”（如进度和预算）。我们在“管理”层面应用了计划和执行文档来满足持续的 ISO 认证要求。

我们在“执行”层面应用敏捷原则和实践，从而在（业务、科学和技术）极度不确定的情况下充分发挥敏捷在执行层面的优势。这样我们既发挥了敏捷执行的优势，也满足了 ISO 认证的需求，鱼和熊掌兼得。

㊀ 乔什·克里耶夫斯基把一个对象方法的代码打印出来，让技术债肉眼可见。这个方法打印出来的纸一张接一张地铺在地板上，连起来长达 3 米多！

㊁ 原文见 https://www.hbs.edu/ris/Publication%20Files/02-062_0b5726a8-443d-4629-9e75-736679b870fc.pdf。——译者注。

㊂ 乔什和我后来在与中国电信的合作中也使用了这种方法，本章稍后将作介绍。

Sciex的敏捷实施从一个软件项目开始。当时员工们还在各自的办公室里工作，乔什和我说服他们开辟了一个团队工作空间。有时，一些不起眼的小事也会阻碍工作，比如订购设备并确保按时交货，或者是像现在遇到的团队不在一起办公的问题，让建筑维修工来建造新的工作空间。建筑工人周末离开的时候，工作空间的工程还没有结束。为了周一可以顺利开始工作，开发团队自己悄悄地在周末完成了剩下的工程，这让维修经理很不爽。

乔什和其他顾问与团队合作，从XP开始实施技术实践。我负责组织、项目管理以及管理相关的实践和事务。我们举办了几场工作坊，但乔什和我又一次证实了和团队一起完成日常工作才是成功的关键。

我们成功地完成了几个项目，于是肯·德尔科尔（产品管理总监）决定采用敏捷开发方法完成下一代光谱仪产品的研发。迈出这一步需要勇气，因为在结合软硬件的项目中使用敏捷方法有很大的挑战。我们在办公场所外举行了项目愿景和启动会，参加的人包括软件开发人员、机械工程师、电气工程师、系统工程师、几位科学家、产品经理，还有一位采购分析师。在制定项目总时间表时，采购分析师的作用非常重要，因为很多零件的交货时间只有他知道[⊖]。

一周之后，大家精疲力竭但成果颇丰，肯回来和大家一起回顾进展。他以高管的视角为产品定调，为第一天的工作开了头。每个人都迫不及待地想回到自己的办公室开始工作，但肯给了大家一个惊喜。

“最后一件事，”肯在第一天工作结束的时候宣布，“你们没有自己的办公室了。在你们离开的这一周时间里，我们重新装修了工作空间，便于更好地协作，这也是你们本周工作的延续。你们现在是一个跨职能的产品团队了，你们要负责把这个产品推向市场。”最终，肯对整个产品开发部门进行了调整，从每人一间办公室变成了以团队为单位划分工作空间，分为大、中、小三种规模。

如何将各个部分集成到一起一直以来都是大型系统最棘手的问题，而集成工作历来都是放在时间紧迫的最后阶段。从软件到汽车再到工业控制系统，大家都有一样的经验教训：集成越不频繁，集成的问题就越难发现和修复，而且成本也越高。敏捷实践让团队能够尽早、频繁地进行集成，大大减少了最后阶段发生的问题。

⊖ 谁能提供关键信息很难提前想到。

肯·德尔科尔在MDS Sciex就使用了这种方法。

我们刚刚经历了这个过程。我们的固件团队按照硬件团队的测试计划向硬件团队交付固件。只要得到确认的功能足够了，软件团队就可以投入开发应用程序。采用这种方法，我们不需要等数字板完全安装好就可以开始固件和硬件的集成测试。我们做到了几件事（这是我们取得的最好的结果）：集成测试开始得更早，问题也解决得更快（进度和成本都有所改善）；只要准备好最基本的硬件，集成工作就能持续开展，资源投入也就不会出现爆发；所有团队都要参与集成工作，沟通也因此得到了改善。

肯、保罗和加里描绘出了敏捷的未来愿景，适当地投入资源给予转型支持，在员工出现焦虑期的时候鼓励他们，他们自己也真正地理解了敏捷方法。乔什和我一起组织了经理和高管参加的工作坊，和他们一起培养敏捷思维并理解探索敏捷方法。敏捷转型工作对软硬件开发都产生了影响，推动了技术发展。

7.2 新生代先锋

在无畏高管这个时代，我结识了很多新朋友，和客户一起展开了很多CIO级别的敏捷项目，撰写了《敏捷项目管理》第二版[⊖]（Highsmith，2009），还建立起了敏捷项目领导力网络（见第5章）。

我先是认识了GAP的帕特·里德，她曾在迪士尼和其他一些公司任职。帕特邀请我到GAP讲讲价值和敏捷三角。她当时担任着互联网交付管理服务总监（负责项目组合、项目发布、IT财务和战略、审计和质量）。接下来你就会看到，她雷厉风行，创意迭出，总是能量满满，不断地汲取知识。她在自己的部门推行敏捷开发，成了敏捷管理和适应性领导力的先锋。GAP的企业IT部门曾经成功地完成过一个敏捷试点项目，但在推广敏捷实践的时候却遇到了很大的阻力，他们不相信敏捷方法在遗留系统上依然奏效。类似情况的遗留IT组织有很多，他们被遗留系统欠下的海量技术债务拖累。在这些组织看来，实施敏捷实践的路线图当时还很模糊。

高管们想要了解引入敏捷开发以及规模化的最新策略和最佳实践，这种想法越来越迫切，于是帕特和我有了在每年一度的敏捷开发大会上增设高管论坛（Executive Forum）的

⊖ *Agile Project Management*，电子工业出版社于2019年出版了本书第二版的中文版。——译者注

讨论。2011 年在盐湖城举行的敏捷开发大会上首次设立了高管论坛。当时正值“敏捷宣言”发表十周年，帕特和我定下了高管论坛的主题：“企业敏捷正当时（Now is the time for enterprise agility)”，并声明了会议愿景：“为高管们营造非凡而有价值的互动体验，让他们融合敏捷交付、敏捷领导力和先进技术，以探索和迎接下一个时代的商业机遇和挑战”。

这个专为高级管理人员增设的高管论坛第一次就吸引了 7 名国际高管、13 名总裁级和 23 名副总裁级高管参加。高管论坛是敏捷联盟年会的一部分，这样高管们不仅能够参加主题演讲，还能在为期一周的高管论坛之外参与其他议题。

2010 年，帕特接受了火人计划（Burning Man Project）Playa Info 经理罗伯・奥利弗（Rob Oliver）的邀请，在旧金山市中心和火人计划的 CEO、CIO 还有其他员工共进午餐。我那时不怎么了解火人计划，但经过这一场大开眼界的午餐之后，我喜欢上了他们的冒险精神。他们的原则和使命充满了霍皮族长老的智慧，就像是拥抱敏捷的组织。(火人的原则包括激进的包容、赠予、去商品化、彻底的自力更生、激进的自我表达、共同努力、公民责任、不留痕迹、参与和直来直去)。

帕特直到现在都还有推陈出新的创意。她设想了一套敏捷管理课程，说服旧金山伯克利大学推广项目的主管们进行了一次试验。帕特和我成立了顾问委员会，一起组织了研讨会，我还到旧金山和她一起讲授了第一堂课。这是一次有趣的经历，学员中既有 IT 经理，也有非 IT 经理，数量远超我的想象。我很喜欢与帕特一起讲授这门课，但是扣除从亚利桑那州旗杆市到湾区的差旅费之后，兼职教授的微薄报酬就所剩无几了。帕特在最初的课程基础上继续扩展课程的内容，包括了敏捷管理基础、原则和实践，APM，掌握敏捷管理，敏捷产品责任意识。交付管理和价值创新。

本章前面的 Sciex 和接下来的综合财务软件、南方系统软件、中国电信这几个客户故事中，我的合作伙伴变成了另一位敏捷先锋和户外探险家：乔什・克里耶夫斯基。乔什创办了 Industrial Logic, Inc. 公司，专注于极限编程和推动新思想新方法的发展，而且总是先让自己的开发人员尝鲜。他的公司有 50 多名员工和顾问。乔什是最早尝试把 XP 从两周迭代变成持续交付的人之一。他还试着去关注开发中的人，比如系统地阐述了项目中个人安全的想法。乔什还撰写了 *Refactoring to Patterns* 和 *Joy of Agility*。我们的皮哈峡谷之旅就是他安排的，他又一次把开拓者的冒险特质展现得淋漓尽致。

和乔什·克里耶夫斯基探秘皮哈峡谷

2008年，乔什和我作为演讲嘉宾出席新西兰软件教育大会，期间我们一起来了一次刺激的冒险之旅。我飞了一整夜（航班在空中飞行了12个多小时），一大早就降落在奥克兰机场，马不停蹄地赶到市中心的酒店换了一身行头，立刻和乔什跳上一辆面包车，沿着皮哈峡谷来了一场新西兰式的探险之旅。

山谷两侧都是人迹罕至的陡峭火山岩，壮丽的瀑布时不时地进入眼帘，沿着山谷飞流直下奔流入海。我们换上向导提供的潜水服和旧运动鞋，或游或走，沿着河边来到了雄伟的基特凯特瀑布旁，顺着瀑布滑下，进入了峡谷中的一道狭缝。沿途我们偶遇了一个洞穴，几处潺潺的流水，还有天然的岩石泳池。我第一个从40米高的基特凯特瀑布滑下，还在瀑布脚下的小水潭里做了个拉伸。其他人站在瀑布上疯狂地向我招手，提醒我正在和一条1米多长的淡水鳗鱼共舞！用峡谷探险来倒时差，效果远比睡觉好得多。

2010年5月，我在明尼苏达州明尼阿波利斯市举行的卡内基梅隆软件工程研究所架构技术用户网络会议（SATURN 2010）上发表了主题演讲。SEI研究、技术和系统解决方案项目主管琳达·诺斯罗普（Linda Northrop）说："吉姆向我们展现了一种能力，一种把团队合作、规划和适应环境不断变化的重要性描述出来的能力。"纷至沓来的会议邀请表明，敏捷运动正在渐渐变成软件开发的主流。

7.3 综合财务软件

2005年我在卡特咨询公司担任APM总监，当时我们在综合财务软件（Integrated Financial Software，IFS）进行了一次大规模的敏捷实施。我会在这个故事中适当穿插其他几个项目的内容，因为我们的发现和解决方案都是"无畏高管"时代的典型问题（现在仍然存在）。

这次合作从软件产品部的全面评估开始。卡特咨询公司的核心团队包括乔什·克里耶夫斯基和几位顾问，还有担当项目经理的我。

很多像IFS这样成功的公司都发现他们需要提高自己的效能，因为竞争对手的影响力越来越大，客户想要的功能也越来越多。IFS的客户群已经非常庞大，遗留软件也在老化，欠下了不同程度的技术债。但新晋的竞争对手没什么遗留软件的负担，功能改进起来更快。

1990年代，客户服务器系统的迅速发展也对IFS造成了冲击。在IFS的产品转向客户服务器架构的过程中，互联网的爆发又迫使他们再一次进行技术转型。

我们的评估结果证实了管理层的担忧，虽然IFS的整体效能和交付能力达到了行业标准，但离世界一流水平还有差距。他们的许多绩效指标都在变差：生产率在下降，组织在努力应对增长和产品复杂性，质量和产品适应性在下降，整体交付能力不足以及技术技能和领域知识弱化，影响了按计划交付的能力。这些趋势全都是增长带来的影响。

CIO丹一开始向员工们介绍向敏捷转型时，就提出了这样一个问题："为什么要引入敏捷？我们不是非变不可。我们还没有'崩溃'。产品正常出货。公司也在成长。"他话锋一转，解释了不断增长的"规模化成本"：75名工程师交付5种产品的工作方式可能并不适合400名工程师交付12种产品的情况。

不好的迹象到处都是：质量，问题报告居高不下；功能，花在调试上的时间越来越多，开发新功能的时间却越来越少；预测，最近三次"年度"发布都延期几个月；无趣，挑战越来越多，人们疲于应付。

这次合作，丹有三个关键目标：

（1）评估绩效。

（2）引入敏捷方法。

（3）根据改进建议采取行动。

我们的评估包括了一系列访谈，涉及经理、总监，以及来自质量保证（Quality Assurance，QA）、开发、产品管理、架构和人力资源部门的工作人员。

我们把评估结果分成了以下几类：

- ❑ 缺少跨职能团队。
- ❑ 质量问题。
- ❑ 许愿式计划。
- ❑ 瀑布式生命周期。
- ❑ 技术技能。

不是每个人都赞同具体的改变，但他们都支持必须改变，而且大家似乎都愿意尝试新的方法。项目和发布的成功离不开全情的投入和辛勤的工作，但有时人们也会觉得自己的努力没有得到认可。人们希望提高绩效："我们以前也做过项目总结，但似乎没有什么改变。"

面对规模和复杂性的压力，团队的活力和关系往往会受到影响。IFS 就发生了这种情况。组织内不同的部门如果目标不一致，关系就会变得紧张。IFS 的情况就很典型，开发、质量保证和产品管理分属不同的组织部门，他们之间的沟通变得僵化和官僚，与流畅和协作背道而驰。

组织内部暗流涌动，部门内部（纵向）和部门之间（横向）的尊重和信任都在下降。“组织比原来更加割裂，互相指责的情况也越来越多”，“任何人之间都谈不上信任，我觉得别人不会告诉我他们的真实想法”，诸如此类的声音不绝于耳。组织里还出现了一种态度：表现不好的都是“别的”团队。这就是一种“我没问题，问题都是别人的”的态度。

我们听到了下面这些说法：

“开发团队的生产力不够。”

“质量保证高层和开发高层之间的关系一直不好。”

“开发部门不信任产品管理部门，产品管理部门也不信任开发部门。”

“架构团队只是把东西扔给我们。”

开发、质量保证、产品管理三个职能组织都是筒仓，这也是采用瀑布式生命周期的组织的典型特征。这三个领域的员工在个人工作层面的协作很差，决策要层层上升到更高级别的管理人员，无法在工作层面直接解决。

在 IFS，责任、义务和自主权属于职能部门，而不是团队。团队几乎没有决策权。“我们碰到过一个 15 分钟就能解决的问题，但是拉了 6 ～ 12 个人开了好几次会，花了将近 30 个小时才做出决定。不夸张地说，效率低到发指。”一位开发人员说。

我们从管理层那里听到的说法是：“进度和质量都非常重要。”我们在工程人员那里听到的说法则不同：“这里进度才是最重要的。”大家认为质量只是口头上说说而已。除了问题数量之外，质量几乎没有统一的定性或定量指标。绩效评估看重的是进度。

软件市场的发展给软件公司施加了巨大的压力，他们需要在很短的时间内响应客户的功能要求。面对市场的重压，产品管理部门只能在产品计划里添加更多新功能，这些计划又让开发部门陷入了总是拒绝的尴尬境地。重视进度和功能导致忽视了质量，加剧了产品的技术债，这又增加了未来按时交付功能的难度。随着发布日期一天一天地临近，他们只能面对现实，放弃那些未经充分测试就匆匆上马的功能，这又造成了工作上的浪费，打击了大家的热情。

即便计划超出了自身能力，IFS 的企业文化仍然会让员工做出承诺，为了按时交付拼命赶工。这种“我能行”的态度导致员工承诺交付不切实际的功能。（能够感知的或真实的）进度压力会导致员工各扫门前雪，除了自己分内的优先工作，根本不会去帮助其他团队。我们听到了这样的评论：“为了支持我们而做的小改动在他们那里排不上优先级。他们的态度是，不好意思，如果和我的领域无关，我就帮不了你们。”

瀑布式生命周期让这种糟糕的团队倾向雪上加霜，因为它加剧了一种“把事情扔给墙后下一个部门”的症状。有几个团队尝试过迭代开发的形式，但因为没有接受过培训，也不熟悉迭代开发，结果适得其反。

乔什和我给高管团队汇报了评估报告和初步行动计划。他们认可评估结果，并希望制定一个激进的行动计划。

通常情况下，公司会采用“一次一个项目”稳扎稳打的实施策略，即先在一个（或几个）项目团队中实施敏捷实践，然后从这些团队中挑选经验丰富的实践者加入新的团队。一般来说，这种策略推进的速度慢，但没那么大的风险。

但是 IFS 采用了在组织里全面铺开的激进策略，这里有两个主要原因。第一，整套产品是集成在一起发布的。如果让一部分团队转到迭代开发，一部分团队仍然保持传统的瀑布式开发，集成很难协调。第二，IFS 的高层希望整个组织都能感觉到自己是改进举措的一分子。逐个项目推广的策略会让一些团队脱节。

在组织里全面铺开的策略要想成功，必须得到最高管理层坚定不移的明确支持。虽然逐个项目稳扎稳打的策略不怎么需要最高管理层的支持（虽然确实有帮助），但激进的全面推广策略一定离不开他们的全力支持。

IFS 的行动计划有两个目标：①增强团队和个人战斗力；②改进技术实践。增强团队和个人战斗力涉及团队结构：调整成跨职能团队；加强小组之间的信任；让所有员工都参与流程改进举措。

我们把改进技术实践的核心叫作“精简敏捷”（Agile Lite）实践，“精简”（Lite）的意思是不要一开始就实施全部技术实践。由 IFS 员工和卡特咨询公司的顾问组成的敏捷实施团队推荐了一套项目管理、协作和技术实践。在实施团队看来，这些实践对 IFS 至关重要。乔什和我把 APM 方法与 XP 技术实践相结合，形成了这套“精简敏捷”方法论[1]。我们对推

[1] 我们在好几次合作中都使用了这套方法论。

迟引入某些实践的做法有些意见，但时间紧任务重，我们也理解这样做是迫不得已[㊀]。IFS的目标是做到尽可能高质量的可交付代码。以他们现有代码库的规模来说，这个目标相当艰巨。

这次合作中，我设计了一个简单的指标来度量进度，叫作“压缩收尾时间”。瀑布式项目中往往有一段时间不能再修改代码实现新的功能，这叫作代码冻结（code-freeze）。代码冻结之后还要修复错误、集成测试、编写文档以及做好运维部署的准备。为期一年的项目中，从代码冻结到真正交付的“收尾时间”可能长达几个月，有时还要更长。敏捷团队的目标是把收尾时间压缩到几乎为零。

随着IFS对“收尾时间”的压缩，收益也渐渐显现了出来：质量提高了，士气提高了，合作也加强了。四个月的转型之后，一位营销经理向工程副总裁提出了一项紧急的改进要求。产品团队临时分出了一个小团队来响应，很快就完成了新功能的部署。这标志着公司的敏捷转型成功了。如果没有采用敏捷开发方法，这种响应速度几乎不可能，营销经理对此大加赞赏。

Sciex和IFS的敏捷实施过程截然不同。Sciex的策略是逐个项目稳扎稳打，而IFS则是激进地在整个组织内全面铺开。两种策略孰对孰错？还是其中一种策略更好？这个问题没有准确的答案：策略成功与否取决于领导力、组织、信任、技术技能、协作、风险和不确定性等因素。我们不能非此即彼地思考这个问题，必须具备辩证统一的视角。但我还是认为Sciex的转型效果要比IFS更好一些，并不是因为他们的整体策略更好，而是因为上面这些其他因素的综合作用。如果我们的目标是在整个组织范围内实施敏捷原则，选择哪种策略并不是成功的决定性因素，高管和中层管理的领导力才是最关键的。

乔什和我在和这些客户合作的经历中学到了很多，包括IFS和本章接下来将要介绍的其他客户。首先，我们深入理解了组织级转型和团队级转型的区别到底在哪里，虽然我们一开始就知道这是两码事。我们理解了领导力对组织级转型更为重要：领导者和团队都需要理解方法论和思维方式，仅仅参与是不够的。我们学会了如何以合理的成本对组织的各个层级进行培训和辅导。我们学会了更好地设定和管理预期，因为高管们总是希望在一定时间内（有时合理有时不合理）体现出价值。我们体会到了困难和障碍之间的区别（见后面

㊀ 这种根据具体情况调整敏捷方法的过程是不断获得成功的基本操作。话虽如此，这样的调整也需要像乔什这样既了解单个方法又了解方法之间如何配合的人。了解方法如何配合尤为重要。

中国电信的故事）。我们认识到一定要改变度量成功的标准，但这件事挑战极大。我们在一个个项目中积累经验，不断把这些经验应用到下一个项目中。

7.4 南方系统软件

巴里（Barry）在南方系统软件（Southern Systems Software，SSS）的故事和 IFS 一样涉及好几个项目，也能反映出这一时期我们经常要面对的情况。2008 年我和巴里认识的时候，他在美国东南部一家中等规模的软件公司担任软件开发总监。第一次见面我就感受到了他的热情。我们谈起了他的业务、他的组织和他关心的问题。交谈中两大主题渐渐浮现了出来：他担心响应客户的速度不够，还关心公司软件的质量。

SSS 的产品发布周期是一年，当时许多软件公司都是这样。为了响应客户的重要需求，公司成立了一个专门的优化和维护团队，负责正常发布周期之外的新功能开发。但这种割裂的运作方式形成了多个代码分支，加剧了质量问题。

“我觉得自己就像被跑步机带着一圈又一圈地跑，”巴里说，“我们总是手忙脚乱地进入版本发布的最后阶段，测试时间总是不够用。代码冻结前一个月左右，开发人员才赶忙把新功能加到代码库里，而且越来越不重视质量。现在，我们的发布周期有一半时间都被各种各样的测试和集成占用了。发布前的四个月不会增加任何新功能，除非需求很紧急。但时间这么长，产品经理们一定会想出一些紧急需求。”

开发人员被压得喘不过气来，却看不到出路。他们很想写出高质量的代码，但是觉得完全挤不出时间。开发人员南希说：“我们只是听过敏捷这个词，但了解得并不多。”她的想法代表了部分员工的心声：“我们现在已经差到不能再差了，所以不管什么方法我都愿意试一试！”

这似乎是我们梦寐以求的敏捷转型成功场景，但事实并非如此。虽然交付团队在接下来的一年里苦苦支撑，但还是完成了一部分转型。他们引入一些敏捷实践，以两周为一个迭代，开发人员开始编写单元测试，每天也开站会，产品经理还加入了迭代计划会议。有段时间敏捷实施似乎进展得很顺利。

管理层却坐失良机。比如高管们任命了一位经理作为敏捷负责人监督转型工作，但这位负责人却是因为命令控制的管理风格而名声在外。管理人员的管理风格从来都没有向自适应转变，包括总监在内。他们坚持着传统的进度考核、许愿式的计划制定，还有微管理。换句话说，虽然管理层支持敏捷转型，但他们从来没有接受敏捷。

乔什和我参与的敏捷转型规模越来越大，显然我们的组织变革技能需要提升。

7.5 敏捷项目管理

无畏的高管们开始在企业里实施敏捷，项目管理的重要性也逐步凸显。我和乔什在客户那里采用了 XP/APM 的组合方法。我们解决了这个时代普遍存在的项目管理类型（type）问题。敏捷项目领导力网络也是我对这个问题的思考，而项目管理协会也开始关注敏捷项目管理了。我在 2004 年的《敏捷项目管理》第一版中对项目管理的类型问题做了回答，但到了 2009 年，这些内容该刷新了。

我在下面几个小节会讲到几个关键的项目管理主题（价值判断、约束、敏捷三角），还有一个敏捷发展的危险趋势（惨遭遗弃的发布计划）。我一直在探寻一个关键的问题："如果变化、适应和灵活是敏捷项目的标志，而遵循计划是传统项目的标志，那么我们为什么还要用传统的度量标准来评判敏捷项目的成功呢？"转换思维方式和方法论的关键是改变团队、产品 / 项目和组织各个层面的绩效度量标准。本章虽然还会讲到其他一些敏捷项目管理的主题，但绩效度量最为关键。

Sciex 的保罗 · 杨在 2006 年的一次会议上分享了一个故事，讲的是内部开发人员为市场部门开发应用程序的经历。市场部门根据以往和 IT 部门协作的经验，罗列了 100 个他们想要的功能。

"好吧，"保罗说，"你觉得最重要的是哪三个？"

市场部经理回答说："这 100 个全都重要。"

"我们明白，所有功能都会给你们实现，但我们会在前面的迭代实现三个最有价值的功能，然后再按照清单逐个实现剩下的功能。"

第一次交付快结束的时候，保罗又问了这个问题："接下来哪三个功能最重要？"

市场部经理似乎还没有完全理解这个过程，他又一次要求剩下全部的 97 个功能。

"我们承诺了会开发完所有的功能。我们现在只需要知道接下来要做的是哪三个。"保罗告诉他。

这样的过程重复了好几个迭代，大约实现了 20 个功能。保罗再次提出了“接下来最重要的是哪三个”的问题。

“嗯，”营销经理提出，“你们现在开发的功能很有价值，我们已经在使用了。现在我们希望暂时暂停这个项目，先把已有的功能用好。剩下的 80 个功能如果有也不错，但我们现在可能还不需要。”

保罗对听众说，如果团队采用传统的瀑布式方法，那么这 100 个功能都要被写成文档并交付。“我们还不如拿这些钱去搞个篝火晚会。采用敏捷的一大好处就是省掉了很多事情！”

保罗讲的故事促使我开始思考价值和成本之间的关系。敏捷项目经理在审视如何抓住价值的时候，项目交付的累计价值和累计成本都要考虑在内。接下来要思考的是如下问题：“我们是想用 100% 的计划成本实现 100% 的计划价值，还是想用 70% 的成本实现 90% 的价值？”这种管理上的权衡在敏捷开发中变得合情合理，势在必行，因为敏捷开发能够让价值最高的功能尽早交付。对价值的这种审视也改变了我们对项目组合管理的看法。把一个项目最后 10% ～ 20% 的边际功能开发出来，可能会延误下一个项目获取更高的价值。显然，管理者只评估开发成本是不够的，还需要评估机会成本。

有一次在 CIO 论坛上，一位与会者展示了一张用 70% 成本实现 90% 价值的图表，并补充道：“我们会不会因为项目经理剔除了低价值功能，提前完成了项目而奖励他们？我想我们没有，但我们也许应该奖励他们。”

2010 年我在 Thoughtworks 的伦敦办公室给一位客户提供咨询服务，还见到了和其他客户合作的团队。了解了一些项目情况后，我问他们：“在你们看来这次合作似乎很成功。客户又是怎么看的呢？”

他们回答说：“客户对我们目前的进度似乎很满意。”

我接着又问：“客户最在意的是什么？”

团队不假思索地回答：“速率。”

“你们还要汇报哪些指标？”我问道。

“除了速率，没有其他指标了。”

速率[⊖]不是度量成功的标准。速率能够帮助团队规划迭代的容量，但作为绩效指标很可

⊖ 速率度量的是每个迭代周期内的故事点数。故事点代表工作的相对大小（工作量）。

能适得其反。看着团队贴在墙上的故事卡，我建议他们除了估算故事点，还可以和客户的产品负责人一起估算价值点（只需要评估 1 ～ 5 的相对点数）。这样每次迭代结束时，他们就可以汇报交付了 35 个价值点，消耗了 25 个故事点。几个月后我进行回访时，他们说客户喜欢价值点的想法，而且基本没有再抱怨过速率的问题。有时候简单地改变绩效度量标准就能产生深远的影响。

传统项目光是计算成本和收益就要花费大量的时间。这些计算在项目组合管理团队确定项目优先级时就开始了。虽然投入巨大，但整个计算却有一个不靠谱的前提：未来的不确定性。而以故事点为基础的计划有一点好处：点数是相对的，而不是绝对的。如果未来是不确定的，计算得到的结果很快就会失效，那为什么还要费时费力地去计算呢？收益或价值的判断是不是也有同样的问题？伦敦团队使用价值点的经验说明点数非常有用。相对的点数大多数情况下都比绝对的数字更有意义，而且估算点数又耗费不了多少精力。

我在第 6 章深入探讨了质量的困境，也在本章前半部分同样探讨了价值问题。现在该探讨敏捷三角的最后一角——“约束”了。

约束是“防护栏”，是保持自适应行为的范围不要超出预定边界的路标。约束给开发团队的决策设置了限制条件。除此之外，约束还能激发创新。

有一次休假时，我参观了位于圣地亚哥的民艺国际博物馆（Mingei International Museum）。馆长把我们带到了一条项链面前，这是一条 1930 年代中期（新墨西哥）圣多明戈普韦布洛的项链。馆长介绍说：“这条项链非常有意思，它有很多‘不是’，项链上的黑色元素不是珊瑚，也不是黑曜石，而是熔化的旧留声机唱片。经济大萧条时期，美国原住民艺术家的材料匮乏。每个人都以为自由才是创意和创新源泉。但在艺术界，约束往往才是创意和创新的动力。”

项目管理的约束包括范围、进度和成本，三者组成了传统的项目管理铁三角。其中，进度的用法最为离谱。时间和质量一样远没有看起来那么简单。

时间期限是一直贯穿软件开发项目的主题，无处不在。但具体是哪个时间？“逾期”该怎么定义？时间是最重要的控制指标吗？我能想到几个和时间有关的话题：计划时间与实际时间、项目经历的时间、绩效基线和周期时间。还有，我们应该如何使用时间？是作为目标还是作为约束？

项目经理重点关注的是计划时间和实际时间的对比。制定计划是对的，没有计划是不对的。和模棱两可的需求（清晰的需求根本不存在）、不一致的估算、未来的不确定性、政治以及众多其他因素的问题混杂在一起，对比计划时间和实际时间显然是一个复杂的话题。遗憾的是，对计划影响更大的往往是政治因素，而不是估算，我把这样的计划叫作“许愿式计划”。不能按期交付是导致管理层和软件开发人员互相不满和不信任的最重要的原因。

项目从开始到结束所经历的时间是第二种看待时间的角度。当管理者抱怨“项目逾期”时，他们很可能抱怨的是项目耗费的时间太长，而不是计划的日期没有达成。无论如何，时间拖得越长，抱怨就越大。如果一个项目计划的工期是两年，即便如期完成，但由于整体时间过长，对项目的评价往往是负面的。反过来，如果一个项目能在3～6个月内就取得成果，无论当初计划的时间有多长，这个项目都会被看作是成功的。只是缩短项目交付时间就能改变人们对成功的看法。

绩效基线是另一种看待时间的角度，比如“怎样比较这些时间”？我见过一些项目，进度表现得比行业的平均水准要好，却因实际时间和计划时间不符被当成失败。如果产品团队拿到的时间计划按照行业或内部标准来看就是不合理的，那么交付日期预期又该谁来负责呢？

持续交付技术促使我们思考计划时间和周期时间到底哪个更重要？但是周期时间有很多，其中哪些更重要呢？是部署频率（几天、几周一次还是每天多次）？是功能（从待办事项到交付的）周期时间？还是项目（从开始到结束的）周期时间？这些周期时间都有值得关注的意义。

早年我经常说：“时间盒的难题不在于时间，而在于决定。”如果迭代和项目的时间不长，这些困难的决定需要做得更早、更频繁。

如果把时间当成一种约束，就会逼着我们做出困难的决定。瀑布式方法论往往会把问题拖到后面再说，最终倒霉的是瀑布最后阶段的测试人员。瀑布生命周期中前面的角色之所以能“按计划”完成工作，是因为他们声称文档已经写好了。当临近计划的“尾声”时，留给测试的时间已经从六个月减少到三周了。你可以说需求文档写好就完事了，毕竟文档不用执行，但是运行的代码必须经过真正的测试，容不得半点水分。

在更新《敏捷项目管理》第二版时，我的一个主要出发点是探讨敏捷绩效度量的问题，并引入敏捷三角来代替传统的项目管理铁三角。我听到有敏捷团队抱怨：“管理层希望我们敏捷、自适应，但我们也必须达成项目计划好的范围、进度和成本目标。”看起来管理层想要敏捷，却用传统的绩效度量标准来评判。如果自适应和灵活是敏捷项目的标志，而遵循计划是传统项目的标志，那么我们为什么还要用传统的度量标准来评判敏捷项目的成功呢？如果敏捷的领导者关注的是能够成功地适应不可避免的变化，而不是尽可能地遵循计划，那么严格按照范围、进度和成本的计划来度量成功肯定是不行的。于是我提出了图 7.1 中的敏捷三角，三个维度分别是：

- 价值目标：为客户提供有价值的产品。
- 质量目标：构建可靠的、适应性强的产品。
- 约束目标：在可接受的约束条件下，实现价值并达成质量。

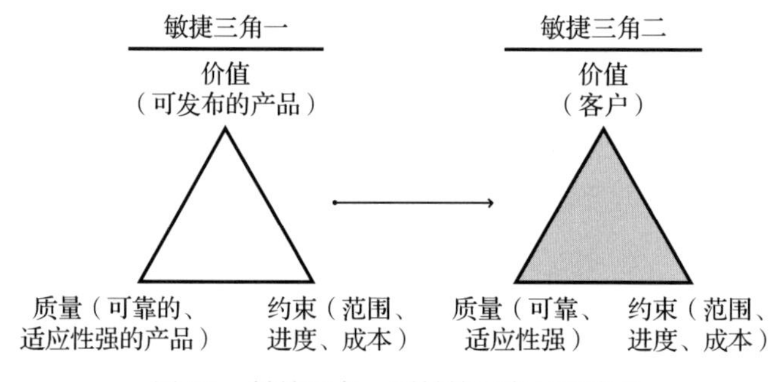

图 7.1　敏捷三角一到敏捷三角二的变化

自 2009 年《敏捷项目管理》出版以来，我一直致力于企业的数字化转型工作，并对敏捷三角进行了一些修改。首先，我将描述短语“可发布的产品”换成了“客户”；其次，我将“可靠的、适应性强的产品”中的“产品”去掉了。我认为这些小改动扩展了敏捷三角的适用范围，从组织部门到产品、服务和项目都可以覆盖。任何类型的举措（在第 8 章中，“举措”将用在精益价值树的行动层面）都能根据其对客户价值和质量的影响（即可持续性）进行评估，同时还能保持在既定的范围内（即约束）。

度量成功是一件棘手的事情。1990 年代，摩托罗拉公司耗资数十亿美元依托于卫星的铱星计划时运不佳，在市场上一败涂地。而同时期的电影《泰坦尼克号》预算严重超支并且一再延期，一开始就受到影评家的批评，认为 2 亿美元打了水漂，然而最终却成了第一部全球票房超过 10 亿美元的电影。如果按照项目管理铁三角的标准（范围、进度、成本）进行评判，《泰坦尼克号》无疑是失败的。有一小部分人却认为铱星计划是成功的，因为最初的规格要求在计划的成本和进度内达成了。如果按照敏捷三角的标准评判，《泰坦尼克号》

是成功的，尽管破坏了约束，但交付了价值。而铱星计划没有交付价值，因此是失败的，尽管根据传统的项目衡量标准，它是成功的。

在铱星项目中，项目铁三角让责任很难厘清。工程师们会说："我们按照你的要求构建了"；产品经理们则会抱怨说："但这不是我们现在所需的东西。你构建的是两年前我们以为需要的东西。"卡特咨询公司同事海伦·普克兹塔（Helen Pukszta）下面这段话把这个问题体现得再淋漓尽致不过了。这段话总是让我愕然，可惜在传统的IT组织中，这种做法再正常不过了。

> 最近，我问一位CIO同行，在一个延期、超预算但能带来巨大商业利益的项目和一个如期交付、不超预算但对企业价值不大的项目之间，他更愿意选择哪一个。他先是表示这个选择很痛苦，然后选择了如期交付的项目。在预算范围内按时交付是他管辖的IT部门的绩效指标。追逐难以捉摸的业务价值则不是，更何况这件事已经远远超出了他的控制范围。

我对度量成功的思考很大程度上受到了我的朋友和同行罗伯·奥斯丁的影响。罗伯在他的*Measuring and Managing Performance in Organizations*一书中一针见血地指出大多数度量体系注定要失败。罗伯在安大略省伦敦市的西安大略大学理查德·艾维商学院担任教授，之前曾在哈佛商学院担任过副教授。

敏捷开发要想成功，就必须改变成功的度量标准。

罗伯的组织绩效模型断言了为什么这么多的度量体系会失败。他以经济学理论为基础建立的这个模型，有力地证明了工作难以通过度量来激励，尤其是知识型工作。为了追求某种结果而设定的度量反而导致事情走向了完全相反的方向，他将这种情况称为度量紊乱（measurement dysfunction）。罗伯指出，在复杂的情况下依靠简单的度量几乎总是会导致紊乱。

约束仍然是重要的项目度量，但并不是项目的最终目标。价值才是目标，随着项目一步步地推进，约束需要进行调整，才能提升交付给客户的价值。进度可能仍然是一个固定不变的约束，但价值会在进度的约束下调整。如果我们想适应变化，就必须给予激励。为了实现价值或质量目标调整约束，组织才能满足适应的需要。

我服务过的一个组织采用交付日期和文档完整度来度量产品经理的绩效。由于他们的产品发布周期为一年，于是产品经理完成第二次发布的需求工作之后，必须马不停蹄地开始第三次发布的需求工作，根本没有时间和开发人员协作。这两个和其他种种绩效指标都必须改变，敏捷实施才能成功。

2000 年代中期，传统的项目管理方法代表就是 PMI。随着 APM 逐渐得到认可，我在美国各地的 PMI 分会上的演讲也多了起来，总结了一套挑战铁三角的问题套路。铁三角本来表达的是要在三角之间做出权衡，但光是名字中的“铁”字已经自相矛盾，这导致管理者把三个角理解为固定不变的。

我会先问：“你们有不同配置的项目吗？比方说，有的可能是搬迁办公室的项目，需要一套很容易定义的任务序列；有的可能是人工智能项目，创新最重要。”

“当然。”他们会回答。

于是我会追问：“这些项目类型完全不同吗？”

“当然。”

“那你们会用同样的范围、进度、成本标准来评判项目是否成功吗？”

大家恍然大悟，虽然嘴上说着“会”，但变得更犹豫了。他们这才反应过来是我把他们带到了坑里。范围是约束，不是目标。

最近我去看医生，当我和陌生的医生交谈时，大部分时间里他头也不抬地在笔记本计算机上鼓捣。医生们不是曾经（这还没过去多久以前）觉得用键盘输入数据很掉价吗？想想那些构建第一个医患应用程序和交互界面的程序员们，他们有多可怜。你会认为范围、进度和成本是他们的关键绩效目标吗？

在敏捷时代的第二个时期里，敏捷项目管理还需不需要项目经理的话题引发了大量讨论。逐渐成熟起来的敏捷组织意识到，项目管理仍然是高效团队不可或缺的要素，也知道项目管理需要转向敏捷风格。他们意识到，优秀的项目经理可以成为大规模转型的高效催化剂，因为他们可以在很多领域成为连接敏捷团队与管理层的桥梁，包括治理、组织、绩效度量和流程等。

帕特·里德、我还有其他一些人共同发起了 PMI 敏捷实践社区（Agile Community of Practice），帮助 PMI 成员掌握敏捷知识和技能。在 2009 年芝加哥的敏捷联盟会议上，Thoughtworks 公司举办了启动仪式。PMI 通过敏捷实践社区发展出了自己的敏捷项目管理认证项目（2011），并于 2012 年正式推出，第一年就有近 3000 人获得了证书。如今，PMI

已经提供了四种敏捷项目管理认证，而2021年发布的第七版PMBoK中也已经包含了大量敏捷内容。

用敏捷三角取代传统的项目管理铁三角对我们接下来参与的大规模敏捷转型意义重大，比如IFS和中国电信（马上我们就会讲到）的转型。

从一开始，我对敏捷方法论就有一些担忧，担心敏捷方法对传统计划矫枉过正。传统方法论的实践者一头扎进了确定性计划的细节里，而很多敏捷方法论实践者却把计划抛诸脑后，想也不想。

敏捷已经在越来越短的周期里不能自拔了。

2004年《敏捷项目管理》还在撰写当中时，我就担心敏捷团队过于专注于每周或每两周交付故事，忽略了长期的产品和技术目标。《敏捷项目管理》用了整整一章来阐述发布计划：为项目或产品制定目标、约束和指导方针。我向迈克·科恩[1]求证他最近合作的团队/组织（2022年）当中还有多少在做发布计划，他的回答是："几乎没有。"他也认为，这种只注重按周、按天、按小时地交付功能是一种危害极大的趋势。

有一种说法是传统管理过度地看重计划导致了敏捷对计划的回避。"计划"和"项目管理"这两个词让敏捷专家深恶痛绝。但是，很多人直接选择了避而不谈，而不是重新定义这两个词。敏捷计划应该以结果为导向，即价值和目标。还记得我讲过的Alias系统公司的故事吗？我们根据实时反馈来调整发布计划和迭代计划的产出。团队虽然以两周为一个迭代，但始终没有忘记产品愿景、功能优先级和时间约束。他们同时兼顾着短期目标和长期目标，在两者之间寻找平衡。

个人和团队往往会陷入短期迭代的细节，忘记了大局。他们对"计划"这个词避而远之，他们放弃了项目或产品的未来，放弃了整体的价值主张。这也是我喜欢"预测"和"设想"这两个词的原因。它们向团队传达的是一种目标感，是一个方向而不是规定好的计划。

DevOps持续集成和持续部署实践给企业带来了巨大的收益和价值，但也造成了过于微观的弊端。如果开发人员能做到每天交付10次新功能，我们就要想想他们应该这样做吗？

没有发布计划来提供全局的主线和背景，团队的迭代计划往往也会摇摆不定。避免迭代计划的动荡并不容易，但这是优秀的产品负责人、项目经理、迭代经理和团队需要掌握的技能。

---

[1] 迈克·科恩是另一位后宣言时代的敏捷先驱，他对这个领域的贡献斐然。

7.6 组织变革

从叛逆团队时期转入勇敢高管时期的过程中，敏捷专家还需要掌握或修炼另一套组织变革管理技能。让一个小团队或整个 IT 组织采用敏捷开发所需的实践已经越来越复杂了，更不用说让整个企业接受敏捷了。我们是应该自上而下还是自下而上地实施？是先从少数几个团队开始，再把他们的经验推广到其他团队？还是让每个团队都“像羊一样浸泡药水”[1]？我们（在组织层级中）上下和（在其他部门、分部中）左右推进敏捷的策略是什么？我们如何灌输做敏捷人（being agile）和行敏捷事（doing agile）的理念？我们应该使用哪种变革模式或方法？

变革管理在大多数早期敏捷专家的技能树里并不算靠前，我也不例外。我和同事都不是变革管理领域的专家，因此我们听取别人的意见，结合我们之前的经验，摸着石头过河。我采用两种变革管理方法的组合来帮助客户。

杰瑞·温伯格是早期的变革管理思想家。在 1990 年代中期的顾问训练营工作坊上，他向大家介绍了弗吉尼亚·萨提亚变革模型（Virginia Satir’s Change Model）。我喜欢这个模型，因为它抓住了一些关键的要点。

- 事情总是先抑后扬（管理层很难意识到这个问题，尤其是当变革被宣传成药到病除的万能药时）。
- 如果变革让人太不舒服，就可能偃旗息鼓。
- 绩效提升的道路总是崎岖不平。
- 成功的转型需要时间和金钱的投入。
- 克服恐惧和阻力需要信任和理解。

一天早上，乔什和我走进客户办公室里一位经理的工位，看到气球飞得满天都是。我们问这是什么情况，经理宣布：“我们在庆祝混乱。”变革管理已经自成一个行业。我相信现在的变革管理方法更加成熟，但我还是觉得萨提亚模型既实用又易懂。

我作为一名咨询顾问，会尽力帮助客户应用新方法、新方法论和新思维模式来提高绩效，而我首选的参考书便是杰瑞·温伯格（1986）的《咨询的奥秘》[2]。在这本书第一次出版

[1] “浸羊式”（培训）（Sheep Dip）是 1980 年代出现的一个术语，意思是每个人都要被“浸泡”一到两次工作坊，然后就宣称他们变得“结构化”了，到了敏捷时代“浸泡”两天就能变成 Scrum 专家。

[2] *The Secrets of Consulting*，人民邮电出版社于 2013 年出版了最新的中文版。——译者注

40年之后的今天，他的建议依然适用。那些想要改变他人行为特别是思维方式的人，会从杰瑞的告诫中受益匪浅：

永远不要承诺百分之十以上的改进。（Weinberg，1986:6）

大部分时间，在世界上大多数地方，不管人们有多努力，都不会发生什么大事。（Weinberg，1986:13）

如今，我们都在争先恐后地变、变、变，但有时却忘记了我们是在与人打交道，而人的转变没有我们以为得那样快。在与客户接洽之前或者接洽陷入僵局时，我的脑海中就会响起杰瑞的警告，不断地默念着"耐心"来告诫自己。回顾"敏捷根柢"时代，我花了五年多的时间才从结构化方法过渡到自适应软件开发。如今，敏捷开发的资料和咨询已经汗牛充栋，转型的速度应该会更快，但仍然不能一蹴而就。

阿利斯泰尔·科伯恩从日本能剧延续了四个世纪的"守破离"中得到启发，将这种倾听和学习的模式引入了敏捷社区，并广泛应用到了咨询实践中。阿利斯泰尔的观点是，我们需要先了解人们如何学习，然后才能了解如何管理变革。多年来，我都在利用萨提亚和"守破离"进行转型。

阿利斯泰尔是一位伟大的作家，与其费力地转述他的话，我还不如直接引用他早期的文章[⊖]：

"人们学习和掌握新技能需要经历三个截然不同的行为阶段：跟随（following）、脱离（detaching）和流畅（fluent）。在跟随（守）层次，人们会寻找一种有用的流程。即便有用的流程有十种，也不可能同时学会。他们需要先学会一种有用的流程。模仿它，学习它。

"到了第二个脱离（破）层次，人们会找出这一流程的局限性以及流程失效的规律。他们实际上进入了一个新的学习过程，这个过程首先就是学习流程的局限性。在脱离阶段，人们将学会根据不同的情况调整流程。

"到了第三个流畅（离）层次，实践者是否遵循特定的技术要求已经变得无关紧要。她的知识已经融汇到了无数的思想和行动之中。如果问她是不是在遵循某个特定的流程，她很可能会耸耸肩：对她来说，是遵循某个流程，还是围绕某个流程即兴发挥，抑或是创造新的流程，都不再重要。她明白最终想要达成的结果，顺其自然就行了。"

"规范性敏捷"是一种自相矛盾的说法，这也是困扰我的一个问题。有的公司严格实施

⊖ 阿利斯泰尔原文的PDF文件可在www.heartofagile.com网站上找到。

了 XP 的 12 项实践或是 Scrum 的 6 项实践，就宣称他们敏捷了。我曾用“规范性敏捷”这个词语来描述组织这种强制执行一系列敏捷实践的倾向，而“自适应敏捷”需要根据具体情况不断调整敏捷实践。使用规范性方法构建自适应软件说得过去吗？

在学习敏捷实践时（即阿利斯泰尔讲的“守”这个层次），规范敏捷实践也许还能说得过去，但如果你不能快速转换到自适应的敏捷（没有前面的定语也是一样），还不如使用传统的方法论。如果你没有把勇于冒险、不墨守成规、适应性强的人分散到整个组织中，你就无法实现敏捷。如果你还没有准备好接受（萨提亚模型中的）混沌并克服焦虑，你可能还是在行敏捷事，没有做敏捷人。

阿利斯泰尔·科伯恩解决这个问题的办法是“敏捷之心”。他定义的“敏捷之心”只有四个组成部分：协作、交付、反思和改进。这个“敏捷之心”更像是思维模式而不是方法论。拥抱敏捷需要耐心、决心和勇气。虽然要做到这些很不容易，但这些正是拥抱敏捷的根本所在[㊀]。

7.7 软件开发

肯特·贝克的《解析极限编程》（2000）和我的《自适应软件开发》（2000）首先掀起了敏捷书籍的出版热潮。到了敏捷时代的第二个十年，市面上最好的敏捷书籍早就超过了 100 本，最好的 Scrum 书籍甚至都超过了 100 本。还有很多作者为看板、持续集成、DevOps、精益、敏捷项目管理、规模化敏捷的发展做出了自己的贡献。这些发展为敏捷运动注入了活力。

当时影响敏捷实施的还有两个因素：一个是技术，另一个是组织。

组织级的转型和团队级的转型相比更是困难重重。我开始注意到 IT 部门出现了分化：一些团队开始负责内部的传统后台系统，还有一些团队则负责互联网和移动应用，有时候也被叫作前台或客户交互应用。前一种团队固守宏大方法论，后一种团队则越来越拥抱敏捷开发。互联网团队可以开发出很酷的新事物，他们需要一种“设想 – 探索”的思维模式，而内部（遗留系统）团队 80% ～ 90% 的精力通常会花在维护遗留系统和小规模的改进上，于是团队之间的隔阂越来越大。传统方法和敏捷方法的市场之争也渗透到了企业内部。

㊀ 敏捷人由哪些行为来定义？请阅读第 9 章的内容。

这不仅造成了团队之间的隔阂，还让团队产生了冲突。互联网应用需要访问和升级遗留系统，遗留系统团队会收到互联网团队的协助请求。敏捷团队的交付周期只有一到两周，而遗留系统团队的发布周期长达数月，响应时间的冲突更加激化了问题。一个组织里出现了两种思维模式的冲突。几家大型咨询和研究公司提出的双模或双速 IT 解决方案只不过是现状的映射。双模 IT 不仅没有解决问题，反而加剧了分裂。双模往往是组织里呈现出来的事实结构，但它最大的优势是作为一种战略的过渡。

互联网应用变得越来越复杂，它们和遗留系统的集成也随之越来越复杂。这最终导致了痛苦的组织架构调整，两种团队再次合并，而且往往会把敏捷方法作为整个组织的标准。

野马团队、Alias 系统、Sciex 和综合财务软件的故事中都出现了技术债的话题。随着敏捷专家不断深入企业级的敏捷实施，了解技术债积累的后果和解决方案变得越来越重要。在面对高技术债时，再敏捷的团队也不得不放慢脚步。这个棘手的问题亟待解决。

IT 和产品经理意识到了技术债给软件维护造成的破坏，他们开始了解造成技术债的根本原因以及应对方法。他们接受了制定技术债策略的必要性。本章一开始就介绍了 Salesforce 的成功经验，他们在 2000 年代中期发展迅猛，但软件交付能力却在业务增长和技术债的影响下日渐衰弱。转向敏捷交付模式并提高技术能力推动了这家公司的发展。

技术债问题是软件无形的特点造成的最大后果。财务债务是有形的，可以在公司的资产负债表上看到。财务债务的积累会限制公司的资金筹措，还会影响对创新性的新产品和服务的投资。软件技术债则更为隐蔽，因为它通常不易察觉，只有当软件维护成本上升、新产品没时间开发时才会被发现。

技术债分为两种：质量下降和技术过时。两者的主要区别在于造成质量问题的是内因还是外因。系统维护不力就会造成质量下降。外部变化会造成技术过时，迫使进行技术转换，比如从客户端服务器架构转到互联网架构。技术债还会阻碍对新产品的投资。

敏捷方法带来了解决技术债问题的新视角：持续交付价值。这种视角解释了缺少技术债管理的投资会给企业的交付价值流带来的影响，变换了一种叙事方式，却并没有把质量和有价值的功能对立起来。

管理技术债最重要的是要明白技术债修复成本很高，但无视技术债的代价更大。技术债限制了 IT 组织应对互联网冲击的能力（如图 7.2 所示）。

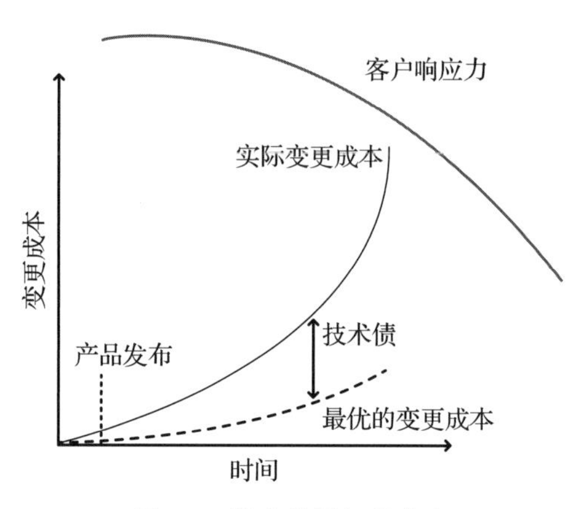

图 7.2　技术债增加的成本

资料来源：《敏捷项目管理》第二版（Highsmith，2009）。

迄今为止，对全球软件和计算机影响最大的技术债事件发生在世纪之交的 1999 年—2000 年。千年虫事件耗尽了 IT 组织的资源，而此时他们正需要集中精力应对互联网的战略影响。

技术过时引起的技术债（还记得 Windows XP 吗？）往往会带来巨大的工作量，特别是在转换的决策过程本身就很慢的时候。一般造成这种情况的原因是系统软件的升级或主要硬件的变化。这类转换项目很大程度上会被低估，因为 IT 部门不愿意承认它们真正消耗的成本。我曾经和一位部门经理聊过这个话题，他“一定要完成”硬件转换，最后交付和旧系统一模一样的功能，只不过要采用新的技术架构，这预计要整个部门投入两年时间才能完成。他担心两年内用户会逐渐流失。他的担心是对的。

一个最恶劣的技术债务例子是由“把问题拖到最后的做法”导致的。我服务过一家总部位于休斯敦的软件公司，他们销售的是石油行业的工程应用软件。这家公司的产品发布周期超过两年，“代码冻结”之后的终极测试和集成时间长达一年半！公司经理们面临着一个艰难的决定，因为把旧系统完全换掉的项目预计耗资高达 1 亿美元。在这个时间点上，所有选择都难以让人接受。我还提醒他们，如果不解决技术债问题，全新的系统几年后仍然会面临同样的问题。

对于大多数企业来说，解决技术债务问题需要渐进的改进策略和坚持不懈的努力。大企业的软件资产组合千变万化，不同的应用程序需要采用不同的技术债偿还策略：重写、系统地重构和淘汰。

7.8 规模化敏捷

2010年，乔什·克里耶夫斯基和我来到中国，代表卡特咨询公司为中国电信提供咨询服务。我们本以为只是一次普通的咨询，和几个人讨论一下问题就行，没想到一下子来了60多人。这让我们受宠若惊，还有点后怕。十天的时间里，我们介绍了敏捷的概念和实践，回答了问题，在同声传译的帮助下参加了会后的非正式讨论。有句话我们讲完后，中文翻译说："这句话我没法翻译！"（我记不清是乔什还是我说的了，我俩有时都有些心直口快）。于是乔什和我经常轮流发言，这样没有发言的人就有时间快速思考接下来要说什么。

中国电信是一家大型设备制造公司，在产品开发中采用了IBM的Phase-Gate流程[1]，而软件部门执行的是能力成熟度模型。在许多敏捷专家看来，这种情况下摆脱CMM和Phase-Gate系统是第一要务。然而，在一家大型制造公司里抹去这些已经根深蒂固的流程，这件事超出了乔什和我的工作范围。于是我们想出了一个办法将敏捷软件开发方法嵌入整体流程中[2]：使用Phase-Gate系统进行治理，在定义明确的系统开发中使用CMM，在业务开发中才用敏捷实践。这是我们在Sciex经验的进一步拓展。这个办法不怎么优雅，但确实奏效了。这给软件部门引入敏捷提供了足够的保障。在大规模的敏捷转型中，你必须稳扎稳打。在拥有数千名开发人员的软件部门中，实施敏捷实践已经够你喝一壶的了，要想改变整个组织根深蒂固的管理体系只能从长计议。

我们在这次合作中还体会到了困难和阻碍的差别。当时，大多数敏捷专家会对需要克服的挑战一视同仁，不会区别对待。但对于大型组织来说，特别是其他国家的大型组织，区别对待是必要的。我们认为在敏捷实施过程中，困难是可以克服的，而突破障碍的难度要大得多，高层必须躬身入局。

乔什和我希望和Phase-Gate系统打交道吗？当然不是。给数千名软件工程师介绍敏捷是不是已经让我们手忙脚乱了？当然是的。但当时唯一可行的办法就是把敏捷举措融入Phase-Gate系统当中。这么多年来和客户的合作教会了我一个道理，撞到南墙头是会痛的。我尽量不要再撞南墙了。就大规模敏捷转型来说，把困难和阻碍分开是不撞南墙的关键。

时任Thoughtworks中国区总经理的郭晓（现任Thoughtworks总裁兼CEO）为我们安排

---

[1] Phase-Gate（阶段–卡点）系统是一种宏大方法论，常见于设计和制造工业产品的公司。它有类似瀑布的阶段（计划、设计、工程图纸等）和作为正式管理控制点的卡点。卡点审查通常非常耗时。

[2] 我在《自适应软件开发》中写过解决Phase-Gate问题的方法（Highsmith，2002）。

了一次美食之旅，也是此行最美好的一段回忆。郭晓为我们点了满满一桌我们自己绝对点不到的中国美食。

我在中国电信和IFS的工作经历进一步证明了敏捷实践可以规模化，但仍有一些人持反对意见，认为敏捷只能局限在小项目里。我们在Sciex和IFS的工作见证了敏捷在中型公司和项目中的规模化。现在，大型组织面临的挑战也可以通过规模化敏捷来解决了。2011年的敏捷高管论坛上，我和一位来自中国的软件工程副总进行了交流，他的组织大约有2万名工程师。

我问他："你们去年有多少敏捷项目？"

"3个。"他回答。

"那你今年想做几个？"

"200个左右吧。"

我震惊了，欲言又止。我的经验告诉我，不可能在一年时间内把敏捷项目从3个发展到200个，但他也许知道一些我还不知道的方法吧。任何重大的变革举措都不能发生得太快或者太慢，寻找折中的速度很有挑战，而且适合不同组织的方法也不尽相同。实施敏捷实践的真实成本和时间很难让IT高管接受，因为他们往往还是会掉进许愿式计划的窠臼，许愿式地实施敏捷。能够像IFS和Sciex一样认识到变革挑战和成本的企业是少数。

数字化转型时期规模化敏捷开发成了热点，规模化敏捷框架（Scaled Agile Framework，SAFe）和规范敏捷（Disciplined Agile）等方法论相继推出。SAFe由迪恩·莱芬韦尔（Dean Leffingwell）创造，规范敏捷由斯科特·安布勒（Scott Ambler）创造，他们都是业内的领军人物。规范敏捷被PMI收购，而SAFe则获得了私募股权公司Eurazeo的大笔注资，这表明人们对规模化方法越来越感兴趣。

但在无畏高管时期，具体的规模化敏捷开发方法才刚出现，CIO们和其他人都还在观望。第8章我们将再次回到规模化问题，那时我们将先确认期望通过规模化解决的问题对不对。本章我想提出敏捷思维模式不应局限于小型项目的几点理由。

我的第一个论点来自2002年我和麻省理工学院航空航天研究员兼教授希拉·维德纳尔（Sheila Widnall）的一次简短交流。她曾在1993年—1997年担任美国空军部长，是第一位担任这一职务的女性，也是第一位领导美军整个军种的女性。在航空航天公司（Aerospace Corporation）和空军太空与导弹系统司令部（Air Force Space and Missile Systems Command）

联合主办的2000年风险管理研讨会（2000 Risk Management Symposium）上，维德纳尔博士发表了主题演讲。

维德纳尔博士在演讲中先是回顾了前一年发生的一系列发射和运载火箭故障。这些故障导致审查委员会和发射行业重新思考保障任务可靠性的方法。而她的目标是提高系统工程和风险管理的效率。

然后，她提到了我的《自适应软件开发》：

最近，我被吉姆·海史密斯介绍自适应软件开发的新书深深地吸引了。他借助登山这个隐喻，对人们在思考一项危险、复杂的冒险活动时经历的种种考量抽丝剥茧。这样的冒险活动中，结果本就不可预测，一次失误就可能致命：这样的冒险活动需要高超的技巧、计划和适应能力。这又是两者的相似之处，我们可以进一步将登山方法和开发新的复杂软件的方法进行对比。

维德纳尔博士在思考能不能借鉴ASD的理念发展出一种类似的航空航天方法，也许可以叫作自适应系统开发。但她也指出，虽然自适应方法在软件上的应用很直观，但在系统上的应用却不尽然，她要求听众“好好想想”这个问题。

我听说她的演讲主题后和她通了电话，维德纳尔博士提出了自己的看法：“航空航天领域，新飞机的制造需要10～15年的时间，也许我们没法做到每周或每月迭代一次，但只要采用某种形式的迭代，哪怕是两年迭代一次，也能让我们受益匪浅。”如果敏捷/自适应理念对航空航天项目都有意义，显然也能在软件开发中推广开来。

1975年，伊士曼柯达公司的工程师史蒂文·萨森（Steven Sasson）发明了第一台数码相机。柯达靠着胶片和胶片冲洗设备的销售，在胶片相机业务上获得了巨额利润。最早的数码相机分辨率没有达到很多相机发烧友的要求，于是柯达的高管们继续向胶片业务投资。但数码相机也有优势，那就是使用方便、即时查看、成本低廉。数码相机慢慢地提升着分辨率，提升的速度越来越快，最终克服了这个问题。廉价数码相机市场出现了爆炸式的增长，随后高端相机也开始转型。胶片业务化为泡影，柯达宣布破产。

这个故事揭示了当今企业会不断面对的两难境地：什么时候让现有产品退居幕后，什么时候让新产品破茧而出。时机把握很微妙。廉价相机的市场最近又被拥有强大摄像头和丰富应用的智能手机所取代。击败柯达的，是克莱顿·克里斯滕森（Clayton Christensen）1997年提出的“创新者的窘境”（Innovator’s Dilemma）：一款新功能符合客户需要的小产品能够不断地发布并修复缺陷，逐步取代市场上的领导者。一开始，数码相机价格不贵，还不需要冲印，但最重要的特性还是即时响应。数码相机早期的缺点是图像质量较差。但对市场上大多数客户来说，即时响应和省去胶片冲印的麻烦比图像质量更重要。然后，随着数码相机的画质逐步提高，市场被一点点蚕食，胶片相机最终变成了小众的专业产品[㊀]。

在敏捷时代的叛逆团队时期规模化可能还是个问题[㊁]。然而，和数码相机的发展轨迹类似，规模化早期的短板慢慢消失了。现在仍有人对数码相机嗤之以鼻，就像有人对敏捷开发的规模化吹毛求疵一样，但事实证明他们站错了队。

最后，我想提出几个"敏捷宣言"所表达的价值观放到规模化情景下的问题。第一个问题：项目达到什么样的规模时，流程和工具会变得比个体和互动更重要？记住，"敏捷宣言"中使用了"高于"这个词，意思是流程和工具固然重要，但个体和协作流畅的团队更加重要。

第二个问题：项目到什么样的规模时，客户合作会变得不如合同谈判重要？合同谈判当然很重要。但如果没有和客户建立合作关系，无论合同条款多么详尽，都无法达到预期的结果，最终落得个两败俱伤。

这些问题还可以套用到"敏捷宣言"的其他价值观上。虽然规模较大的项目需要文档、流程和管理评审等形式的方法论管控，但敏捷思维模式仍然是获得成功的最佳选择。

7.9 Athleta

敏捷时代中的下一个数字化转型时期，人们关注的重点从 IT 敏捷上升到了企业敏捷。Athleta 是早期业务敏捷的案例，向我们展现了业务敏捷带来的变化，拉开了数字化转型时期的大幕。

这个故事是帕特·里德告诉我的，我也在会议和工作坊上反复讲过，因为这个故事展示了敏捷思维模式带来的变化。Athleta 成立于 1998 年，其目标是满足运动女性的独特需求，2008 年被 GAP 收购。高层面临一个问题：是保留 Athleta 的纯互联网购物体验，还是开设实体门店。帕特给我透露了一些内幕。

㊀ 系统思考告诉我们每一种解决方案都会带来新的问题。现在，我们的数码设备里保存着成千上万张未经整理的照片。放在以前，我们只有一盒一盒的照片。

㊁ 敏捷被批评的不止是规模化这一点，这里只是用规模化来举例。

GAP高层希望把Athleta品牌扩展到实体门店，但有些犹豫。他们想开设一家样板店来测试他们的假设，获得更多可行性分析的输入。他们找到GAP的设施管理部门和传统IT部门，得到的答复是开设这样一家样板店需要一年半。

帕特·里德的在线开发部门发现这是对市场的一次实验性探索，便以敏捷的思维方式开展工作，只用了三个月多一点，他们就协助GAP的业务高层在加州米尔谷开设了样板店。在目标市场社区开店时，他们没有新建大楼，而是租了一栋。他们改用QuickBooks，省去了往常安装企业信息系统所需的时间。他们打破了公司开设新店的标准，但结果让人振奋，高层最终决定采用实体店的形式。平心而论，开设样板店并不是设施管理部门的任务，他们的任务是开设第20家或第50家门店。产品实验也不是传统IT部门的专业领域，但接下来的十年里他们必须专业起来。第一家GAP Athleta门店于2011年开业，如今全球已有200多家门店。Athleta的故事说明了敏捷的优势，对管理和软件开发都有帮助。

7.10 时代观察

随着技术实践得到磨炼以及DevOps和看板等新实践的出现，无畏高管时代的重点转到了组织中的敏捷实践实施，而且实施的方式是改变过去建立在数十年瀑布思维之上的组织策略、招聘和留用策略、合同条款、领导力风格等，要改变的实在太多了。

组织中存在许多阻碍变革的因素，其中大部分在敏捷方法论的实施过程中一定会碰到。值得注意的是，组织内的阻碍呈现出一种形式，即不愿意成为敏捷团队的一分子。在叛逆团队时期，敏捷团队主要由开发人员组成，他们面临的组织变革障碍（例如对“职责分离”标准的审计）让一些组织无法把测试人员放到项目团队中。自动化测试、持续集成和部署流水线的出现，又给这一对角色组合的问题注入了新的变化。

另一个障碍和产品管理角色有关。Scrum指定了产品负责人，其职责是识别、定义产品功能并确定其优先级。公司还没有设计这种新的能够和开发团队面对面沟通的产品负责人角色，角色的缺失造成了能力上的隔阂。内部IT部门往往没有产品专家（最接近的角色可能是声名狼藉的主题专家），而软件公司虽然具备产品管理能力，但不够强。在产品角色上投资和定义产品角色的问题经常发生。

对团队角色和职责的重新定义影响了IT部门内外的每一个职能群体：测试、运维、产品管理、数据设计和管理以及用户界面设计。每一个职能领域都不愿意“变得敏捷”，找出了一堆敏捷实践在其职能领域不起作用的借口。

敏捷团队和项目管理办公室（Project Management Office，PMO）以及项目经理之间是敏捷实施中另一个经常冲突的领域。IT 组织中的项目管理办公室掌握着相当大的权力（软件公司中情况要好一些），他们不想放弃。此外，PMO 通常由业务人员而非 IT 人员组成，他们往往还是宏大方法论的“执行者”。项目管理社区在采用敏捷原则这一点上可能落后了三到五年（开发团队与项目管理办公室之间的摩擦由来已久，并不是引入敏捷实践造成的）。

由此可见，叛逆团队到敏捷组织的转变过程崎岖不平，阻碍重重。有的公司趟出了一条路，有的公司一路磕磕绊绊。加里・沃克用一句话总结了 Sciex 公司的经历，这里再复述一遍：“我记得在敏捷转型发起大概一年半之后，才开始看到团队心态和行为的变化。”组织变革需要时间和耐心才能见效。

我个人的观察是，理解了敏捷本质的无畏高管决定了组织敏捷实施的成败。Sciex 的肯・德尔科尔不光是鼓励敏捷转型并为其投入资金，还提出了一些出格的做法，比如组建跨工程学科的团队，调整工作空间来适应这些团队。另一个故事当中，巴里也鼓励他的公司实施敏捷并提供了资金，但他从未拥抱过这些原则。没有无谓的高管，团队也能敏捷起来；但组织的敏捷遥遥无期。

另一个观察结果与实现组织变革的方法有关。敏捷专家对变革模型的认知足够他们在团队级和小规模的公司级变革中游刃有余。但在企业级转型中，他们往往需要组织变革专家的帮助。变革专家可遇不可求，如果有他们相助，敏捷专家的境遇就会大不一样。

总的来说，我在结构化和敏捷这两个时代的经验表明，敏捷转型成功的概率要高于早期的宏大方法论，尽管敏捷社区对成功的定义还存在很多争议。敏捷转型成功率更高的原因有：①业务的收效明显；②敏捷实践对开发人员很有吸引力（而之前的方法论对他们几乎没有吸引力）；③“敏捷宣言”为敏捷运动提出了明确的目标和原则。1980 年代和 1990 年代的瀑布式方法论由文档驱动，非常官僚，总是自上（管理层）而下（工程师）地实施。而大多数情况下，敏捷实施都是由开发人员发起或支持的。

8

第 8 章

数字化转型

（2011 年至今）

“自 2000 年以来，《财富》500 强中有 52% 的企业被收购、兼并，或宣布破产”。

——托马斯·西贝尔，《认识数字化转型》(2019)

21 世纪初的这 19 年间 52% 的企业都消失了。在新冠病毒、俄乌冲突、气候变化引发的超级风暴、迫在眉睫的全球经济衰退和日益不稳定的地缘政治出现以前，变化的洪流就已风起云涌。逢此动荡不安之际，企业开始将数字化转型战略视为此间生存和发展的关键。本章将重点介绍我在 Thoughtworks 做的数字化转型工作、EDGE 方法（一种旨在将战略与战术相结合的运营模型）、一种独特的敏捷组织模型以及同理心管理。如下面拉塔姆航空公司的故事，现阶段的挑战早已从规模化敏捷转变为企业层的规模化创新。

针对企业规模化创新，有两种可选策略，一种是继续大量原有工作，等待差异成果的产生；另一种则是尝试全新的方法。第二种策略需要有勇气的高管带领。这样的人在 Thoughtworks 世界各国的客户中都能找到，其中之一便在南美洲。我曾有幸与拉塔姆航空公司的首席数字官里卡德·维拉，讨论了该公司的数字化转型。

拉塔姆航空公司是一家总部位于智利圣地亚哥的航空公司，并在巴西、哥伦比亚、厄瓜多尔、巴拉圭和秘鲁等国家设有子公司。同所有航空公司与酒店业一样，在新冠病毒大流行期间，拉塔姆航空公司也受到了严重冲击。在这一时期，从母婴零售店到邮轮公司或航空公司，所有行业都经历了从兴旺到困难的巨大波动。

随着德克·约翰担任新任首席信息官，拉塔姆航空公司从2017年开始进行数字化转型。转型计划主要分为两个方面，负责运营系统的信息和通信技术组织（ICT）㊀以及负责所有用户体验的数字化组织。在转型初期，拉塔姆航空公司面临多个推动因素，包括行业趋势、分散的独立业务部门导致的信息和通信系统碎片化、底层信息和通信技术设施老化以及高管层将信息和通信技术视为服务提供商而非合作伙伴。

Thoughtworks曾与拉塔姆航空公司合作开发软件。在2018年8月，《EDGE：价值驱动的数字化转型》的合著者大卫·罗宾逊，组建了一个专注于全面探索数字化转型的团队。尽管我并非该团队的直接参与者，但由于该团队为EDGE实践提供了很多有价值的反馈，我便一直对这个项目保持关注。

转型期间，外部为拉塔姆航空公司提供了两项计划，首先由麦肯锡完成的是用户体验（CX）㊁计划的前期工作，这为选择技术合作伙伴提供了基础和动力。然后，Thoughtworks开始了为期10周的工作，将用户体验计划推向运营层面。主要目标包括端到端全面负责（而非部门各自为战）、简化杂乱无章的业务规则以及采用全新的现代化技术架构。

该项目的三个主要发现都和拉塔姆航空公司的管理层有关：

- 对无法交付价值的项目浪费的投入缺乏洞察；
- 没有足够的数据或审查流程，低价值的项目的终止和转型总是来得太晚；
- 在项目中期阶段，缺乏系统的学习和调整机制来纠错。

这些发现与我们在其他类似组织中的研究结果相一致，这些组织长期以来一直采用瀑布式开发方法而非迭代开发方法，业务和数字战略存在冲突，而且业务和信息通信技术领域各有各的成功度量标准。

新冠病毒的爆发对航空公司造成了巨大冲击，拉塔姆航空也不例外。航空公司收入急剧下降，不得不进行人员和成本削减；也不得不重新考虑未来的方向和服务。对于像拉塔姆这样的航空公司来说，甚至还面临着在破产保护的框架下进行重组㊂。然而，展望未来，

㊀ 信息通信技术（ICT）这一名称已逐渐取代信息技术（Information Technology，IT)。信息通信技术更适合当今充满互联网连接的世界[也许叫作信息连接技术（information and connectivity technology）更合适]，因此本书将使用这个较新的术语来涵盖过去十年的技术进步。

㊁ 拉塔姆航空公司使用缩写XP来表示客户体验。但我会在拉塔姆航空公司的介绍中使用CX，避免和代表极限编程的XP混淆。

㊂ 原文“recovery under Chapter 11 bankruptcy”指的是根据美国破产法第11章进行破产重组。——译者注

在勇敢无畏的CIO和远见卓识的CEO的领导下，拉塔姆依然继续对他们认为对未来至关重要的数字化转型项目提供资金支持。这不仅仅是一个数字化举措，更是一个组织级的行动，整合了重叠的责任关系，形成了首席商务官和首席信息官之间的电子商务伙伴关系。建立这样的业务/技术合作伙伴关系有助于他们专注于高价值的举措。

从“结构化时代”到“EDGE转型时期”，我一直在强调采用和调整方法论的重要性，而EDGE也不例外。如今的组织变得复杂且各不相同，没有一种单一方法可以满足全部需求。然而，就像采取极限编程实践然后说，“我们要重构，但不做自动化测试”，你必须了解各个实践和举措间的动态关系，才能重新组织它们。EDGE可能是你的起点，但每种运营模式都必须根据不同的组织进行调整。

如今，几乎所有高管都制定了数字化战略，但取得实质性进展的却少之又少。要取得转型的成功，需要领导力、需要将战略与运营相连的运营模型、需要适应性的组织结构，以及基于价值的优先级排序的投资组合管理方法。总之，创新必须先于优化。可说起来容易做起来难。但拉塔姆航空公司遵循大卫团队和公司高管共同制定的EDGE路线图，不断进步。截至2022年中期，规划中的技术基础设施已经逐渐完善，业务与信息通信技术的合作伙伴关系也不断发展，应用程序也即将上线。这种演变，更准确地描述应该是转型的过程（transforming），而非转型的结果（transformation）。因为转型的结果有某种终极状态的意味，但众所周知，转型的过程才能更准确地描述现实情况。

拉塔姆航空公司对时代的回应是企业转型，而非规模化敏捷开发（尽管这也是转型的一部分）。他们认识到，不仅其数字基础设施必须具备快速适应，商业和信息通信技术组织间的合作伙伴关系以及领导思维方式也需要改变。

8.1 Thoughtworks

敏捷时代的前十年，我一直在卡特咨询公司工作。之后十年，我在Thoughtworks（TW）工作。早在1997年，我就遇到了后来就职于TW的马丁·福勒（目前仍在职）。此后我又在悉尼、伦敦、美国等不同国家和城市与不同的员工共事过。我还结识了时任首席执行官的罗伊·辛汉。后来，2010年和罗伊在佛罗里达州奥兰多共进午餐后，我决定作为执行顾问加入TW。此后不久，我在一次澳大利亚悉尼举行的敏捷会议上公布了这一消息。

再次作为员工加入一家公司对我个人而言无疑是一种改变。但我那时就很肯定，这是一家极富冒险精神的公司。于我来说，这段工作经历的特点就是节奏的变化。我开始为客户的高管和管理层提供短期服务，而非长期的咨询工作。在 TW 期间，我的工作内容囊括了如敏捷转型咨询、写作、加强高层沟通（enhancing executive communications）以及数字化转型。

自多本知名技术书籍作者、“敏捷宣言”联合起草人马丁·福勒 1990 年代末加入以来，TW 员工一直是敏捷方法的主要倡导者。此外提倡软件卓越、IT 革命、社会行动和多元包容的 TW 文化也是我决定在那工作的关键因素。事实上，TW 对这些方面的重视远超想象。TW 还是一个勇于探索的组织，敏捷开发是其核心竞争力。以极限编程（XP）中的结对编程（两名开发者共同编写代码）为例，如果这对开发者是有益处的，那么对管理人员也许同样有益，于是 TW 就让管理人员们尝试结对。和其他所有领域的试验一样，结果有好也有坏。原以为我只会在 TW 工作几年，然而一待就是十年。我在那里曾与一群极具天赋的人共事，他们无论技术、管理还是高管团队都无可挑剔。

我在 TW 十年中的前几年经常出差，与 TW 的客户一同工作，或在会议上演讲。我也参与了 TW 的一些内部项目，其中两个项目聚焦在“沟通交流”上。为此我们制定了一份指导“如何提升写作技巧，让创意深入人心”的指南。我们尽可能让它简单明了，并加入了下面这些条款：

- ❑ 不要把介词用在直接表意的动词前面。不要写“私人朋友”，而是直接写“朋友”；
- ❑ 长话短说，用短词。比如，把“为……提供帮助”直接写成“帮助”、把“数量巨大”直接写成“很多”；
- ❑ 很多副词都是不必要的，它们会让文章显得杂乱无章；
- ❑ 很多形容词也同样多余。

我还创办了一个讲故事工作坊，我当时的想法是“光有好点子是不够的，还需要让这些点子足够有趣、可信，让大家付诸行动”。于是 2014 年中，我和菲奥娜·李、托尼·梅兹、杜奇·斯托特尔一起在旧金山举办了第一届“讲故事工作坊”。工作坊的目标是“提升你影响、吸引和激励他人的能力”。参与工作坊的各团队展示了自己的故事，并对其进行了完善。事实证明托尼是帮助团队克服困难的专家。最后我们用自己的故事说明了讲故事需要注意的方方面面，并采用了奇普·希思和丹·希思的 SUCCESs 框架：要想让创意更有黏性，需要简单（Simple）、意外（Unexpected）、具体（Concrete）、可信（Credible）、充满情感（Emotional），以及和故事（Stories）紧密结合。

“可信的观点让人相信认同，充满情感的观点使人关心在乎，好的故事能促使人行动起来。”

——奇普·希斯和丹·希斯，2007，《行为设计学：让创意更有黏性》

2013 年，我整理了过去五年的博客，出版了《敏捷性思维：构建快速更迭时代的适应性领导力》（Jim Highsmith，2013）。该书收录了我在过去十年中与企业高管合作并实施大型敏捷项目的过程中学到的有关领导力的知识，涵盖了以下主题：

- 研究多变环境中的机会流向；
- 定义战略、投资组合和运营灵活性；
- 详细分析持续价值流的原因和方式；
- 构建适应性、创新性文化；
- 如何在混乱、矛盾的情况下决策。

我在适应性领导力方面的工作促成了我的第一次环球旅行，只用了两周，没有福格的八十天那么久[⊖]。那时我刚好在筹备去澳大利亚参加一场敏捷大会，顺便拜访几位在悉尼的客户，罗伊·辛汉打来电话问我是否可以出席即将在慕尼黑举行的 TW 领导力大会，并做一个简单的适应性领导力研讨会。你很难拒绝公司 CEO 的请求，除非时间和婚礼冲突。我也很高兴可以与各公司的高管分享我的看法和经验。这次旅行从佛罗里达州的威尼斯出发，前往伦敦，再到慕尼黑，又回到伦敦，然后去往悉尼，接着我又从悉尼直飞德克萨斯州的达拉斯，最后回到家。这趟旅程回想起来比实际经历有意思一些。

接下来的一次会议让我在 Thoughtworks 的剩余时光里都聚焦在一件事上了。

“我们该如何应对那些询问我们有关规模化敏捷方法的客户？”这一问题在 2015 年促成了一次 TW 会议。彼时规模化敏捷方法论备受关注，很多企业也都顺应这一趋势。时任 TW 亚太区总经理的安吉·弗格森在旧金山发起了讨论 TW 规模化敏捷方法论的会议。与会的除我之外，还有时任首席能力官的查德·沃辛顿、数字化转型负责人的大卫·罗宾逊、产品负责人琳达·刘。

在讨论到 IT 组织内规模化敏捷实践这一问题时，我们逐渐意识到它的描述可能并不准确。准确的描述应该是“我们如何在整个企业的范围内进行规模化敏捷和创新？”前面一个

[⊖] 儒勒·凡尔纳 1872 年创作的长篇小说《八十天环游地球》中，主人公福格用了八十天环游地球。

问题可能是 CIO 提出的，后面这个问题才是 CEO 更关注的。

就这一点而言，规模化敏捷会退回到传统方法，而传统方法却很快会升级成官僚主义，反过来扼杀创新。因此企业想在数字时代取得成功，有赖于个人、团队、部门、分部和高管团队的全面创新。所以战略上的优势不在于规模化的范围，而在于规模化地创新，保持学习和适应能力的不只是 IT，而应是整个企业。

我们一致认为，TW 有几个关注点，主要集中在适应性的需求不断增长以及一种既能规模化又不丧失适应性的运营模型和投资组合管理方法。同时，我们也认为，我们的解决方案应像彼时敏捷方法那样保持前沿（edgy），而非此时较流行的几种方法那么保守（safe）[一]。于是 EDGE 方法应运而生，并成为 TW 数字化战略的重要组成部分。这也是大卫、琳达和我撰写的《EDGE：价值驱动的数字化转型》(Highsmith et al.，2020）一书的开端。

“在当今这个多变的时代，除了重塑别无他法。与他人相比，你唯一可持续的优势就是灵活性，仅此而已。因为其他任何事物都不是可持续的，你所创造的一切，都会被人所复制。”

——亚马逊前首席执行官兼总裁杰夫·贝索斯[二]

8.2 一个加速发展的世界

数字化企业、第四次工业革命、精益企业等各种文献充斥着从旧事物向新事物转变的忠告。企业是如何应对的？它们是否有制定数字化战略？它们将如何实现这一战略？在这个充满突发机遇的世界里，企业获得的是渐进式的成果吗？无论目标是成为数字化企业，促进规模化创新，还是实施数字化战略，战略是否会因执行不力而受挫呢？

在过去的十年里，南非前总统纳尔逊·曼德拉去世；冰桶挑战筹集了 1 亿美元用于医学研究；巴基斯坦活动家马拉拉·优素福·扎伊获得了诺贝尔和平奖；还有巴黎气候协定。在科技领域，苹果推出了 iPad，并成为首家市值超过 1000 亿美元的上市公司。

在 Cynefin 框架中，这段时间的前半部分可以视为混乱限域，战略上需要采用全新的方法。但自 2020 年起，世界进入了失序期，这是一个巨大的未知领域，哪怕是全新的方法可能也不足以应对了。

[一] 这里作者是在暗指规模化敏捷框架 SAFe。——译者注

[二] https://hbr.org/2021/01/in-the-digital-economy-your-software-is-your-competitive-advantage。

根据麻省理工学院信息系统研究中心（Center for Information Systems Research，CISR）于2017年进行的一项调查，来自全球各地的413位高管报告称，在接下来的五年内，由于数字化颠覆，他们的公司可能面临失去平均28%营收的风险。（Weill和Stephanie Woerner，2018）

我们的社会正在发生一场势不可挡的革命，几乎影响到每一个人。这场革命正在一些最大、最受尊敬的公司的眼皮底下进行。任何人都能看到这场革命，一场组织运作方式的革命。（Denning，2018）

我们正在经历一场类似于生物学家所称的间断平衡（Punctuated Equilibrium，PE）的商业事件。生物学家在过去的5亿年间已经确定了5次间断平衡事件，导致恐龙灭绝的那次就是其中之一。在间断平衡事件中，达尔文的适者生存概念并不重要。在陨石撞击前的生态系统中，最适应的恐龙（如霸王龙）在生态系统天气剧烈变化时灭亡了。有一些冷血爬行动物幸存了下来（如鳄鱼），但新的生态系统更有利于那些能够适应严酷天气变化的温血哺乳动物。[㊀]

比恐龙灭绝事件更鲜为人知的是2.25亿年前二叠纪晚期的灾变事件，造成了当时地球上96%的物种消失（古尔德，2002）。在二叠纪大灭绝中，许多经过环境磨炼出来的最适应的物种都灭亡了。一些在小生态位上勉强存活下来的物种，却意外地拥有了能够在随后的三叠纪时期繁衍生息的特征。

我们相信，新冠肺炎可能会大大加速向数字化的进程，并从根本上撼动商业格局。在这个世界上，敏捷工作方式是应对客户行为日新月异的先决条件。

——菲茨帕特里克等，2020年

如果达尔文是正确的，那么他的适者生存理论就能够解释我们作为生物主体或经济主体如何适应正常的变化。如果霍兰（1995）是正确的，那么他的适者出现概念（第4章中介绍过）就能够解释当变化的速度加快时，我们如何适应并进行转变。如果我们真的处于间断平衡困境，也就是斯诺登[㊁]称为失序的限域，这种情况下可能并没有行之有效的已知方法，那么我们可能正处在一个幸者生存（survial of the luckiest）的时代。

在这个幸者生存的时代，阁下又如何应对呢？你的组织是恐龙还是哺乳动物？是否会

㊀ 本章使用了《EDGE：价值驱动的数字化转型》（Highsmith et al.，2020）中的一些段落并酌情做了修改。

㊁ https://thecynefin.co/about-us/about-cynefin-framework。

出现类似于二叠纪的情况？除了运气之外，哺乳动物繁荣的关键是什么？是适应，适应，再适应。组织繁荣的关键又是什么？还是适应，适应，再适应。这应该是组织数字化转型的重点。想想在新冠肺炎大流行期间发生在像拉塔姆航空这样的航空公司身上的事情。航空交通瞬间下降到创纪录的低点。航空公司削减了可变成本，但航空公司本身就是一个固定成本极高的行业，因此削减成本的机会有限。净收入急剧下降，最严重的时候还会导致破产。后来，随着疫苗的面世，航空旅行迅速回升。拼命削减运力没多久，航空公司现在又开始拼命增加运力。

在这个动荡不安的时代，从首席执行官到一线员工，组织的适应能力将决定未来的成败。

8.3 数字化转型概述

我在 TW 最后五六年的大部分时间都花在了数字化转型和 EDGE 上。在最初那次 EDGE 会议后，大卫、琳达和我为 TW 顾问们开发了内部 EDGE 工作手册，并收集了客户合作过程中这套方法运作情况的反馈。后来《 EDGE ：价值驱动的数字化转型》一书于 2020 年出版。EDGE 成为 TW 数字化转型和运营服务的组成部分。我们把开发 EDGE 过程中学到的知识，以及我们的书出版之后的新材料，总结如下。

就像前文所提到的，我们发现 CEO 们在问："我们怎样才能建立响应灵活的组织？"而首席信息官们在问："我们的组织怎样才能利用我们的 IT 能力？"在 2022 年 7 月的《麦肯锡季度报告》中，技术专家马克·安德森这样回答了有关如何为大公司数字化转型的专题："找到公司里最聪明的技术专家，然后让他们担任 CEO。"[1]

技术的进步会进一步拉开机会增长速度与企业把这些机会转化为优势的速度之间的差距（如图 8.1 所示）。因此许多企业面临机遇和威胁，但却缺乏利用这些机遇和威胁的能力。这种机会与能力之间日益扩大的差距成为企业管理者需要解决的一个重要问题。

CIO 和 CEO 需要重新思考组织的技术战略，并将其从与业务战略相一致但始终从属于业务战略的职能级战略转变为企业总体数字业务战略。后者被定义为"通过利用数字资源创造不同价值而制定和执行的组织级战略"（Bharadwaj，2013）。

---

[1] www.mckinsey.com/industries/technology-media-and-telecommunications/our-insights/find-the-smartest-technologist-in-the-company-and-make-them-ceo。

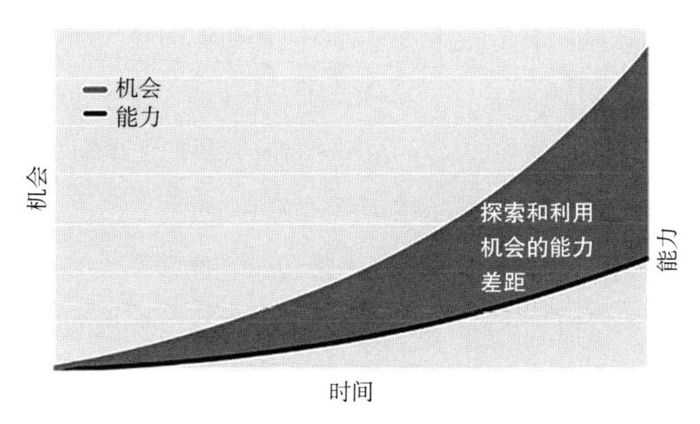

图 8.1 企业间可持续发展的差距

确定数字业务战略比确定如何实施要容易得多。我们发现，要发展从战略到行动的能力总共涉及五个方面：

（1）成功的度量标准：数字化业务转型需要现代化的绩效度量标准。

（2）Tech@Core（以技术为核心）：技术必须融入所有领导者的核心能力中。

（3）运营模式：转型需要一个快速、有效的过程，通过价值驱动的投资组合将战略与行动联系起来，从而确定如何实施。

（4）组织模式：组织结构必须强调价值流而非职能，并使这些结构具有高度可塑性。

（5）同理心管理[一]：无论你倾向哪个名字，数字化时代的“现代”管理都必须做出调整。

前三个和最后一个方面在 EDGE 中都涵盖了，第四个方面组织模式则援引自他处。

想想我们在敏捷项目吸取的教训：要改变行为与文化，就必须改变度量成功的标准。在战略层面也应如此。但挑战也和敏捷转型一样，想要说服中高层管理者改变度量成功的标准真是太难了[二]。

在一次午餐会上，一家知名敏捷软件工具供应商的代表在吹嘘他们的工具能够将速率从团队推广到组织层面。我非常震惊于这种使用速率的做法，于是写了一篇名为“Velocity Is Killing Agility”（速率正在扼杀敏捷）（网上已经找不到了）的博客。我没有预料到这篇文章会有如此大的反响，庞大的点击量让我的网站一度崩溃。

[一] 我一直将同理心管理（empathetic management）当作一个包容性的术语。适应性领导力就是同理心管理的一个实例。

[二] 来自对数字化转型另一种全面的观点，参阅桑吉夫·奥古斯丁（Sanjiv Augustine）的“Business Agility SPARKS”。

我们会因为詹姆斯·米切纳的书比欧内斯特·海明威的更长就认为他是更伟大的作家吗？还是因为他每分钟能多打20个字？都不是吧？根据单位时间的生产率（活动）来度量作家的效率是毫无意义的。即使你的工作是编写Java代码的“单词”，不是英语（或法语或波兰语）单词，类似的度量生产力的标准同样没有意义。

度量生产力的标准针对的是那些有形的事物，如一台机器一小时能生产多少零件。生产力度量标准从来都不是为了评估思想和创新这些无形资产而设计的。但无形的资产度量很难，有形的事物度量却很容易，所以人们自然会倾向于使用更容易的方法，哪怕这种方法是错误的。毕竟有度量标准总比没有的好，不是吗？当然不是！对没那么重要的东西（产出）进行精确的度量还不如对有价值的东西（产出）进行模糊（或相对）的度量。

可惜，对生产率的狂热追求已经跟随我们进入了敏捷时代。太多的组织仍然执迷于生产力的度量，这限制了他们的敏捷性。速率就是披着新外衣的代码行数[㊀]。敏捷专家常说：“要把速率作为容量的指标，不要用它来度量生产力。”速率必然会让团队之间产生对抗，拉低价值和质量。速率是（产出）定量的指标，这每次都会给我们带来麻烦。

在杰瑞·温伯格的质量工作坊上，他会问：“如果我的应用程序能准确计算出1945年—1964年在俄亥俄州机动车辆管理局工作的斯坦利·琼斯（Stanley Jones）的生物钟，并且保证没有任何缺陷，你们会出多少钱买？”对于99.99%的人来说，这个应用程序的价值为零，谁又会在乎开发团队每次迭代交付的故事是50个还是3个呢？

在探索新的产品、服务、营销计划或商业模式时，度量生产力就显得毫无意义了。创新的想法、有价值的故事、高质量的代码、缩短的周期时间——在当今的环境中，这些才是更好的判断成功的标准。对于使用不同技术栈开发不同业务的不同产品的两个团队来说，用故事速率来判断他们的优劣，就像根据打字速度来判断米切纳和海明威谁是更伟大的作家一样荒诞。一定有更好的办法。

要想做到更好，就必须清楚地了解从特定组合中获得的价值。例如，根据客户满意度还是投资回报率来度量实现客户价值目标的进展，会产生不同的行为。

企业确实需要一套度量成功的内部标准。收入、利润、市场份额和上市时间是度量企业“商业收益”的标准，但并不是客户所认为的价值（除非想验证产品是否在财务上可行）。商业收益是有用的“护栏”或约束。你不会希望客户满意了，却无利可图，但如果方法得

㊀ 速率作为度量指标比代码行数要好一些，因为它是相对的，而不是绝对的，这样更容易确定。

当，提高客户价值也会带来商业收益。

还有第三种企业度量成功的标准——可持续发展。过去，企业通过优化供应链来降低成本。鉴于当今的地缘政治形势，本土供应可能比成本更重要。你是否会投入巨资建立多重供应链，来提高可持续性？你在环境方面的可持续性目标是什么？等到变化的时候有能力调整是一码事，但建立适应能力更强的可持续企业更为可取。如果将技术债视为可持续发展的能力问题，而不是质量问题，将会怎样？

如今，企业要想生存和发展，就必须解决三个高层次的灵活性成功度量标准，如图 8.2 所示：持续提供客户价值（满意度），促进商业收益 (ROI、销售额增长)，以及建立一个可持续发展的企业（适应性）。注意我用的是灵活性（agility），而不是敏捷（agile）。敏捷方法论可能变来变去，但对企业灵活性的需求却不会改变。

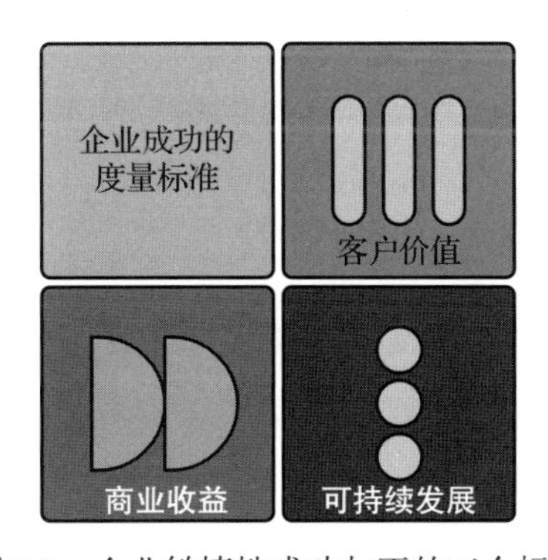

图 8.2　企业敏捷性成功与否的三个标准

在执行时代，生产力和财务相关的度量指标占据主导地位。在专业时代，开始从生产力向效率过渡[⊖]。回头看过去，标准普尔 500 指数公司被收购、宣布破产或大幅衰退的数量稳步增长，我们不禁要问，在高速变化时期，还能依靠传统的财务指标吗？

构建数字化转型框架的下一个组成部分是 Tech@Core。

8.4 Tech@Core

Tech@Core 是 Thoughtworks 创造的一个短语，它指出了技术作为业务核心的重要性。

⊖ 在这次关于成功度量标准的讨论中，我假定财务度量标准很重要，因此不作深入研究。

Tech@Core 意味着技术就是你的业务——无论你的业务是什么。

——海史密斯、刘和罗宾逊，2020 年，第 22 页

包括 CEO 在内，各级企业领导者都必须精通技术。2017 年的一项研究（Guo，2017）中，TW 发现“无畏的高管们知道掌握技术的重要性：54% 的人已经对技术有了深刻的理解，57% 的人曾经写过代码，这一点非常了不起。”

技术成本和效率重要吗？当然重要。它们是成功的决定性因素吗？当然不会。当你从制定战略目标转向执行计划时，适应性和速度才是成败的决定性因素。客户价值是运营模式的驱动力。适应性和速度将决定实现价值目标的效果。

适应性已经得到了证明，那么速度呢？众所周知，速度会带来麻烦。但追求速度的方式会带来不同的结果。

如果说新冠病毒爆发前的世界节奏已经很快，那么现在，时间的奢侈性似乎已经完全消失。曾经以一到三年为一个阶段来制定数字化战略的企业，现在必须在几天或几周内扩大举措的规模。

——布莱克本（Blackburn）等，2020 年

关键不在于你完成某项任务的速度有多快，而是你完成一系列任务并产生客户价值的速度有多快。需要关注速度的周期主要有：从概念到现金、更短的贡献周期，以及每周的软件交付周期。

保持高速和高质是对产品价值持续流动的度量。软件交付系统的价值，是在一次又一次小步的增量中产生的，不会等到漫长的项目结束才能看到。虽然技术质量可能不会引起高管们的共鸣，但他们认可缩短交付的周期时间和提供持续的价值。

我在 TW 的部分工作是帮助传达技术对高管的意义。比如我曾撰写过一篇关于技术栈复杂性的文章。

2015 年，迈克·梅森（TW 全球技术总监）、尼尔·福特（软件架构师兼觅母放牧者[⊖]）和我一起撰写了一篇题为“Implications of Tech Stack Complexity for Executives”（技术栈复杂性对高管的影响）的文章，探讨了高管需要了解的技术问题。我们在文章中谈到了在过去 10 年中这种复杂性的膨胀。我们提出了一系列问题：你所关注的技术、尝试的技术、弃置

⊖ 觅母放牧者即 meme wrangler，尼尔在他的博客中讲述了这个头衔的由来（https://nealford.com/memeagora/2011/05/01/meme_wrangler_origins.html）。meme 翻译为觅母，是参考了《自私的基因》中的翻译——译者注

的技术、拥抱的技术分别是什么？15年前，很少有人预料到云计算、大数据或社交媒体的影响。2005年，一个软件技术栈（多层完成特定任务的程序）可能只有5个组件，而如今往往超过15个。我刚入行时，技术栈只有IBM 360操作系统和COBOL编译器。而2015年，技术栈则可能包含下面的组件：

- 平台：微软Nano Server、Deis、Fastly、Apache Spark和Kubernetes。
- 新工具（每周都会冒出来一些）：如Docker Toolbox、Gitrob、Polly 、Prometheus和Sleepy Puppy。
- 编程语言和新框架：如Nancy、Axon、Frege和Traveling Ruby。
- 高级技术：数据湖、Gitflow、Flux和NoPSD。

Tech@Core意味着高管们要关注迈克、尼尔和我在2015年撰写的这类文章，他们需要了解技术栈复杂性的影响：单一供应商的解决方案已经过时，团队组成和组织结构需要改变，而构建软件交付能力也越来越困难。

8.5 EDGE运作模式

强有力的数字业务战略能够提供方向，但TW转型专家发现，战略与真正的行动之间存在巨大的鸿沟。企业在制定战略的过程中花费了大量时间，但却很难落地。我们发现造成这一难题的有两个因素——有效的联系战略和组织结构的惰性。

EDGE方法还在开发的早期，一个TW团队（我与团队成员交流过，但自己不是团队一员）与一家电信公司客户合作，使用精益价值树（Lean Value Tree，LVT，如图8.3所示[⊖]）帮助该公司执行战略到落地的过程。这个评估是从数字产品总监开始的。

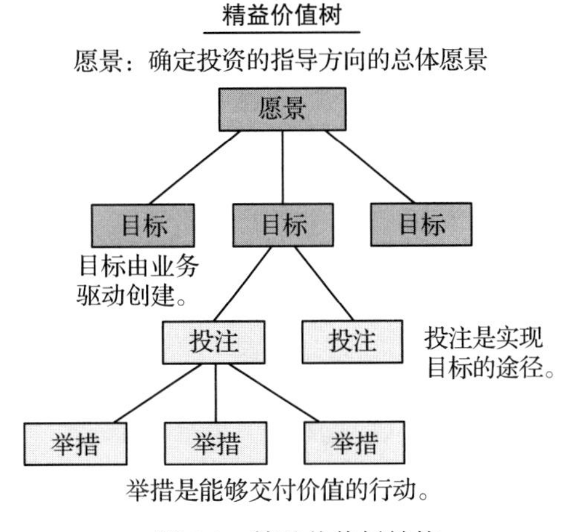

图8.3 精益价值树结构

团队（TW和客户成员）将当前正在进行的工作与业务目标对照，发现目标并无法自证其重

⊖ 该图和客户故事原载于《EDGE：价值驱动的数字化转型》。

要性。例如，“市场份额增长至 20%”并没有为客户带来任何好处。团队成员一起将工作重构为客户成果。例如，将“市场份额增长至 20%”变为“让客户能够在一台设备上无缝地观看电视直播和网络电视”。

团队从这次练习中学到了三点：

- 把组织的目标阐述成客户成效，每项投资的价值及其重要性变得非常清楚。
- 将所有工作可视化，可以看出哪些不重要的举措获得了过多的资金。这让我们有机会去重新调整投资组合。
- 限制首次投资组合回顾的时间盒，可以证明 EDGE 的价值，和投资组合负责人、业务条线领导和首席数字官一起，为继续开展工作创造条件。

最终的问题仍然是投资方向。第一，团队将业务愿景和战略表述为目标、投注和举措的精益价值树。第二，他们要制定可执行的、成效导向的成功度量指标，在交付过程中，而不是在交付结束时展示进展情况。第三，利用这些成功度量指标的相对价值来定义工作的优先级。和传统的（通常还不精确的）ROI 分析相比，计算相对价值能够更快地确定工作优先级，也更重视客户成效而不是商业收益。

精益价值树中的树非常重要。树枝在树干（愿景）上展开。树是有生命的，会因环境条件而改变、适应。精益价值树不是一份被束之高阁的计划书，而是领导者的未来愿景——从树干到树叶——组织中的每个人都可以对着它说：“这就是我们要走的路，而且我明白为什么要这样走。”如果用得好，精益价值树就能填补战略计划之间的传统鸿沟，让高管们能够充分理解，并影响着每条价值流中日常业务人员的决策。

数字化组织的转型就像多米诺骨牌的连锁反应：一张牌倒下去，后面的牌会一张接一张地被碰倒。将客户价值作为首要业务目标，并将速度和适应性作为持续实现这一目标的必要条件，这会碰倒下一块多米诺骨牌，也就是 IT 部门“项目制到产品制的转变”和企业“从离散到流动”的转变。

精益技术的价值流映射以客户为出发点，帮助企业分析如何有效地交付价值。精益理念引导组织从职能视角（营销、制造、会计）转换到流程视角（产品从下单到运输的流程）。现代技术（持续交付）和组织协作（DevOps）提供了持续交付应用程序和功能的能力，而不再是定期交付。

产品交付团队负责产品的方方面面——从产品改进的最新想法到维护事项。从传统的角度来看，项目的组成包括一系列需要实现和交付的功能，以及一个在规定时间内完成这些功能的项目团队。项目完成后，团队解散。大多数组织，包括 IT 公司和软件公司，都是由维护团队来处理小的改进和 bug。

产品交付团队可以根据产品需求扩大、收缩或改变规模，但不会像项目团队那样解散。这些产品团队会考虑产品的整个生命周期来做出优先级决策。他们负责创造持续的价值流，管理端到端的客户体验，从新客户注册到老客户放弃产品。从本质上讲，产品团队所负责的不是一个具体项目的交付，而是持续不断的价值流——这就是以项目为中心的世界观到以产品为中心的世界观的转换。

实施数字化战略的企业必须遵循类似的路径。也就是说，他们必须思考客户的整体体验，并考虑如何建立一个框架，持续提供有价值的客户体验，而不是一单一单地销售产品。

8.6　unFIX 组织模型

转型中的运营需要一个灵活、动态的组织模型。2010 年，尤尔根・阿佩罗出版了《管理 3.0：培养和提升敏捷领导力》（*Management 3.0: Leading Agile Developers, Developing Agile Leaders*）一书，为敏捷管理文献注入了新鲜血液。尤尔根曾在一家中型公司担任 CIO，并在那实施了 Scrum。作为一名中层管理者，他发现找不到太多说明管理者应当如何发挥作用的资料，于是他撰写了这本书来填补空白。

管理 3.0 框架既有理论基础，也有实践经验。通过一系列研讨会、充满感染力的练习和同名书籍，尤尔根向人们展示了如何成为具有同理心的领导者。

2022 年初，尤尔根发布了最新的创业成果——unFIX，一种思考组织设计的有机方式。他担心，当前规模化的敏捷开发方法严重倾向于传统的组织结构，无法很好地支持适应（或创新）。

unFIX 模型描述了企业数字化转型过程中的一个关键环节。即使具备敏捷的思维方式，又应该如何组织以快速适应变化呢？当然，任何复杂问题的答案都是乐高积木！ unFIX 应当被看作组织的乐高积木，而不应该被当作规模化框架。它是一种思考如何使组织有机发展的模式，但仍能响应千变万化的感知输入。

如图 8.4 所示，unFIX 方法灵活多样的组织设计提高了响应速度，激励了创新。传统的等级分明的矩阵式组织无法追求速度，因为在面临危机或机遇时，只有能自我管理的小单元才能快速做出响应。unFIX 模型没有提供任何流程，而是提供了组织的设计模式。价值流机组负责产品或产品线，而其他类型的机组则为价值流机组提供支持。

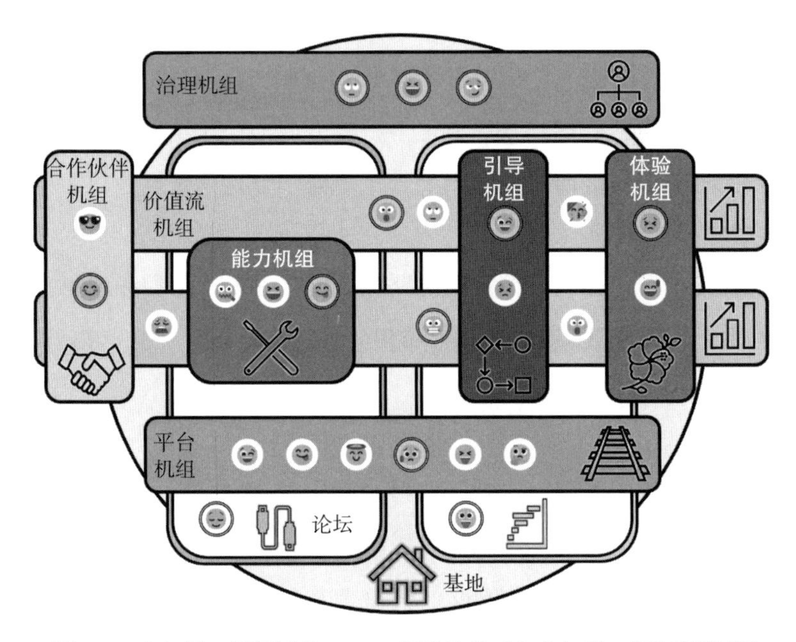

图 8.4　尤尔根・阿佩罗的 unFIX 组织结构（由尤尔根・阿佩罗提供）

unFIX 的乐高积木是一个个机组（Crew），名称分别为价值流（Value Stream）、能力（Capability）、基地（Base）㊀、体验（Experience）和治理（Governance）。每个机组都有一名机长。小型组织或项目可能只需要基地和价值流、治理几个类型的机组。随着组织或项目的发展，更多的专业机组可以加入进来。

我想重申的是，unFIX 不是流程指南，而是组织结构指南。同一组织中的两个价值流机组可能使用两种不同的流程，如看板和 Scrum。两个不同的治理机组可能使用不同的投资组合优先级排序方法，当然使用同一套方法也可以。

人们很少会细分两种类型的规模化模式：一类是在大型组织中实施敏捷实践，另一类是为大型产品（例如自动驾驶汽车产品）实施敏捷实践。然而这两种规模化模式都需要自己的组织结构。unFIX 可以匹配这两种情况。长期以来，敏捷方法一直专注于建立以价值驱

㊀ 在 unFIX 中，基地是让机组产生归属感的团体，它并不是一种机组类型。参考 https://unfix.com/base-types 和 https://unfix.com/crew-types。——译者注

动、相互协作、自我组织、自给自足的团队。现在，我们有了一份指南，可以帮助我们组建具有相同特征的组织。

2022年中，我和尤尔根·阿佩罗在一次访谈中谈到了他的工作内容[一]。

介绍一下你的软件开发背景吧。

我毕业于计算机科学系软件工程专业。但我爱好广泛，除了编程，像金融、市场营销和一般商业话题都是我感兴趣的领域。1990年代，我发现市场缺乏针对新兴软件开发主题的课程，于是我创办了一家公司，负责开发和提供相关培训课件。我这个人很容易感到厌倦，所以我喜欢开发教材，但不太喜欢一遍又一遍地讲授同样的课程。所以我一边开发新课，一边开始聘请其他人讲课。

接下来呢？

2000年，我成为一家中型公司的首席信息官，一干就是10年。我们最初只有31人，在我离开时已经壮大到200人。我阅读了所有敏捷书籍，包括你的，并在部门内实施了Scrum。对于中层管理人员，敏捷的主题是"不要让他们插手"，这对我的职位貌似不太尊重，因此我开始思考管理人员在敏捷部门中的角色。结果就是在2010年出版了《管理3.0》。不知何故，迈克·科恩很早就知道了我的书，邀请我把书放在他的签名丛书[二]中出版，我欣然应允。

unFIX 组织模型是如何演变的？

我刚才说过，我很容易感到厌倦，所以我卖掉了管理3.0工作坊的业务，开始四处寻找下一个机会。我调查了游戏化学习，还研究了组织设计。与管理3.0的发展类似，企业也在尝试规模化敏捷，但SAFe这些现有的框架过于重视结构。随着组织规模的扩大，这些规模化框架失去了敏捷核心的适应性。unFIX能解决这个问题。

unFIX 这个名字从何而来？

这是一个有趣的问题。虽然我对SAFe并不感冒，但我很欣赏他们的营销方式。这个名字很好地传达了他们的使命——保守安全（safe）。我想要一个能传达正确信号的名字，一个充满活力、创新和探索精神的名字。unFIX中的"IX"代表创新（innovation）和经验

[一] 尤尔根的工作内容可以访问他的网站 https://unfix.com/ 了解。

[二] 迈克·科恩的签名系列收录了很多敏捷相关的经典图书，包括《Scrum敏捷软件开发》《敏捷软件测试》《大规模Scrum》等。——译者注

（experience）。我想表达的是，你可以通过系统性地“解除”（unfix）组织中的某些部分，来达到“修复”（fix）组织的目的。如图 8.4 所示，颜色和笑脸也很重要。它们让这个严肃的话题变得活泼。

你对 unFIX 有哪些期待？

我希望 unFIX 成为组织在 SAFe 和 Spotify 等框架之外的另一种选择。合弄制也会被当作一种替代方案，但对大多数人来说有些高冷，名字也很难让人理解。我想给组织提供组织结构的乐高积木，这样他们就能快速适应。我想让这一切尽可能简单。我想从最简单的东西开始，然后根据需要添加，但又不影响创新和适应性。SAFe 采用了相反的方法，添加了太多的主题，然后要求用户“拿掉”他们不需要的东西。（是不是想起了 RUP？）

敏捷团队要取得成功，团队成员需要具备敏捷思维，深谙敏捷过程，还要掌握适当的技能和经验。对于拥有多个团队的组织来说，你只需要设置“一个八九不离十的结构”（a little bit less than just enough structure）。尤尔根的 unFIX 模型以构建块的方式实现了这一目标。你需要刚刚好的结构，才能在混乱的边缘保持平衡，但不能再多了。虽然我没有 unFIX 的第一手经验，但我读过大量资料，并与尤尔根深度交流过，我认为他的思路是正确的。

8.7 同理心和适应性领导力

多年来，不断发展的管理理论对软件开发产生了诸多影响。敏捷运动鼓舞并引领了后来的变革。本书不是一本管理类书籍，因此我只挑选了少数对引领变革起到重要作用的观点。你会看到，管理理论正在谨慎地发生转变，从传统的命令 – 控制、X 理论、管理优化，过渡到富含同理心的现代管理思想，包括领导 – 协作、Y 理论、unFIX、同理心、敏捷和适应性领导力。

延续工业时代的组织结构或文化是无法实现转型的。丽塔 · 麦格拉思（2014）认为，这个新的管理时代是基于同理心的时代：

有人认为，我们已经为商业思维和实践的新时代做好了准备。在我看来，这意味着要弄清楚，当我们通过网状而不是单线的指挥来完成工作时，当“工作”本身带有感情色彩时，当管理者负责为下属创建社区时，管理将变成什么样子。如果今天对管理者的要求是同理心（不仅仅是执行力，不仅仅是专业知识），那么我们不禁要问：什么样的新角色和组织结构才是有意义的？我们又应该如何进行绩效管理？领导者应该如何发挥“支柱”作用，又应该如何培养下一代管理者？所有关于管理的问题又摆回到了桌面上——而且我们无法快速找到答案。

特蕾西·鲍尔（Tracy Bower）在2001年写道：“同理心有助于建立积极的人际关系和组织文化，还能推动取得成果。同理心也许不是一种全新的技能，但它的重要性却达到了一个新的高度，最新的研究清楚地表明，同理心是现在和未来工作中需要培养和展示的领导能力。”具有同理心的领导者能够设身处地地为他人着想，深刻理解他人的想法、恐惧和成就。我在2002年与肯特·贝克的一次访谈中就举例说明了同理心领导者[㊀]。

你为什么开始对复杂适应系统（CAS）理论感兴趣了？

复杂适应系统理论非常简单地解释了你在世界上的行为方式。找到这套规则，然后根据它们采取行动、衡量结果，并调整这套规则。当你真正领悟到这一点时，你会感到非常自由。你不必监督一切，不必做出所有的技术决定。事实上，作为领导者，如果你在技术上做决定，你就是在破坏团队的活力。

但有时人们想让你做决定，你就必须推回去。

哦，当然！有人来到你的办公室，请你做决定。你问他们：“你认为哪种选择最好？”他们往往回答说不知道。“好吧，如果你不知道，那最好两个都试一试，然后承担后果。”如果他们不想花那么多时间，鼓励他们随便选一个。

在这种情况下，控制型管理者往往会利用人们不愿做决定的心理，来支持他们认为管理者必须做决定的观点。把决策权推给他人有助于每个人学习新的工作方式。

后来，在克莱斯勒公司的C3项目中，我尝试着更多地放手。我不会做出任何技术决定。

你是在努力创造合适的环境吗？

是的，罗恩·杰弗里斯和我试图设定初始状态，然后再调整。没有英雄主义，没有驾着七彩祥云的肯特，这对我来说是价值体系上的一次转换。我曾自豪于自己是整条街最牛的对象大师。但却不得不刻意放弃这一点，并告诉自己说这并不能让我变得有价值。

我发现，这种管理方法的一个问题是，人们往往觉得成功是偶然的。

我在斯坦福直线加速器实验室遇到了最好的管理者。我在控制室工作。这家伙整天就

㊀ 与肯特的访谈内容出自《敏捷软件开发生态系统》一书。

是在玩希斯工具盒[一]。每个人都抱怨他有多懒，为什么这也不做那也不做。但一切总是很准时；如果你需要什么，很快就能找到。性格上的冲突也能立即解决。我一直在想要是我那时不止20岁就好了，这样我就能体会到他有多厉害。他让一切都运转得非常顺畅。这就是我作为教练的审美观。如果我把一切都做得完美无缺，团队会对我的贡献完全无感。团队会说，“是我们做的”。

这件事很难。如果你心目中的领袖是泰迪·罗斯福（Teddy Roosevelt），冒着枪林弹雨中冲上圣胡安山，那你是不可能像上面说的那样工作的。而如果你的团队是以这种自组织的方式运作，那么注入这种冲锋式的领导力也会造成混乱。

肯特提出了一个很有说服力的观点——泰迪·罗斯福在圣胡安山上的冲锋陷阵，与他无感但成功的管理风格简直是天壤之别。最大的问题是，哪个更好？如果存在“最佳”领导力风格，为什么如此隐晦？为什么仍然有层出不穷的领导力书籍面世？这说明其实并不存在某种最佳风格：管理者需要在一套基本价值观的基础上，根据实际情况调整自己的风格。

8.8 时代观察

数字化转型时期的探索已经不止于如何在组织中实施敏捷方法论，而是上升到了成为数字化企业的意义，刚离开规模化的狼窝，又跳进了数字化的虎口。我们的合作对象从二、三级领导变为了CIO、CEO以及麦肯锡级别的战略咨询公司。

在最初几年，CEO们对信息通信技术（ICT）和数字化企业战略越来越关注。企业高管们制定了数字化战略，但他们发现从战略到运营模式的转换存在一定程度的脱节。回顾以往的ICT转型，他们明确指出，现在是冒险和突破的时候了。EDGE、unFIX和SPARKS（奥古斯丁创立的“业务敏捷SPARKS”框架）都是为满足这一需求而开发的，它们提出了超越安全和传统的方法和方法论。

当今的企业应该寻求数字化转型的过程（digital transforming），而不是实现数字化转型的结果（digital transformation）。转型的结果标志着一个阶段的完结，而转型过程则是一种持续的状态。六十多年来，变化的速度和类型不断升级，这就要求组织解决下面这些问题，

[一] 给1970年代后出生的人解释一下，希斯工具盒里有一堆电子产品元件，可以组装成收音机之类的东西。

不断适应变化。

- 成功的度量标准：绩效度量可以推动变革，也可以限制变革。
- Tech@Core：数字化过程要求业务和技术融合。
- 运营模式：将战略与行动联系起来。
- 组织模式：创建快速且有韧性的结构。
- 同理心管理：适合数字时代的管理理念。

这五个理念都是以行动为导向的，即“行敏捷事”。第9章确定了可度量（可评估）的行动，阐明了“做敏捷人”对领导者的意义。

在减少了出差和工作时间之后，我于2021年初从Thoughtworks退休。但我现在理解了其他TW校友的调侃，“一日Thoughtworker，终生Thoughtworker”，我和前同事们仍然保持着交流。接着奏乐接着舞。

第 9 章

准备迎接未来

2022 年父亲节，我的小女儿送了我一件鲜红的 T 恤，上面印着阳光普照的山景，还有一句标语：“Think outside: No Box Required”。我一直都不太喜欢“think outside the box”这句陈词滥调，可能是因为我从一开始就不喜欢把自己或其他人束缚在一个框框里。我喜欢“think outside”这个短语，因为它有双重含义——想想下次户外去哪探险，或者跳出当前的思维——它既是身体上的，也是精神上的。㊀

现在，在 2022 年，我们正处于一个动荡的间断平衡期，变化越来越快，我们预测未来的机会却越来越渺茫。“在这种情况下，我们需要其他方法来指引方向”(考特尼等，1997)。为了在未来生存和发展，我们必须努力做好准备。从过去的经历学习是努力的一部分，正如温斯顿·丘吉尔所说：

不从历史中吸取教训的人注定要重蹈覆辙。㊁

在本书中，我修改了丘吉尔的说法：

历史的作用不是帮助我们预测未来，而是让我们为未来做好准备。

㊀ 心理学家芭芭拉·特沃斯基（Barbara Tversky）是斯坦福大学和哥伦比亚大学的教授，她提出的人类认知理论认为，思维的基础是运动，而非语言。

㊁ 丘吉尔 1943 年在下议院发表讲话时转述了哲学家乔治·桑塔亚那的这句话。

9.1 为什么是历史

温斯顿·丘吉尔的历史知识（他的六卷本《第二次世界大战回忆录》曾获诺贝尔奖）影响了英国的二战战略。乔治·巴顿将军热衷于研究从伯罗奔尼撒战争到第一次世界大战的军事史，他以历史上著名的战役为背景来构思他的二战战役。对世界史和军事史的了解为巴顿和丘吉尔提供了一个历史框架，他们可以据此决定当前的行动方针。

同样，著名历史学家沃尔特·艾萨克森也对信息技术和基因剪接这两项关键技术的历史如数家珍，这两项技术给未来同时带来了希望和威胁。艾萨克森著有《史蒂夫·乔布斯传》（2011）和《解码者：珍妮弗·杜德纳，基因编辑的历史与未来》（2021）。如果没有这些关于信息技术和基因剪接技术的历史知识，以及引领这些技术的先驱们，我们为混乱的未来所做的准备将是极其肤浅的。

《连线》杂志前编辑凯文·凯利（Kevin Kelley）在自己的网站上发表了一篇名为“How to Future”的文章，他在文章中称：“大多数未来学家其实都是在预测现在。”如果我们正处于经济、政治和健康的间断平衡期，预测未来显得多此一举。我们需要从预测和规划未来转向构建一个能够让我们适应未来任何事情的平台。软件开发的演变就是这个平台的一部分。历史为我们提供的不仅仅是事件的日期、名字和地点，还能帮助我们理解事件发生的原因。反过来，这也能让我们更好地理解现在，并在未来做出更明智的决定。

那么，我们从六十年的软件开发历程中学到了什么？这期间发生了什么？我们从那些创造了这些发展的先驱身上学到了什么？对这些事件和先驱的了解如何帮助我们为未来做好准备？在探究并写下我的过去时，我从自己身上又学到了哪些东西？

写这本书时，一段段往日的时光止不住地涌现在我的脑海里，我试图将这些回忆融入时代的背景之中。为未来做准备对我们提出了挑战，我们需要扩展敏捷思维，而不仅仅是敏捷方法和方法论。要改变个人和组织的思维模式，就不能采用简单的方法和照本宣科的答案。我认为冒险精神和特立独行有助于我们应对这些挑战。

那些引领软件开发进步的人呢？为了这本书，我和那些十年、三十年没有联系的同行们重逢，乐在其中。我早就应该跟他们聊聊了，他们对软件开发的看法，无论在当时还是现在，都非常宝贵。

软件开发的历史并非一帆风顺，而是崎岖不平，这让人兴奋不已。但首先，敏捷开发是否会继续存在？

9.2 敏捷和灵活

现在有越来越多的人在问："敏捷是否已经走到尽头？是时候做出改变了吗？"[⊖]我的回答是："这取决于你对敏捷的定义"以及"变化无时不在"。事实上，我们需要从三个方面来思考敏捷开发的未来：①现有的敏捷方法过时了吗？②敏捷方法论过时了吗？③敏捷思维过时了吗？敏捷从结构化时代的方法演变而来，是因为业务问题和技术发生了变化。互联网技术催生了新的商业模式，这些模式要求速度和灵活。敏捷开发是否过时的问题也必须结合时代背景进行评估。例如，在从输入到输出就需要 12 ～ 24 小时的蛮荒时代，敏捷实践可行吗？

鉴于技术和软件开发平台的进步，第一个问题的答案相对简单。有些敏捷方法仍然适用，有些则不再适用。拉里・康斯坦丁在结构化时代就提出了耦合和内聚的概念，放在 35 年后的今天依然适用。自动化可能会加速其他方法的消亡。如果马丁・福勒（《重构：改善既有代码的设计》（2018）一书的作者）创造出自动重构工具，后来的开发人员可能就不用学习手动重构了。随着时代背景的变化，一些独立的方法不断产生和消亡，可能都不会被认定为敏捷方法。

方法论既要应对业务问题，也要应对技术创新。有人会提出一种新的方法论，将现有的敏捷方法和反应技术进步的新方法结合起来。他们可能会发明一种流派，起一个新的名字，然后说："神剑方法（Excalibur Methodology）是全新的、现代的，解决了敏捷的所有问题。你可以利用最新的虚拟现实和人工智能技术，更快地交付高质量软件。"也许交付速度会如此之快，以至于肯・奥尔的 *One Minute Methodology*（1990）会重新流行起来。这一定会发生，我们走着瞧。就像敏捷专家抨击结构化开发和瀑布式开发的缺点一样，"神剑"的支持者也会抨击敏捷的缺点。

值得重复的是第 3 章中的一句话：当回顾软件开发的演变和革命时，我们要记住，方法、方法论和思维模式的演化都是为了解决每个时代的问题，而这些演化既受到当时技术

⊖ 例如，可以读读库尔特・卡格尔（Kurt Cagle）的文章"The End of Agile"（2019）。

的支持，同时也受到当时技术的制约。

这就给我们留下了最后一个问题，“敏捷思维过时了吗?”也可以表述为“灵活过时了吗?”在本书内容跨越的这六十年时间里，世界、技术、商业、文化、音乐的变化速度什么时候放缓了？在我看来，变化一直在螺旋上升，这种变化不是线性的，而是指数级的。我不敢说永远需要敏捷、适应性思维模式，但我认为在可预见的未来不会出现这种情况。

想要敏捷起来的组织和个人可以从这段历史中得出一个结论：目标应该是灵活，而不是敏捷。灵活是一种思维模式，而敏捷是一种方法。如果不能区分这一点，企业就只能采用规定性的敏捷方法论，而拥抱灵活的领导者则最有可能在未来蓬勃发展。考虑到气候变化、地缘政治、新冠病毒和俄乌冲突等强大组合因素带来的未知和不可知，达尔文“适者生存”法则正在被“幸者生存”法则所取代，在这种情况下，灵活可能是我们仅存的战略优势。

要具备敏捷思维模式是一件非常困难的事情，原因有二：它很难做到，而且它的定义不明确。没有人会轻易改变根深蒂固的思维模式，即使改变了，这些模式也起不了什么作用。改变需要的不仅仅是为期一天的研讨会。同行吉尔·布罗扎写了一本关于敏捷思维模式的书[⊖]，他说：“即使组织和管理者打算以正确的思维模式开始敏捷之旅，也没有多少人能意识到转型的重要性和复杂性。”(Broza，2015：xix)

史蒂夫·丹宁（Steve Denning）在最近《福布斯》一篇线上的文章中对这种思维模式进行了探讨：

敏捷思维模式是实践者而非理论家的特质。它是务实的、以行动为导向的，而不是一种理论哲学。它超越了信念，成为诊断的工具和行动的基础。(Denning, 2019)

虽然史蒂夫的描述很好，但我不认为它具有可操作性。

很多心理学家都对思维模式这个话题很感兴趣，《终身成长：重新定义成功的思维模式》一书的作者卡罗尔·S. 德韦克（Carol S. Dweck）就是如此。德韦克提出世界上存在两种思维模式——固定型思维模式和成长型思维模式，并解释了每种思维模式如何影响我们学习、感知世界和做出决策的方式。

思维模式也可以被视为一种信念体系。如果你相信道格拉斯·麦格雷戈的 X 理论，认为人本质上是懒惰的，需要管理者的“激励”，那么这种信念就会渗透到你的为人处世之中。

⊖ 即 *The Agile Mindset*，于 2015 年出版。——译者注

相反，如果你相信人是由丹尼尔·平克（Daniel Pink）的目的、专精和自主[㊀]所驱动的，那么你的人事管理方法就会完全不同。

为了寻找一种更简单、可操作的思维模式评估方法，我想起历史是由人创造的，因此要了解历史，就必须了解这些人。但你需要了解人的哪方面呢？我没有使用难以捉摸的个性特征来评估敏捷思维模式，而是通过对人们的行为分类来评估。

冒险精神：

- 在未知领域提出有挑战的目标。
- 谨慎地接受风险。
- 能在条件不明确时采取行动。
- 战胜失望和恐惧。

特立独行：

- 挑战社会、文化或职场的规范。
- 即使不合乎常规，也要忠于自我。

适应性：

- 感知环境输入并过滤掉无关的干扰。
- 在“混沌边缘”保持组织的平衡，以这种创新的方式响应变化。
- 行动迅速，然后调整、转向或放弃举措。

了解个人在这些方面的行为有助于评估他们的思维模式。这些行为可以被观察，却无法被度量，只能被评估。登山也是一样。选择哪条路线，前进还是后退，可以评估却无法度量。导致山难和登顶的种种决策，已经可以写本书了。登山者必须明智地选择登山伙伴——这类似于评估个人是否适合加入某个团队。

工程师、开发者、业务分析师、业务系统协调员、软件开发经理、会计主管、销售与市场副总裁、咨询副总裁、产品经理、敏捷项目管理总监、执行顾问。在我的职业生涯中，每个职位我都担任过。回顾六十多年的职业生涯，我发现所有这些职位都有一个共同点：它们都很难，非常非常难。它们的困难各不相同——有些是技术上的，有些是人际关系上的，还有些是政治上的。

㊀ 来自丹尼尔·平克所著的《驱动力》一书，他指出外部激励措施已不是激励我们自己和其他人的最好方法，提高绩效、焕发热情的三大要素是自主、专精和目的。——译者注

我之所以提出这个问题，是因为我们很容易贬低别人。开发人员很容易贬低产品经理，开发经理很容易贬低项目经理，而几乎所有人都很容易贬低高层管理人员。虽然这种倾向可能无可厚非，但却于事无补。波特兰抵押贷款公司的故事就是一个教训，组建跨职能团队可以带来多样性，但这些团队也可能因此而相互孤立，导致沟通不畅。我发现问题的症结在于大家不了解他人的实际工作。

把软件开发人员放在销售代表的位置上，或让产品经理扮演管理人员的角色，你就能看到他们的态度转变之快。扮演另一种角色会迅速改变一个人对其他角色群体的看法。无论我从事什么工作，我都被赋予或承担了一个同样的任务，那就是成为不同群体之间的桥梁。最明显的例子是在CASE工具时代的Optima公司，我的职位是产品经理，但我的隐性角色是将有矛盾的两方团结在一起——或者至少减少他们之间的摩擦。在业务系统协调员的岗位上，我引导炼油团队寻找共同点。我的咨询工作总是需要把不同的群体撮合在一起。我最喜欢杰瑞·温伯格的一句格言，是他的“咨询第二定律”[⊖]：“无论什么问题，都是人的问题。”（Weinberg，1985：5）

在与任何客户接触之前，我都会提醒自己这句话，因为我发现这句话确实有道理。问题几乎总是出在人身上。最好的建议可能还是来自杰瑞：“领导力就是创造一种环境，让人们在其中获得权力。”（Weinberg，1986：12）

结合杰瑞的名言、“敏捷宣言”和我自己的经验，我得出了以下结论：

根据六十年的经验，我认为人和人与人之间的互动是成功的根本，也是失败的根本。

Tech@Core鼓励企业上上下下的每个人更好地了解我们所处的技术世界。将技术付诸实践需要软件方法、方法论和思维模式。但我们不能忘记，技术和软件开发的核心是人和人与人之间的互动。

我最喜欢的冒险故事不是埃德蒙·希拉里爵士首次攀登珠穆朗玛峰，也不是意大利登山队首次登顶乔戈里峰（世界第二高峰），而是另一个不太为人所知的故事——1950年人类首次登顶8000米高的安纳普尔纳峰。莫里斯·赫尔佐格（Maurice Herzog 1952）的这次登山经历引人入胜，他为寻找山峰而在未知的荒野上徘徊数周，他辛辛苦苦地建立一个又一个更高的营地，从确定登山路线，到几乎是爬着登顶，以及在危险的下撤过程中发生的一系列事故，几乎以死亡结束这次探险，手指和脚趾因冻伤而被切除。

[⊖] 出自《咨询的奥秘：寻求和提出建议的智慧》。——译者序

虽然我从未尝试过安纳普尔纳那样艰险的攀登，但阅读赫尔佐格的书激发了我的登山热情。虽然没有生命危险，但攀登软件开发高峰也是一项挑战。这些软件高峰是由另一批冒险者攀登的，从结构化时代的汤姆·德马科、拉里·康斯坦丁和肯·奥尔，到敏捷时代的肯特·贝克、阿利斯泰尔·科伯恩、马丁·福勒和肯·施瓦布，以及那些敢于尝试前沿思想，甚至是尖端思想的经理和高管们。

撰写本书是我最近的一次冒险。它是一次挑战，就像我第一次冬天在落基山国家公园的冰上攀登一样——惊险刺激，不知道会发生什么。在与各种叙事的相互影响较劲的过程中，我与艾米·欧文讨论了我的挫败感，她是一位作家（Irvine，2018），也是南新罕布什尔大学创意写作艺术硕士课程的研究员。当艾米谈到她关于环保的作品采用了多线交织的叙事方式时，我立刻意识到这就是我要找的组织本书内容的原则。

于是，经过反复推敲，在许多人的鼎力相助下，这本书诞生了。当我第一次向同行们提出这本书的想法时，我打趣道："这要么是我有过的最好的想法，要么是最烂的想法。"你觉得呢？

附录　六十年来计算性能的提升

几十年来，计算性能的提高对软件开发方法和方法论产生了巨大影响。从1960年代的打卡输入和打印输出，到连接多个设备的互联网，再到自动驾驶汽车和虚拟现实，技术能力对软件开发人员提出了挑战。本表显示了在处理速度、外部存储、连接和人机界面四个方面的性能趋势。感谢同事巴顿·弗里德兰（Barton Friedland）和弗雷迪·詹德利特（Freddy Jandeleit）在制作本表时所做的研究工作，但我对本表的准确性负全部责任。

技术领域	处理速度	外部存储[1]	连接	人机界面
蛮荒时代 1966 年—1979 年	从千赫兹到兆赫兹 英特尔 4004（1971[2]）：750 kHz[3] 英特尔 8008（1972）：800 kHz[4] 英特尔 8080（1974）：3.125 MHz[5] 摩托罗拉 68000（1979）：16 MHz[6]	从磁芯到随机存储 IBM“Minnow”软盘驱动器（1968）：80 KB 阿波罗制导计算机只读芯片存储器（1969）：72 KB Intel 1103 集成电路存储器（1974）：1 KB	使用电话网络 Bell 103A：300 bit/s[7] ARPANET（1969）：56 Kbit/s VA3400（1973）：1200 bit/s	原始、狂野的概念 Dynabook（1968）：笔记本计算机概念[8] 街机游戏 Pong（1972）[9] Xerox Alto（1973）[10] Apple II、PET 和 TRS-80（1977）[11]
结构化时代 1980 年—1989 年	从 16 位到 32 位英特尔 80286（1982）：25 MHz[12] 英特尔 80386（1985）：40 MHz[13] 英特尔 80386SX（1988）：32 位 40 MHz[18]	容量快速接近 GB 规模 ST506（1980）：5 MB CD-ROM（1982）：550 MB Bernoulli Box（1983）：最多 230 MB	提速 以太网（1983）：2.94 Mbit/s[14] V.22bis（1984）：2400 bit/s NSFNET T1（1988）：1.544 Mbit/s[19]	提升便携性 Osborne 1（1981）[15] IBM PC（1981）[16] 苹果 Macintosh（1984）[17] 便携式 Macintosh（1989）[20]
敏捷根柢时代 1990 年—2000 年	从 MHz 到 GHz 奔腾（1993）：60 MHz[21] 英特尔奔腾 Pro (1995)：200 MHz[22] 英特尔至强 (1998)：4 GHz[23]	重量单位从千克降到了克（微型化） IBM 9345 硬盘（1990）：1 GB Iomega 压缩驱动器（1994）：2 GB	无线网络出现 NSFNET T3（1991）：45 Mbit/s[24] 2G 网络（1991）：40 Kbit/s[25] WWW（1993）：145 Mbit/s[26] 802.11 Wi-Fi 协议发布（1997）：54 Mbit/s[27] 蓝牙（1999）：数据传输速度为 0.7 Mbit/s[28]	NeXT（1990）[29] IBM ThinkPad（1992）[30] 苹果 iMac（1997）[31]
敏捷时代 2001 年至今	从单片机到分布式，摩尔定律被打破 英特尔酷睿 2 Duo（2006）：1.86 GHz[32] 英特尔酷睿 i7（2008）：2.67 GHz[33] 英特尔酷睿 i9（12 芯）（2017）：2.9 GHz[37]	迁移到云上 Amazon Web Services 推出云服务（2006）：EC2 和 S3 首个 1 TB 硬盘存储（HDD）（2009）	从追求速度到追求数据压缩比 蓝牙 3.0（2009）：传输速度为 23 Mbit/s[34]	触屏互动 64 位计算（2003）[35] 苹果 iPod Touch 和 iPhone（2007）[36]：触屏手机出现 Siri（2010）[38]：语音命令 XBOX Kinect（2010）[39]

①https://www.computerhistory.org/timeline/memory-storage/

②https://www.computerhope.com/history/processor.htm

③https://en.wikipedia.org/wiki/Intel_4004

④https://en.wikipedia.org/wiki/Intel_8008

⑤https://en.wikipedia.org/wiki/Intel_8080

⑥https://en.wikipedia.org/wiki/Motorola_68000

⑦https://en.wikipedia.org/wiki/Modem

⑧https://en.wikipedia.org/wiki/Dynabook
⑨https://en.wikipedia.org/wiki/Pong
⑩https://en.wikipedia.org/wiki/Xerox_Alto
⑪https://en.wikipedia.org/wiki/History_of_personal_computers#Apple_II
⑫https://en.wikipedia.org/wiki/Intel_80286
⑬https://en.wikipedia.org/wiki/I386
⑭https://en.wikipedia.org/wiki/Ethernet
⑮https://en.wikipedia.org/wiki/Osborne_1
⑯https://en.wikipedia.org/wiki/History_of_personal_computers#The_IBM_PC
⑰https://en.wikipedia.org/wiki/Macintosh
⑱https://en.wikipedia.org/wiki/I386#The_80386SX_variant
⑲https://www.bandwidthplace.com/the-evolution-of-internet-connectivity-from-phone-lines-to-light- speed-article/
⑳https://en.wikipedia.org/wiki/Macintosh_Portable
㉑https://en.wikipedia.org/wiki/List_of_Intel_Pentium_processors
㉒https://en.wikipedia.org/wiki/Pentium_Pro
㉓https://en.wikipedia.org/wiki/Xeon
㉔https://www.bandwidthplace.com/the-evolution-of-internet-connectivity-from-phone-lines-to-light- speed-article/
㉕https://en.wikipedia.org/wiki/Wireless_network#Wireless_networks
㉖https://en.wikipedia.org/wiki/Wireless_network#Wireless_networks
㉗ https://en.wikipedia.org/wiki/Wireless_network#Wireless_networks
㉘ https://en.wikipedia.org/wiki/Bluetooth#History
㉙ https://en.wikipedia.org/wiki/History_of_personal_computers#Next
㉚ https://en.wikipedia.org/wiki/History_of_personal_computers#Thinkpad
㉛ https://en.wikipedia.org/wiki/History_of_personal_computers#IBM_clones,_Apple_back_into_ profitability
㉜ https://en.wikipedia.org/wiki/Intel_Core#Core_2_Duo
㉝ https://en.wikipedia.org/wiki/List_of_Intel_Core_i7_processors
㉞ https://www.androidauthority.com/history-bluetooth-explained-846345/
㉟ https://en.wikipedia.org/wiki/History_of_personal_computers#64_bits
㊱ https://en.wikipedia.org/wiki/IPhone
㊲ https://en.wikipedia.org/wiki/List_of_Intel_Core_i9_processors
㊳ https://en.wikipedia.org/wiki/Siri
㊴ https://en.wikipedia.org/wiki/Kinect

引用文献

Anthes, G. H. (2001, April 2). Lessons from India Inc. *Computerworld*, 40–43. www.computerworld.com/article/2797563/lessons-from-india-inc-.htmlhe article

Appelo, J. (2010). *Management 3.0: Leading agile developers, developing agile leaders.* Boston, MA: Addison-Wesley.

Arthur, W. B. (1996). Increasing returns and the new world of business. *Harvard Business Review*, 74(4), 100.

Augustine, S. (n.d.). Business agility SPARKS: Seven SPARKS to build business agility. http://businessagilitysparks.com/.

Austin, R. D. (1996). *Measuring and managing performance in organizations.* New York, NY: Dorset House.

Bach, R. (1970). *Jonathan Livingston Seagull.* New York, NY: Macmillan.

Bayer, S., and J. Highsmith. (1994). RADical software development. *American Programmer*, 7, 35–41.

Beck, K. (2000). *eXtreme programming explained: Embrace change.* Boston, MA: Addison-Wesley.

Bharadwaj, A., O. A. El Sawy, P. A. Pavlou, and N. V. Venkatraman. (2013). Digital business strategy: Toward a next generation of insights. *MIS Quarterly*, 37(2), 471–482.

Blackburn, S., L. LaBerge, C. O'Toole, and J. Schneider. (2020, April 22). Digital strategy in a time of crisis. *McKinsey Digital.* www.mckinsey.com/capabilities/mckinsey-digital/our-insights/digital-strategy-in-a-time-of-crisis.

Boehm, B. (1988, May). A spiral model of software development and enhancement. *IEEE Software*, 21(5), 61–72.

Booch, G. (1995). *Object solutions: Managing the object-oriented project.* Reading, MA: Addison-Wesley.

Brooks, F. (1975). *The mythical man-month: Essays on software engineering.* Reading, MA: Addison-Wesley.

Brower, T. (2021, September 19). Empathy is the most important leadership skill according to research. *Forbes.* www.forbes.com/sites/tracybrower/2021/09/19/empathy-is-the-most-important-leadership-skill-according-to-research/?sh=70cc6a9b3dc5.

Brown, S. L., and K. M. Eisenhardt. (1998). *Competing on the edge: Strategy as structured chaos.* Boston, MA: Harvard Business Press.

Broza, G. (2015). *The agile mind-set: Making agile processes work.* CreateSpace Independent Publishing Platform.

Cagle, K. (2019, August). The end of agile. *Forbes.* www.forbes.com/sites/cognitiveworld/2019/08/23/the-end-of-agile/?sh=2c2e74132071.

Carr, N. G. (2003, May 1). IT doesn't matter. *Harvard Business Review.* https://hbr.org/2003/05/it-doesnt-matter.

Christensen, C. M. (1997). *The innovator's dilemma: When new technologies cause great firms to fail.* Boston, MA: Harvard Business School Press.

Collier, K. (2012). *Agile analytics: A value-driven approach to business intelligence and data warehousing*. Boston, MA: Addison-Wesley.

Constantine, L. (1967, March). A modular approach to program optimization. *Computers and Automation*.

Constantine, L. (1968). Segmentation and design strategies for modular programming. In T. O. Barnett and L. L. Constantine (Eds.), *Modular programming: Proceedings of a national symposium*. Cambridge, MA: Information & Systems Press.

Constantine, L. (1968, February). The programming profession, programming theory, and programming education. *Computers and Automation*, 17(2), 14–19.

Constantine, L. (April 1968–January 1969). Integral hardware/software design [Ten-part series]. *Modern Data Systems*.

Constantine, L. (1968, Spring). Control of sequence and parallelism in modular programs. *AFIPS Conference Proceedings*, 32, 409ff.

Constantine, L., and J. F. Donnelly. (1967, October). PERGO: A project management tool. *Datamation*.

Constantine, L., W. P. Stevens, and G. Myers. (1974). Structured design. *IBM Systems Journal*, 13(2), 115–139. Reprinted in special issue, "Turning Points in Computing: 1962–1999." (1999). *IBM Systems Journal*, 38(2&3); P. Freeman and A. I. Wasserman (Eds.). (1977). *Software design techniques*, Long Beach, CA: IEEE; and E. N. Yourdon (Ed.). (1979). *Classics in software engineering*, New York, NY: Yourdon Press.

Constantine, L., and E. Yourdon. (1975). *Structured design*. New York, NY: Yourdon Press.

Courtney, H., J. Kirkland, and S. P. Viguerie. (1997). Strategy under uncertainty. *Harvard Business Review*, 75(6), 67–79.

DeMarco, T. (1978). *Structured analysis and system specification*. New York, NY: Yourdon Press.

DeMarco, T. (2001). *Slack: Getting past burnout, busywork, and the myth of total efficiency*. New York, NY: Dorset House.

DeMarco, T., and T. Lister. (1987). *Peopleware: Productive projects and teams*. New York, NY: Dorset House.

Denning, S. (2018). *The age of agile: How smart companies are transforming the way work gets done*. New York, NY: Amacom.

Denning, S. (2019, August 13). Understanding the agile mindset. *Forbes*. www.forbes.com/sites/stevedenning/2019/08/13/understanding-the-agile-mindset/?sh=2eff46145c17.

Drucker, P. (1954). *The practice of management*. New York, NY: Harper Business.

Dweck, C. (2006). *Mindset: The new psychology of success*. New York, NY: Random House.

Edmondson, A. C. (2002). *Managing the risk of learning: Psychological safety in work teams*. Cambridge, MA: Division of Research, Harvard Business School.

Fitzpatrick, M., I. Gill, A. Libarikian, K. Smaje, and R. Zemmel. (2020, April 20). The digital-led recovery from COVID-19: Five questions for CEOs. *McKinsey Insights*. www.mckinsey.com/capabilities/mckinsey-digital/our-insights/the-digital-led-recovery-from-covid-19-five-questions-for-ceos.

Fowler, M. (1999). *UML distilled: A brief guide to the standard object modeling language*. Reading, MA: Addison-Wesley.

Fowler, M. (2018). *Refactoring: Improving the design of existing code*. Boston, MA: Addison-Wesley.

Fowler, M., and J. Highsmith. (2001, August). The Agile Manifesto. *Software*

Development Magazine, 28–32.

Friedman, T. L. (2016). *Thank you for being late: An optimist's guide to thriving in the age of accelerations.* New York, NY: Farrar, Straus and Giroux.

Gane, C., and T. Sarson. (1980). *Structured systems analysis: Tools and techniques.* Hoboken, NJ: Prentice Hall.

Gell-Mann, M. (1995). *The Quark and the Jaguar: Adventures in the Simple and the Complex.* New York, NY: Macmillan.

Gilb, T. (1988). *Principles of software engineering management. Vol. 11.* Reading, MA: Addison-Wesley.

Goldratt, E. (1984). *The goal: A process of ongoing improvement.* Great Barrington, MA: North River Press.

Goldratt, E. (1997). *Critical chain.* Great Barrington, MA: North River Press.

Gould, S. J. (2002). *The structure of evolutionary theory.* Cambridge, MA: Harvard University Press.

Guo, X. (2017, July 20). The next big disruption: Courageous executives. *Thoughtworks Insights.* www.thoughtworks.com/insights/blog/next-big-disruption-courageous-executives.

Haeckel, S. H. (1999). *Adaptive enterprise: Creating and leading sense-and-respond organizations.* Boston, MA: Harvard Business Press.

Heath, C., and D. Heath. (2007). *Made to stick: Why some ideas survive and others die.* New York, NY: Random House.

Herzog, M. (1952). *Annapurna.* Boston, MA: E. P. Dutton and Company.

Highsmith, J. (1987, September). Software design methodologies in a CASE world. *Business Software Review*, 36–39.

Highsmith, J. (1998). Order for free. *Software Development*, 80.

Highsmith, J. (2000). *Adaptive software development: A collaborative approach to managing complex systems.* New York, NY: Dorset House.

Highsmith, J. (2000, August). Retiring lifecycle dinosaurs. *Software Testing & Quality Engineering*, 22–30.

Highsmith, J. (2001). History: The Agile Manifesto. http://agilemanifesto.org/history.html.

Highsmith, J. (2002). *Agile software development ecosystems.* Boston, MA: Addison-Wesley.

Highsmith, J. (2009). *Agile project management: Creating innovative products.* Boston, MA: Addison-Wesley.

Highsmith, J. (2013). *Adaptive leadership: Accelerating enterprise agility.* Boston, MA: Addison-Wesley.

Highsmtih, J., and A. Cockburn. (2001, September). Agile software development. *IEEE Computer*, 120–122.

Highsmith, J., L. Luu, and D. Robinson. (2020). *EDGE: Value-driven digital transformation.* Boston, MA: Addison-Wesley.

Highsmith, J., M. Mason, and N. Ford. (2015, December). The implications of tech stack complexity for executives. *Thoughtworks Insights.* www.thoughtworks.com/insights/blog/implications-tech-stack-complexity-executives.

Hock, D. (1999). *Birth of the Chaordic Age.* San Francisco, CA: Berrett-Koehler.

Holland, J. H. (1989). *Emergence: From chaos to order.* Reading, MA: Addison-Wesley.

Holland, J. H. (1995). *Hidden order: How adaptation builds complexity.* Reading, MA: Addison-Wesley.

IBM Corporation. (2010). Capitalizing on complexity. www.ibm.com/downloads/cas/1VZV5X8J.

Irvine, A. (2018). *Desert cabal: A new season in the wilderness.* Salt Lake City, UT: Torrey House Press.
Isaacson, W. (2011). *Steve Jobs.* New York, NY: Simon & Schuster.
Isaacson, W. (2021). *The code breakers: Jennifer Doudna, gene editing, and the future of the human race.* New York, NY: Simon & Schuster.
Johnson, G. (1996). *Fire in the mind: Science, faith, and the search for order.* New York, NY: Vintage Books.
Katzenbach, J. R. (1992). *The wisdom of teams: Creating the high-performance organization.* Boston, MA: Harvard Business Review Press.
Kelly, K. (2022, June 17). How to future. www.llrx.com/2022/06/how-to-future/
Kerievsky, J. (2005). *Refactoring to patterns.* Boston, MA: Addison-Wesley.
Kerievsky, J. (2023). *Joy of agility: How to solve problems and succeed sooner.* Dallas, TX: Matt Holt.
Kidder, T. (1981). *The soul of a new machine.* Boston, MA: Little, Brown.
McGrath, R. G. (2013). *The end of competitive advantage: How to keep your strategy moving as fast as your business.* Boston, MA: Harvard Business Review Press.
McGrath, R. G. (2014, July 30). Management's three eras: A brief history. *Harvard Business Review*, 2–4. https://hbr.org/2014/07/managements-three-eras-a-brief-history.
McGrath, R. (2019). *Seeing around corners: How to spot inflection points in business before they happen.* Boston, MA: Houghton Mifflin.
McGregor, D. (1960). *The human side of enterprise.* New York, NY: McGraw-Hill.
McMenamin, S., and J. Palmer. (1984). *Essential systems analysis.* New York, NY: Yourdon Press.
Orr, K. (1981). *Structured requirements definition.* Topeka, KS: Ken Orr and Associates.
Orr, K. (1990). *The one minute methodology.* New York, NY: Dorset House.
Pink, D. H. (2011). *Drive: The surprising truth about what motivates us.* New York, NY: Penguin.
Ries, E. (2011). *The lean startup: How today's entrepreneurs use continuous innovation to create radically successful businesses.* New York, NY: Crown Business.
Royce, W. W. (1970). Managing the development of large software systems. In *Proceedings of IEEE WESCON*, 8, 328–338.
Schwab, K. (2016, January 14). The fourth Industrial Revolution: What it means, how to respond. *World Economic Forum.* www.weforum.org/agenda/2016/01/the-fourth-industrial-revolution-what-it-means-and-how-to-respond/.
Schwaber, K. (1996, March 31). Controlled chaos: Living on the edge. *Cutter IT Journal.* http://static1.1.sqspcdn.com/static/f/447037/6485970/1270926057073/Living+on+the+Edge.pdf?token=0d8FV9%2FHU.
Schwaber, K., and J. Sutherland. (1995). Scrum development process. In *Proceedings of the Workshop on Business Object Design and Implementation at the 10th Annual Conference on Object-Oriented Programming Systems, Languages, and Applications (OOPSLA'95).*
Senge, P. M. (1990). *The fifth discipline: The art and practice of the learning organization.* Sydney, Australia: Currency.
Siebel, T. M. (2019). *Digital transformation: Survive and thrive in an era of mass extinction.* New York, NY: RosettaBooks.
Smith, P. G., and D. G. Reinertsen. (1997). *Developing products in half the time: New rules, new tools*, 2nd ed. New York, NY: John Wiley & Sons.

Smith, S. M. (2000). The Satir change model. In G. M. Weinberg, J. Bach, and N. Karten (Eds.), *Amplifying your effectiveness: Collected essays*. New York, NY: Dorset House.

Takeuchi, H., and I. Nonaka. (1986). The new new product development game. *Harvard Business Review*, 64(1), 137–146.

Tate, K. (2005). *Sustainable software development: An agile perspective*. Boston, MA: Addison-Wesley.

Thoughtworks. (n.d.). Lens two: Evolving the human-machine experience. *Thoughtworks Insights*. www.thoughtworks.com/en-us/insights/looking-glass/lens-two-evolving-the-human-machine-experience.

Thoughtworks. (2018, October). The word that took the tech world by storm: Returning to the roots of agile. *Thoughtworks Perspectives*. www.thoughtworks.com/en-us/perspectives/edition1-agile/article.

Waldrop, M. M. (1993). *Complexity: The emerging science at the edge of order and chaos*. New York, NY: Simon and Schuster.

Weill, P., and S. Woerner. (2018, June 28). Why companies need a new playbook to succeed in the digital age [Blog post]. *MIT Sloan Management Review*. https://sloanreview.mit.edu/article/why-companies-need-a-new-playbook-to-succeed-in-the-digital-age/.

Weinberg, G. M. (1971). *The psychology of computer programming*. New York, NY: Van Nostrand Reinhold.

Weinberg, G. (1985). *The secrets of consulting: A guide to giving and getting advice successfully*. New York, NY: Dorset House.

Weinberg, G. (1986). *Becoming a technical leader: An organic problem-solving approach*. New York, NY: Dorset House.

Weinberg, G. (1992). *Software quality management: Vol. 1: Systems thinking*. New York, NY: Dorset House.

Weinberg, G. (1994). *Software quality management: Vol. 3: Congruent action*. New York, NY: Dorset House.

Weinberg, G. M. (2001). *An introduction to general systems thinking (Silver Anniversary ed.)*. New York, NY: Dorset House.

Weinberg, G. M. (2006). *Weinberg on writing: The Fieldstone method*. New York, NY: Dorset House.

Wheatly, M. (1992). *Leadership and the new science*. Oakland, CA: Berrett-Koehler.

Yourdon, E. (1972). *Design of on-line computer systems*. Upper Saddle River, NJ: Prentice-Hall.

Yourdon, E. (2001, July 23). Can XP projects grow? *Computerworld*, 28.

参考文献

Greenleaf, R. K. (2002). *Servant leadership: A journey into the nature of legitimate power and greatness.* Mahwah, NJ: Paulist Press.

Grint, K. (2022, January). Wicked problems in the Age of Uncertainty. *Human Relations*, 75(8). https://doi.org/10.1177/00187267211070770.

Highsmith, J. (1981). Synchronizing data with reality. *Datamation*, 27(12), 187.

Highsmith, J. (1987, September). Software design methodologies in a CASE world. *Business Software Review*, 36–39.

Highsmith, J., and A. Cockburn. (2001, September). Agile software development. *Computer*, 120–122.

Kanter, R. M. (1983). *The change masters.* New York, NY: Simon & Schuster.

Kanter, R. M. (2001). *E-volve!: Succeeding in the digital culture of tomorrow.* Boston, MA: Harvard Business School Press.

Kernighan, B. (2019). *UNIX: A history and a memoir.* Kindle Direct Publishing.

Larson, C. (2003). Iterative and incremental development: A brief history. *Computer.* www.craiglarman.com/wiki/downloads/misc/history-of-iterative-larman-and-basili-ieee-computer.pdf.

Tversky, B. (2019). *Mind in motion: How action shapes thought.* London, UK: Hachette UK.

后　记

为什么写作本书

我写这本书的初衷是，向读者介绍我自己、我的动机、我的观点、我的个性以及塑造我职业生涯的驱动力，这些可能会让软件开发的历史更容易理解，我希望也更有趣。

除了家庭，寻求冒险——职业和个人方面——一直是我生活的中心。在本书的写作过程中，我还介绍了我是谁以及我工作背后的总体目标。

重温一下我写这本书的目的：

- 记录软件方法、方法论和思维模式的演变和革命。
- 记录并致敬软件开发先驱。
- 以史为鉴，面向未来。
- 给我们这一代人一个追忆似水年华的载体。
- 让年轻一代一瞥那些他们可能错过的事件。

此外，我还想让孙辈们了解我，了解我的职业生涯。我想给他们的不仅仅是一份家谱，不仅仅是“我的伯（叔）祖父马克斯于1921年与葛丽泰结婚”或“1965年—1968年我在ABC公司担任软件开发人员”之类的记录。在我为家人撰写回忆录的过程中，我意识到我的职业生涯与六十年来软件和技术的巨大变革并行不悖，我在这段历史中扮演了重要角色。也许其他人也会感兴趣。

为什么有那么多关于中世纪或加州淘金热的书？因为历史学家提供了一个独特的视角，来观察过去的事实。事实就是，拿破仑·波拿巴是法国军事和政治领袖，在法国革命期间崭露头角。但为什么会有这么多历史学家写他呢？因为每一位历史学家都能为读者提供特定的视角或角度。当我写下我在软件开发时代的旅程时，我希望我的故事能提供一个有价值的角度。

在我六十年的职业生涯中，发生了很多变化，其中变化最大的莫过于与多样性（Diversity）、公平性（Equity）和包容性（Inclusion）（并称 DEI）相关的问题。1960 年代——当我的高中、大学时期和职业生涯初期——为争取边缘化群体的公民权利而进行的斗争十分激烈。到了 2022 年，这些斗争取得了一些成果，如同性婚姻合法化和女性在职场中愈加重要的作用，但“黑人人权运动”（Black Lives Matter）和“我也是”（Me Too）运动证明我们仍然任重道远。1962 年，当我进入一所农业工程大学学习时，学生中 95% 是男生，5% 是女生。如今，这所大学的男女比例为 51% 和 49%，而且运作着一个全面的 DEI 项目。

如果说历史可以帮助我们面向未来，那么从蛮荒到敏捷，或更加概括性的灵活，能帮助我们为更具包容性的未来做好哪些准备呢？首先，我希望敏捷运动所包含的协作、自我组织、赋权团队，以及它所强调的共情式管理，能在推进 DEI 目标方面发挥积极作用。传统意义上的弱势群体正在将他们的声音和行动带入敏捷的文化变革实践中。与任何变革一样，需要具体的行动、系统的方法和思维模式的改变。与任何转型一样，思维模式是最重要的。

多样性能在许多方面为组织带来好处。例如，“在 66% 的情况下，团队比个人能做出更好的决策。在 87% 的情况下，年龄 + 性别 + 地域多元化的团队能做出更好的决策。”㊀

21 世纪初，*ComputerWorld* 的一位专栏作家因为支持同性恋权益问题而遭到一位读者的抨击，这位读者认为，该专栏在企业界没有立足之地。在我职业生涯的最后十年，我加入 Thoughtworks 的原因之一就是该公司致力于各种形式的多元化。从 1990 年代初创伊始，长期担任公司 CEO 的创始人罗伊・辛汉就将社会正义问题融入 Thoughtworks 的结构和 DNA 中。这种内嵌的声音依然掷地有声。2022 年，56% 的高管职位由女性和弱势性别群体㊁㊂担任。

作为一个享有特权的人，我写的是一个在融入多样性方面进展缓慢的行业，我加入了那些呼吁改变思维方式的人的行列。我的目标是推动业界更广泛地认识和理解 DEI，在转型过程中结为盟友。

㊀ 来自 Cloverpop 的研究，“Hacking Diversity with Inclusive Decision Making”，www.cloverpop.com。

㊁ www.thoughtworks.com/about-us/diversity-and-inclusion/our-people。

㊂ 很多其他公司也有类似的 DEI 成功案例。

目标

蛮荒时代的职业规划非常简单——加入一家大公司，工作到65岁退休。对于那些选择其他路径的人来说，就比较麻烦了。像我一样，那些寻找其他职业的人，从一丝不苟的规划者到随意跳槽者，不一而足。随着变革的速度开始颠覆经济的主要领域，即使是那些有一站式计划的人也被扔进了随机组，而他们往往对此准备不足。我花了很多年才明白，指导自己职业发展的是目标，而不是计划。我早期设想的任何计划都经不起现实的考验。我需要的不是计划，而是目标（这也是公司开始采用的一种理念）。

我希望我可以说，这些年来一直有一个明确的目的在驱使着我，从一开始就全神贯注，但事实并非如此。我的目标，我的“为什么”，是在不断地开始和争夺中前进的，到最后才水到渠成。现在回首过去的几十年，这些驱动力或目标不断出现和演变，但核心理念始终未变。我在前面的章节中提到了这一目标的方方面面，以下四个方面反映了我目前的想法。

- ❑ 交付有价值的软件
- ❑ 促进开明的领导力
- ❑ 发展数字企业
- ❑ 分享我的故事

或者更详细一点：

通过创造先进的软件和管理方法、方法论和思维方式，为客户持续交付价值。

这份目标声明并不像我希望的那样精练，但它传达了对我来说很重要的概念——交付客户价值；创造新的方法、方法论和思维方式；确保高技术质量的软件能够持续交付，而不是分散交付。

推广适合当今时代的开明领导风格，赋权员工和团队，打破官僚主义的桎梏。

有些人的目标是让世界变得更美好。这超出了我想要解决的问题。我想让工作场所变得更好，但这也同样夸张。我希望我的目标是有抱负的、可行的，所以我会把范围进一步缩小到我合作过的客户的工作场所，以及我的书籍、文章和博客的读者。

通过整合适应性领导力（思维方式）和新兴技术（方法），来发展数字化企业。

在我职业生涯的最后十多年里，我主要与高级经理和 Thoughtworks 的同事们一起致力于企业数字化转型，并将敏捷软件开发实现作为整合敏捷性（思维方式）和技术（方法）的跳板。

分享我的故事。

最近，我在反思自己的写作时加入了这最后一个目的。在我的每一本书中，我都添加了一个小插曲，希望能让叙述更吸引人、更令人满意——从对登山的比喻，到对名人的采访，到客户故事，再到非正式的个人谈话。这本书包含了所有这些插曲，外加一个重要的新插曲——个人故事。这是一种延伸，也是一种挑战。

通过讲述我的个人故事、职业目标以及写这本书的初衷，我希望能鼓励大家讲述你们自己的故事。气候变化、地缘政治冲突、新冠病毒的健康挑战、技术创新以及随之而来的社会公正，这些问题的冲击仍将持续。我们将需要新一代有思想、敬业的技术专家和领导者来适应这个动荡的未来。这种领导力不是通过解释最新、最先进的技术或管理理论就能实现的。它需要个人魅力、个人经历和个人故事。在撰写本书的过程中，我一直面临着将技术与个人故事交织在一起的挑战。

许多同行向我提出挑战，要求我强调个人色彩，并在我不情愿的情况下鼓励我——他们是对的。我在此也向你们提出挑战，请讲述你们的个人故事。我不仅想知道你们在想什么，我还想知道你们是谁。我重申第 9 章中的观点：“我认为成功的根源在于人和人与人之间的互动。”如果这是真的，而且我相信是真的，那么彼此了解得越多，我们的互动就越好，最终我们就能给世界带来更多的成功和福祉。

推荐阅读

EDGE：价值驱动的数字化转型

作者：[美] 吉姆·海史密斯 琳达·刘 大卫·罗宾逊 著 译者：万学凡 钱冰沁 笪磊

ISBN：978-7-111-66306-5

世界级敏捷大师、敏捷宣言签署者Jim Highsmith领衔撰写，Martin Fowler等大师倾力推荐，ThoughtWorks中国公司资深团队翻译

涵盖一整套简单、实用的指导原则，帮助企业厘清转型愿景、目标、投注与举措，实现数字化转型

数字化转型：企业破局的34个锦囊

作者：[美] 加里·奥布莱恩 [中] 郭晓 [美] 迈克·梅森 著 译者：刘传湘 张岳 曹志强

ISBN：978-7-111-66962-3

基于ThoughtWorks多年数字化咨询和自我实践经验，从面向客户成效、数据驱动决策、技术重构业务三个维度，全方位阐释企业数字化转型的实用工具、技术和方法

34个实用指南，助力企业跨越转型期